野生動物の餌付け問題

善意が引き起こす？　生態系撹乱・鳥獣害・感染症・生活被害

畠山武道［監修］
小島　望・髙橋満彦［編著］

Wildlife Feeding
Noble Deed or an Ignorant Mischief?

地人書館

巻　頭　言

古来、人と動物は様々な形で接触し、相互に影響を与え合ってきた。人はときに動物を絶滅にまで追い込み、あるいは人が動物の仕業に途方に暮れたこともあった。その原因は、主に人の側に、ときには動物の側にあったが、両者はなんとか衝突を回避できるだけの「距離」を保ち、人と動物の共存を図ってきたのである。しかし、最近の日本では、両者の適切な距離が溶解し、各地で深刻なトラブルが発生している。

その形態は様々であるが、多くの場合、トラブルの原因が人の側にあることは明らかである。「自然と人間の共生」、「人と動物の共存」という表現がしばしば使われるが、それを妨げている人の側の原因を正確に突き止めなければ、真に共生や共存を実現することはおぼつかないであろう。

本書は、「餌付け」という、やや聞き慣れない、刺激的な表現のフレーム（概念）を用い、人と動物の間のトラブルの形態、原因、対策などを、それぞれの専門家がくわしく議論している。従来、必ずしも明確にされなかった餌付けの意義を、意図的餌付けと非意図的餌付けに分けているのも、優れた着想である。さらに、それぞれについて法的規制のあり方にまで立ち入った本格的な検討がなされているので、餌付けを禁止あるいは規制する条例の作成を考えている自治体にとって、本書は大いに参考になるだろう。以下、簡単に感想を記そう。

まず、意図的餌付けについては、専門家を含め大部分の人が、それを制限することを望んでいる。理由は、それぞれの論稿でくわしく論じられている。しかし実のところ、意図的餌付けは、学術研究、マスコミ、観光、地域おこしなどと結びつき、社会に深く根を下ろしている。そのために、法律や条例で人の活動を禁止し、罰するのは容易でないのが現状である。私は、動物の本質的行動（これはこれで、いろいろな議論があるが）を大きく改変するような行為は規制に値すると考えているが、そのためには、まず生態系や生物多様性の価値を高く評価し、それを大きく損傷する行為は犯罪であるという社会的な意識を醸成することが先決であろう。

次に、非意図的餌付けについては、文字通りそれが人の意図しなかった結果であるだけに、線引きや対応が難しい。特に、日本の里地・里山のように、人と動物の距離が接近し、それが独自の習俗や文化をはぐくんできた地域では、両者の関わりを専ら否定的にとらえることもできず、「餌付けとはなにか」、さらには「野生動物とはなにか」という問題にまで遡った議論が必要になるだろう。本書の出版を契機に、より広範で骨太の議論が展開されることを期待したい。

では、意図的か非意図的かを問わず、「餌付け」を抜本的に解消する方法はないのか。一つの理想的な方法は、野生動物が自給自足的に生息できるだけの十分な広さの保護区を設置し、人の接近を厳しく制限することであろう。しかし残念なことに、現在の日本には、上記の好条件を満たすような地域はほとんど残っていない。また、保護区を設置し、動物をモニターし、人の活動を監視するには、多くの人的・物的資源が必要である。さらに保護区では、動物もその中にとどまることを求められる。アメリカ・イエローストーン国立公園のように、区域の外に出た個体は直ちに害獣として捕殺されることもある。

餌付けされた動物を「野生」に戻すために保護区に閉じ込め、人だけではなく動物も厳しいルールに従わせるというのは確かに矛盾である。しかし、餌付けという複雑な問題を解決する方法は、それがどのような方法であれ、おそらく矛盾をはらんでおり、その矛盾を一つ一つ解決する以外に道はないだろう。本書には、そのためのたくさんのヒントが記されている。

2016年6月

畠山武道

はじめに

野生動物へ餌を与える行為は動物に親しみ、自然を保護する行為として肯定的に捉えられ、行き過ぎた事例があったとしても個人の趣味やモラルに帰されて、問題視されることはほとんどなかった。しかし近年、餌付け行為が野生動物を人間の生活圏へ接近させ、動物の行動変化や感染症の蔓延、鳥獣害などの様々な問題を引き起こす原因となっていることが指摘されている。それに伴って、野生動物への餌付け行為を禁止する条例の制定や、餌付けの自粛や中止を関係機関に求めるなどの対処にのり出す自治体がようやく増えつつある。今後はこれまでのような、特定の動物による農作物被害や人間の健康被害への対症療法ではない、餌付け行為そのものの是非や影響についての検証を行ったうえでの対策が望まれる。

野生動物への餌付けによって生じる弊害は、これまでごく一部の研究者やナチュラリストが問題視していただけであり、学術的にはもちろん、一般的にもほとんど注目されてこなかった。現在も観光客によるキタキツネやサルへの餌付け、観光客誘致目的で行われる組織的な水鳥の大量餌付け、釣り人やダイビング業者による魚類への餌付けなどが、全国の至るところで行われているにもかかわらず、これらが引き起こす様々な問題についての議論も調査もほとんどされないまま放置されている。

さらに、観光客や事業者による積極的な餌付けとは異なり、農作物の野積みや廃棄物の放置など故意に餌を与えているつもりではない場合であっても、結果として餌付けと同じ状況を生み出し、問題が生じている。多くの自治体が頭を悩ます、野生動物と人との軋轢の代表といえる「鳥獣害」は、まさにこうした非意図的で間接的な餌付けが原因となっており、一刻も早い解決策が求められている。餌付けという視点からのアプローチは、鳥獣害対策にとっても重要な示唆となるに違いない。

本書では、野生動物に餌を与えることによって生じる諸問題を「餌付け問題」と名づけ、自然環境への影響のみならず、人間社会への影響についても議論を行い、その整理と検証を試みる。具体的には、第Ⅰ部で餌付けをめぐる概念や用語の整理をしたうえで、第Ⅱ～Ⅳ部で詳述される事例を引きながら、野生動物へ餌付けをすることによって生態系あるいは人間社会に与える様々な影響について概略を述べる。第Ⅱ部では、餌付けにより生態系バランスが崩れてしまった事例、第Ⅲ部では野生動物と人のいずれもがリスクを負う人獣共通感染症や、大規模な感染拡大が懸念される集団感染を中心に餌付けによる疾病リスクの事例を紹介する。第Ⅳ部では希少野生動物の個体数回復のために行われてきた餌付け事例についてみていき、その難しさや課題を確認する。第Ⅴ部では、すでに餌付けによる弊害が生じてしまった動物や地域における餌付け対策の実践事例として、自治体やNPOなどが行う具体的な取り組みについて扱う。とりまとめとして、第Ⅵ部では餌付けにおける法制度の現状を整理し、今後の政策と法規制への提案をする。また、全体を通して餌付け問題を様々な観点から議論した総論を展開する。

かつて外来種問題は、個人の知的関心の範疇であるとされて放置、あるいは問題解決が先送りされてきた結果、今や私たちの税金からその対策費が支出されるといった事態を招くこととなった。餌付け問題も社会的戦略を立てずに、現在のように個人の判断に丸投げした状態を続ければ、外来種問題と同様に、そのつけを払わなければならない時期が必ずや来るに違いない。そうならないためにも、人と自然との関わり方がどうあるべきかを餌付けという身近な問題に引きつけて議論することから始める必要がある。その際、本書が、餌付けが引き起こす様々な問題について取り組むための、また、「無秩序な餌付けは社会問題である」との共通認識を持つに至るための一助となれば幸いである。

2016年6月

小島　望

目　次

第Ⅱ部　餌付けによる生態系バランスの崩壊

第5章　ガンカモ類への餌付けが湖沼の水質に及ぼす影響　中村雅子

第6章　巻貝放流によるホタルの餌付け問題　齋藤和範

第Ⅲ部　餌付けによる疾病リスク

第7章　キタキツネの餌付けとエキノコックス症発生リスク　塚田英晴

第VI部　餌付け問題の法規制と今後の展望

第17章　餌付けに関わる法規制と政策　髙橋満彦

第18章　野生動物と人間社会との軋轢の解決に向けて ―餌付け問題総括　小島　望

第I部

餌付け問題とは何か

第1章

餌付けによる野生動物への影響

小島　望

1.1　野生動物と餌付け

野生動物とは名前の通り、野生、つまり山野で自然に生育する動物のことをいう。しかし、なかには人間に馴れて、まるで飼育されているかのような個体や群れを目にすることがある。そのほとんどが「餌付け」された動物と考えてよい。このように「人馴れ」した状態について、本来の野生動物のイメージとはかけ離れた姿であると違和感を覚える人は少なくないだろう。まずは、そもそも野生動物とはいったい何か、という点から餌付けを考えてみたい。

小原（2008）によると、野生動物とは「野に生きる、いわゆる自然動物」であり、「自然の生物界を構成して、それぞれ生態的位置を占めて自然生態系の生物部分を成し、進化しつつある存在」であるという。そして、その「野生」の示す意味は「人間から干渉が無いところで生きている状態（丸山, 2008）」と解釈されるのが妥当であろう。しかし、人間の干渉（影響）を全く受けていない野生動物は現実的にはほとんどいないと言ってよい。そのためか、「干渉の内実をどのように定義するかによって、野生の境界線も変わっていく（丸山, 2008）」「人間による関与の度合いのなかで変化するもの（菊地, 2008）」といった見解に代表されるように、野生であるか否かの境界線は人の価値観やかかわりの濃淡によって変わり、流動的で一定していないとの考え方が定説となっている。

さらに、餌付けという行為への人の干渉の程度については、「餌付けは家畜化の萌芽形態（野澤・西田, 1981）」「餌付けされた野生動物は〈半野生〉だとみなすこともでき」る（渡辺，2012）との見方が参考になる。つまり、餌付けという人間の過干渉は、野生動物を自然から切り離し、家畜化へと移行させるための誘導であるという考え方をするならば、そこに人が野生の喪失を感じるのはむしろ当然と言えるかもしれない。

このように野生かそうでないかの境界はあいまいであり、餌付けはその境界をさらに不明瞭なものにしている。そこで、線引きを明確に示さなければならない司法の場において、餌付けが法的判断にどのような影響を与えているのか考えてみたい。その具体例として、国指定の天然記念物「奈良のシカ」によって農作物被害を受けた農家が、春日大社（かすがたいしゃ）と鹿愛護会を訴えた判例が参考となるだろう。シカは野生動物であるため責任はないとする春日大社らに対して、1983年に奈良地裁は「奈良のシカ」は春日大社の「占有者」であるとして、農業被害への補償を認めた（谷口，1983；渡辺，2001；ただし、被告控訴後に和解）。野生動物は法律上、所有者のいない無主物とされているにもかかわらず、「奈良のシカ」は春日大社が占有・管理してきたとみなされたわけである。占有・管理の根拠としては、歴史的文化的事実に加え、人馴れや一定の場所に留まっていることが指摘された。特に後者においては、餌付けによる影響とみて間違いない。

別の判決例も挙げよう。1981年に奈良地裁は、奈良市内の狩猟可能な地域において捕殺されたシカが野生ではなく、天然記念物の「奈良のシカ」であったとして文化財保護法違反等で狩猟者に有罪判決を下している。その際、「奈良のシカ」であるとした主な根拠の一つとして、「角きり」痕（当然のことながら、野生のシカに角きりが行われることはない）があり、人馴れした「奈良のシカ」であることが示された。つまり、慣例化した角きりという行為が、さらには餌付けの結果生じる人馴れが、「奈良のシカ」と「野生のシカ」を区別する判断材料となったのである（渡辺，2012を参照）。この場合も、シカの「人馴れ」を促進させる要因として餌付けが深く関与している。

いずれの裁判例も、餌付けが無主物である野生動物を占有物に変えてしまう、さらには餌付けによる「人馴れ」が野生動物と占有物とを分けるための判断材料になりうることを示唆している。それはつまり、餌付けが野生動物の法的な扱いを変えてしまう可能性があることを意味している。

1.2　餌付けと給餌

ところで、「餌付け」とよく似た言葉に「給餌」がある。日本自然保護協会（1978）の報告書によると、「餌付け」と「給餌」の違いについて、前者が「人間が意図的に何らかの餌を与え、その餌に慣れさせ、その動物が持つ本来の行動パターンを変えるもの」、後者が「動物が生きていく上に必要な食物を補給することで、対象動物の行動を規制するとった意図は全く含まれない」としている。つまり両者の線引きは、餌を与えた結果生じる動物の行動変化を意図したかどうかが判断基準となっている。しかし、餌を与えたという事実こそが結果的に対象動物の行動や生態系を変え、回り巡って人間社会に悪影響を及ぼしているのであって、餌を与えた人間の考えの有無が問題を深刻化させていったわけではない。したがって、餌付けと給餌は区別されるべきではない。あえて使い分けるのであれば、餌付けのなかに給餌が含まれると考えるのが妥当と言える。

もっとも当時は、餌付けによって引き起こされる様々な問題は行為者の「意図」と無関係で起こるといった認識がほとんどなく、その後で生じるであろう影響については過小に考えられていたと推測される。しかし、そのことを差し引いても、ほとんど注目されていなかった餌付けについての情報をまとめ、警鐘を鳴らしていただけでも、同報告書はもっと評価されてよいのかもしれない。

なお同報告書では、「野生鳥獣研究の観点からは、“餌付け”“給餌”を区別することはかなり重要な意味をもつ」とあるが、結果として生じる問題は同根であるため、筆者は区別することの意味はないと判断し、本稿では「餌付け」で統一をしている。ただし、本書においては「餌付け」と「給餌」の使い分けや統一はしていない。その理由は、現時点では餌付けと給餌を区別するかしないかの共通見解がなく、各執筆者にも持論があるためで、それぞれの判断に任せることにした。しかし、「餌付け」ではなく、「給餌」と称することが、意図的ではなかったことを強調する役割を果たし、免罪符的な意味合いを持ってしまうのではないかという懸念については、問題提起をしておきたい。

1.3　餌付けによって生じる影響

野生動物への餌付けによって、自然および人間社会に様々な影響を及ぼし、その弊害は顕在化してきている。ここでは、餌付けによって生じる影響を、生態系のバランスの崩壊、疾病リスクの増大、人間の生活圏への過度の接近、の三つに大別して説明する（**図 1-1**）。第Ⅱ部以降で詳述される事例が一部含まれているが、それらの詳細は各著者にお任せして、ここでは主に総論としてとりまとめを行う。

1.3.1　生態系のバランスの崩壊

(1)　動物の生態や行動を変化させる

人間から餌を得た野生動物によって引き起こされる問題として、動物の

図 1-1　餌付けによる影響
餌付けによる影響は、生態系のバランスの崩壊、疾病リスクの増大、人間の生活圏への過度の接近、の大きく三つに分けられる（図版作成：高橋ひな乃）。小島（2010）を改変。

生態や行動に変化を及ぼすことがまず挙げられる。海洋生物では、餌付けされた親イルカが仔イルカに自然条件下での捕食技術を教えず、また捕食者から守る時間が短くなるなどの理由で、仔イルカの死亡率増加を招いたとされる事例（詳しくは Bryant, 1994 を参照）や、一部の魚類や鯨類において、餌付けによる影響で人間に対して攻撃的になることが指摘されている（例えば Hemery & McClanahan, 2005；Orams *et al*., 1996）。国内ではあまり問題視されてはいないが、マリンダイビング業界では魚類への餌付けが氾濫したことで餌を与えた魚類にある変化が見られるようになった。とりわけ沖縄本島では、ガイドブックに掲載されている事業者が開催するファンダイビング（ダイビング体験）やシュノーケルツアーの多くに、魚類への餌付けがプログラムに組み込まれている。その結果、現場では海に入ると不自然にまで人間に近寄って威嚇する、時には噛みつくなど一部魚類に攻撃性が見られ、ある一定の魚種に偏って餌に多く集まってくる傾向があるという（江洲友博，私信）。

人間の趣味で設置された餌台が、ある種の分布や渡りのルートを変えてしまったという報告がある。ドイツで繁殖するズグロムシクイは、冬季になるとスペインなどの南西方面に移動していた渡り鳥であったが、イギリスでの餌台の餌に対する依存度が高まったことによって、イギリスなど北西方面へと移動する個体数が増えていった。その結果、元々の移動ルートと新たな移動ルートをとる二つの集団に分かれてしまい、遺伝的にも形態的にも違いが生じているという（Rolshausen *et al*., 2009）。日本では北海道のタンチョウが、主に餌付けによる個体数増加によって、残存する生息地からあぶれて人工的な環境へ進出する傾向が顕著となっている（正富・正富，2009）。

(2) 生物間の関係性を変化させる

微妙なバランスのもとに成り立つ生態系のなかで、一部の種の個体数だけが増加してしまうと、競争・競合関係にある他種を圧迫し、生物間の関係性を変化させてしまいかねない。餌付けされたシカが多くいる奈良公園に隣接する春日山（かすがやま）原始林では、シカの個体数の増加と鳥類の種数の減少に相関が認められ、シカによる森林構造の変化が鳥類相に影響を与えている可能性があるという（前迫, 2002）。同様に、餌付けによってシカが増えた広島県の宮島や宮城県の金華山では、シカの採食圧が森林植生、ひいては森林構成に影響を与えていることが報告されている（奥田, 1984；Okuda, 1984；Takatsuki, 2009）。大分県の高崎山では、餌付けが原因で個体数の膨れ上がったサルの採食圧によって餌場周辺の森林で樹木の枯死が起こり、多くの個体が地面を踏み固めたことによって樹木の根の伸長や種子の発芽、稚樹の成長が妨げられ、その結果、深刻な森林破壊が生じたという（杉山ほか, 1995）。

(3) 環境汚染の原因となる

餌付けの「餌」そのものが環境汚染の原因となることもある。近年、湖沼などで水鳥を集めるために与えられた餌や大量に集められた水鳥の糞尿によって生じた水質悪化や富栄養化が、水生生物に悪影響を与えていることが問題視されている。栃木県羽田沼では、水鳥への過剰な餌付けによって富栄養化が進んでいるという。そこからリン酸塩が農業用水をつたって過剰に流出し、天然記念物のミヤコタナゴやマツカサガイ（ミヤコタナゴが卵を産み付ける貝）に悪影響を及ぼしているとの指摘がなされている（福本ほか, 2008；加賀・尾田, 2006）。また、餌そのものだけではなく、ガンカモ類の糞による富栄養化も問題となる（第5章参照）。餌付けによって水鳥が集中してしまうと、当然糞尿の量も増大し、水質悪化につながる。

もちろん、動物の生態や行動を変える、種間関係を変化させる、環境汚染の原因をつくるといった影響が重なり、複合的に表れることもある。また、上記には分類できないが、ホタルの餌となるカワニナを他地域から持ち込んで行う放流は、遺伝的撹乱を生じさせ生態系のバランスを崩す餌付けであるといった、これまでの外来種としての捉え方とは異なった指摘がなされているものもある（第6章参照）。

以上のように、餌付けは、野生動物の行動の変化を促し、生息環境をも変え、あまつさえ生物の進化の方向性にまで影響を及ぼすおそれがある。

1.3.2 疾病リスクの増大

餌付けが野生動物や人間の疾病リスクを高めてしまうことがある。疾病リスクには、餌付け行為を介して、人間が病原体を野生動物に感染させてしまう場合と、反対に野生動物が人に病原体を感染させてしまう場合の、大きく二つに分けることができる。前者については、人間が直接野生動物に触れることで動物に感染し発病させた事例は知られていないが、今後発生する可能性は否定できない。後者については、病原体の伝播は感染源である動物から直接人に感染する直接伝播と、感染源動物と人間との間に何らかの媒介物が存在する間接伝播があり、鳥インフルエンザに代表されるような世界規模で大流行する、特に注意が必要となる感染症は間接伝搬によるものである。

(1) 人間が媒介する野生動物間感染

人間が飼育しているペットや家畜などが持つ病原体を知らないうちに野生動物に感染させる可能性はあるが、これまでそのような報告はされていない。間接的ではあるが、餌付けが原因となって野生動物間での感染を拡大させ、大量死を招いた可能性が指摘された事例はある。餌付けによって1カ所に個体数を集中させてしまうと、何らかの感染症が発生した場合、感染は一気に広まってしまう危険性がある。例えば北海道ではスズメが何百羽と大量死が発生したことがあり、人間が設置した餌台を通じて感染したサルモネラ菌が原因ではないかと指摘されている（仁和ほか，2008；Une *et al.*, 2008；第10章参照）。類似の感染経路で、カラス類への鳥ポックス症の感染伝搬が、ゴミステーションや産廃処分場などにおける他個体との接触によるものではないかとの疑いが持たれている（福井，2013）。

ダニによって引き起こされる皮膚病で、激しいかゆみや脱毛を伴い、死に至ることもある疥癬（かいせん）は、タヌキやキツネ、ハクビシンなどによく見られる（例えば姉崎ほか，2010；松本ほか，2011；塚田ほか，1999）。ゴミ捨ての管理不徹底や餌付けによって、複数が同時に1カ所に集まることで接触機会が増え、感染拡大に寄与したものと推測される。疥癬の流行によって、個体数が減少したタヌキ（Shibata & Kawamichi, 1999）や、スウェーデンでのキツネの例（Lindström *et al.*, 1994）があることから、特に注意が必要である。

その他、感染症ではないが、餌付けされた野生のサルの群れを調べたところ、高い割合で奇形が発生していたとのショッキングな報告がある。餌付けされている場合、本来の食べ物ではないものを与えられていることが多い。人がサルに与える加工食品などには様々な添加物や農薬が含まれており、それらが病気や奇形の原因となったのではないかと考えられている（伊藤ほか，1988；和，1996）。とりわけ奇形の発生の増加は、集団ひいては種の存続にも深刻な影響を及ぼすことは言うまでもない。

このような場合、私たち人間は発症しないことが多いために、顕在化しにくいという問題がある。

(2) 野生動物から人間への感染

餌を与えるなど、人間が野生動物と直接あるいは間接的に接触する際に、動物が持っている病原体に感染してしまう危険性がある。例えば、北海道のキタキツネはエキノコックスという寄生虫をかなり高い確率で保持しており、餌付けやゴミに誘引されたキツネとの接触によって感染することが知られている。この寄生虫が体内に入ることで発症するエキノコックス症は、本州ではあまり耳にすることはないが、北海道では恐ろしい病気として知らぬ者はいないほどである。潜伏期間は数年から十数年と長期にわたるため、自覚症状がないまま進行し、病状が顕在化する頃には治療が困難になるとされる（高橋，2007）。さらに近年、北海道札幌市で飼いネコや飼いイヌからエキノコックスが検出され、飼い主への二次感染が危惧されている（野中，2014）。餌を与えることによってキツネは身近な動物となったが、同時に危険で厄介な病原体をもまた身近に引き寄せてしまったと言える（第7章参照）。

急速に人間の生活圏内に進出し、最近では都会でも目撃されることが多くなったタヌキは、人獣共通感染症の原因となる腸管内寄生虫の保有率が高いとの調査結果がある（浅野ほか，1997）。そのため、餌付けによる人との接触やゴミ捨て場でのイヌ・ネコとの接触を介して、感染タヌキから他個体のタヌキはもちろん、タヌキからイヌ・ネコへの感染、さらには感染したイヌ・ネコから人への感染のおそれが出ている。

近年世界的規模で広がりを見せている鳥インフルエンザは、日本では人間への感染例は報告されてはいないが、海外では感染例があり、危機管理体制の構築が急務とされている。感染経路は未だ解明されてはいないが、ガンカモ類などの渡り鳥による運搬伝播の可能性が最も有力視されている（伊藤, 2009）。そのため、餌付けが盛んに行われている水鳥の飛来地では、個体数が集中し、また糞尿として排出されたウイルスは冬期中水中に保存されたままとなっている（伊藤, 2009）ことから、鳥インフルエンザの流行リスクを高めてしまう可能性がある。餌付けによる鳥インフルエンザのリスクについては白鳥飛来地での事例（第8章参照）と、出水平野でのマナヅル・ナベヅル飛来地の事例（第9章参照）で詳述される。特に後者のマナヅルとナベヅルは「絶滅のおそれのある野生動植物の種の保存に関する法律（種の保存法）」で指定されている絶滅危惧種であり、絶滅回避のための餌付けと感染性病原体の伝播予防といった難しい両立が求められている。

そもそも人と野生動物との接触は、双方に病原体に感染する危険性があるため、公衆衛生上の観点からも望ましいことではない。例えば、餌付けに直接関係することではないが、ペットとして一時期輸入販売されていたナキウサギ（*Ochotona curzoniae*）は、ペスト菌を保有している可能性があったにもかかわらず、全く周知されていなかった（川道武男, 私信）。2014年にWHOが封じ込めに失敗して世界を震撼させた致死率90%以上とされるエボラ出血熱は、コウモリが持つ病原体が原因とされている（Leroy *et al.*, 2005）。このように、餌付けが感染経路に関係している事実を含め、野生動物との接触は感染リスクを負うという危険性について、私たちはもっと知る必要がある。

1.3.3 人間の生活圏への過度な接近

野生動物は本来、人間を警戒して近づこうとしないものである。それにもかかわらず人間の生活圏に侵入するようになるのは、理由がある。単純ではあるが、餌付けによって人馴れしたことに加えて、人が与える餌の魅力が恐怖よりも勝るということにつきる。

例えば、野生動物がある農作物を食べるとする。その作物が収穫されるものなのか、放置あるいは廃棄処分されるものなのかの区別は動物につくはずもない。売り物にならずに放置されているような作物は食べられても誰もかまいはしないが、餌が容易に得られることを覚えた動物は収穫予定の農作物も同じように食べてしまう。このような「鳥獣害」の結果、農作物に誘引されて人里に降りてきたクマやサル、イノシシ、シカは駆除される。同様に、ゴミステーションに不適切に捨てられた生活ゴミや残飯なども、野生動物を誘引する原因となる。人間側が故意に与えているわけではないので、これらを餌付けとするには違和感を持つ人もいるかもしれない。しかし、間接的ではあっても餌付けしているのと同等の状態であり、「非意図的」であっても餌付けに違いないのである。

人間への生活圏へ侵入するようになった野生動物にとっての災難は、有害鳥獣として捕殺されるだけではない。ゴミの誤食によって、衰弱あるいは死亡する場合さえある。奈良公園や宮島で死んだシカを解剖したところ、胃の中からビニールや不消化物の塊が検出されたという（奈良の鹿愛護会Webサイト；広島県，2008）。食パンを喉に詰まらせた白鳥と同様に（第11章参照）、これもまた住民や観光客が行った餌付けが原因となり、人間の生活圏へ呼び寄せてしまったことによって起こった「非意図的」餌付けの結果に他ならない。

このような「非意図的」餌付けは、人間が積極的に餌を与える「意図的」餌付けよりも原因が複雑で、解決がより困難な問題と言える。この「非意図的」餌付けについては第2章で詳細に取り上げたい。

1.4　餌付けの何が問題なのか

意図的・非意図的にかかわらず（あるいは人間の都合に関係なく）、餌付けを通して動物が人に馴れて警戒心を低下させてしまうと、その動物の行動や生態、分布に変化があらわれ、やがて人間社会との摩擦や軋轢（あつれき）を生

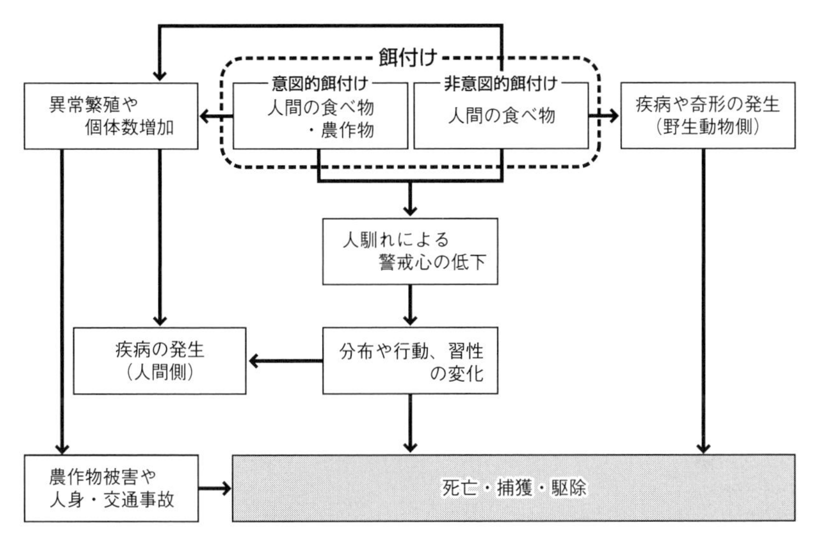

図 1-2 餌付けされた野生動物の行く末
意図的・非意図的にかかわらず、やがては人間社会との摩擦や軋轢が生じ、死亡・捕獲・駆除という結果に行き着く。

じさせる経緯をたどる（**図 1-2**）。北海道のキタキツネのなかには「おねだりギツネ」と言われる観光客に餌をねだる個体が存在し、車を利用する観光客が餌を与えることから、車が来ると餌をくれるものと認識して近寄り、ロード・キル（野生動物の交通事故）につながっている。餌付けされて人を恐れなくなったサルやイノシシは里山に下りて、農作物被害や咬傷事件を引き起こして駆除対象となり、収穫されずに放置されていた農作物の味を覚えたクマが里山に頻繁に出没するようになると、人身事故を未然に防ぐためとしてすぐさま駆除されてしまう。このように考えると、野生動物が人間との軋轢を増大させている背景には必ず何らかのかたちの餌付けが存在していることがうかがえる。

餌付け問題が顕在化してきたのは、「鳥獣害」が農林水産業にとって無視できない被害となっていることが背景にある。特に餌付けに使われる餌や農作物は、比較的容易に得られ栄養価も高いためか、常習性を伴うことが多い。その結果、野生動物は、与えられた餌や農作物の味を覚えてしまい、その餌や得られた現場に執着することが多いようだ（横山ほか, 2008；中下ほか, 2014；2015）。例えば、ツキノワグマへの獣害対策の一つとして、実際に被害が出た地域から人里離れた場所に移動させて放獣する「奥山放獣[注]」が試みられているが、強い執着をもって餌付け現場に戻ってきてしまう個体が出てしまうため、評価が分かれている（金森, 2008）。

このように餌付け行為の一部は、たとえそれが善意からあるいは無意識から生じたものであっても、結果的に人間と野生動物との軋轢を引き起こし、餌を与えられた動物が駆除される現実へとつながっている。そして何よりも、餌付けの最大の罪は、餌と人とを結びつける学習をさせ、人を恐れない「人馴れ」した野生動物をつくってしまったことにある。この「人馴れ」こそが、身近にありながら人間を避けてきた野生動物や、ほとんど姿を現さなかったはずの野生動物を「有害鳥獣」、あるいは「迷惑動物」へと変えてしまい、または人間の都合次第で有害鳥獣と認識されるような「潜在的有害鳥獣」を生み出してしまっているのだ。人間と野生生物は一定の距離を保つことが原則でなければならない理由は、まさにここにある。

（注）農作物被害や人身事故の防止はもちろんだが、罪のない動物の犠牲も同時に失くしたいと考えて、被害が出る前に駆除するべきとの批判を受けながらも危険が伴う奥山放獣の作業に取り組む関係者には頭が下がる思いである。しかし、国有林当局を含む森林所有者の同意が得られないなどの理由で放獣先が見つからず、結局は殺されてしまうことが大半であるという（山内ほか, 2008）. 住民感情を理解できないこともないが、「緑の回廊」や「生物多様性保全を考慮した森林管理」などという目標を掲げる林野当局の矛盾した対応は問題である.

引用文献

姉崎智子・坂庭浩之・田中義朗・黒川奈都子（2010）群馬県のハクビシンの疥癬について. 群馬県立自然史博物館研究報告 **14**：141-144.

浅野隆司・村杉栄治・山本芳郎（1997）神奈川県東南部地域におけるホンドタヌキの腸管内寄生虫の分離状況. 感染症学雑誌 **71**（7）：664-667.

Bryant, L.（1994）Report to Congress on results of feeding wild dolphins: 1989-1994. Report submitted to the US National Marine Fisheries Service, Office of Protected Resources, Maryland. 23pp.（Available from NMFS, Silver Spring, Maryland,

USA）.
福本一彦・勝呂尚之・丸山　隆（2008）羽田ミヤコタナゴ生息地保護区に生息するマツカサガイ *Pronodularia japanensis* 及びシジミ属 *Corbicula* spp. の産卵母貝適性実験. 保全生態学研究 **13**（1）：47-53.
福井大祐（2013）人と野生動物の関わりと感染症：野鳥大量死と餌付けを例に. 日本野生動物医学会誌 **18**：41-48.
Hemery, G. and McClanahan, T. R.（2005）Effect of recreational fish feeding on fish community composition and behaviour. Western Indian Ocean Journal of Marine Science in press.
広島県（2008）『宮島におけるニホンジカの生息状況等調査検討報告書～保護と管理のために～』. 23pp.
伊藤光男・小川　淳・園部俊明・中南　元・石田紀郎・渡辺信英・稲垣晴久・和　秀雄（1988）ニホンザルの四肢奇形と有機塩素系農薬の関連について. 霊長類研究 **4**（2）：103-113.
伊藤壽啓（2009）高病原性鳥インフルエンザと野鳥の関わり. ウイルス **59**（1）：53-58.
加賀豊仁・尾田紀夫（2006）希少魚類の維持増殖技術の確立―ミヤコタナゴ生息地環境調査―（平成 16 年度）. 栃木県水産試験場研究報告 **49**：40-54.
金森弘樹・田中　浩・田戸裕之・藤井　猛・澤田誠吾・黒崎敏文・大井　徹（2008）西中国地域におけるツキノワグマの特定鳥獣保護管理計画の現状と課題. 哺乳類科学 **48**（1）：57-64.
菊地直樹（2008）コウノトリの野生復帰における「野生」. 環境社会学研究 **14**：86-100.
小島　望（2010）『図説 生物多様性と現代社会―「生命の環」30 の物語―』. 農山漁村文化協会, 東京, 244pp.
Leroy, E. M., Kumulungui, B., Pourrut, X., Rouquet, P., Hassanin, A., Yaba, P., Delicat, A, Paweska, J. T., Gonzalez, J. P., and Swanepoel, R.（2005）Fruit bats as reservoirs of Ebola virus. *Nature* **438**：575-576.
Lindström, E. R., H. Andren, P. Angelstam, G. Cederlund, B. Hörnfeld, L. Jäderberg, P. A. Lemnell, B. Martinsson, K. Skold, and J. E. Swenson.（1994）Disease reveals the predator: Sarcoptic mange, red fox predation, and prey populations. *Ecology* **75**：1042-1049.
前迫ゆり（2002）春日山原始林と草食保護獣ニホンジカの共存を探る. 植生学会誌 **19**：61-67.
丸山康司（2008）「野生動物」との共存を考える. 環境社会学研究 **14**：5-20.
正富宏之・正富欣之（2009）タンチョウと共存するためにこれから何をすべきか. 保全生態学研究 **14**（2）：223-242.
松本郁実・高島一昭・山根　剛・山根義久・岡野　司・淺野　玄（2011）鳥取県中西部における疥癬に罹患したタヌキの保護頭数の推移. 動物臨床医学 **20**（1）：13-17.

中下留美子・林　秀剛・岸元良輔・鈴木彌生子・瀧井暁子・泉山茂之（2014）長野県塩尻市における閉鎖牛舎での捕獲ツキノワグマの家畜飼料依存．信州大学農学部 AFC 報告 **12**：85-90.

中下留美子・岸元良輔・瀧井暁子・橋本　操・鈴木彌生（2015）長野県塩尻市における過去 10 年間のツキノワグマ捕獲状況と捕獲個体の人里依存度．信州大学農学部 AFC 報告 **13**：89-98.

奈良の鹿愛護会 Web サイト「奈良のシカが抱える問題」 http://naradeer.com/problems/index.html

日本自然保護協会（1978）日本自然保護協会資料第 10 号　保護委員会動物小委員会報告書『野生鳥獣の餌づけを考える―餌づけから環境保護へ―』．日本自然保護協会，東京．42pp.

仁和岳史・鈴木　智・黒沢令子・阿部　永・三部あすか・宇根有美・泉谷秀昌・渡辺治雄・岡谷友三アレシャンドレ・加藤行男（2008）北海道のスズメおよびその生息環境における *Salmonella Typhimurium* の汚染状況．獣医畜産新報 **61**（3）：213-214.

野中成晃（2014）我が国のエキノコックス症と感染源対策．獣医疫学雑誌 **18**（2）：150-152.

野澤　謙・西田隆雄（1981）『家畜と人間』．出光書店，東京，374pp.

小原秀雄（2008）野生生物と人間世界．『野生生物保護事典―野生生物保全の基礎理論と項目（野生生物保全論研究会 編）』pp. 133-162，緑風出版，東京，172pp.

奥田敏統（1984）シカ（Cervus nippon）の生息域としての宮島北東部の森林植生の保護管理．宮島の自然と文化 **5**：1-5.

Okuda, T.（1984）Food habits of sika deer（*Cervus nippon*）and their ecological influence on the vegetation of Miyajima Island. *Hikobia* **9**：93-102.

Orams, M. B., Hill, G. J. E. and Baglioni Jr., A. J.（1996）“Pushy” behavior in a wild dolphin feeding program at Tangalooma, Australia. *Marine Mammal Science* **12**：107-117.

Rolshausen, G., Segelbacher, G., Hobson, K. A. and Schaefer, H. M.（2009）Contemporary Evolution of Reproductive Isolation and Phenotypic Divergence in Sympatry along a Migratory Divide. *Current Biology* **19**（24）：2097-2101.

Shibata, F. and Kawamichi, T.（1999）Decline of raccoon dog populations resulting from sarcoptic mange epizootics. *Mammalia* **63**（3）：281-290.

杉山幸丸・岩本俊孝・小野勇一（1995）ニホンザルの個体数調整．霊長類研究 **11**：197-207.

高橋健一（2007）野生哺乳類におけるエキノコックス流行の現状と対策．哺乳類科学 **47**（1）：168-170.

Takatsuki, S.（2009）Effects of sika deer on vegetation in Japan: A review. *Biological Conservation* **142**：1992-1929.

谷口知平（1983）シカの所有者は誰か―神鹿による被害第一次訴訟（奈良地裁昭和五八

年三月二五日判決). 法学教室 **34**：72-76.
塚田英晴・岡田秀明・山中正実・野中成晃・奥祐三郎（1999）知床半島のキタキツネにおける疥癬の発生と個体数の減少について. 哺乳類科学 **39**（2）：247-256.
Une, U., Sanbe, A., Suzuki, S., Niwa, T., Kawakami, K., Kurosawa, R., Izumiya, H., Watanabe, H. and Kato, Y.（2008）*Salmonella enterica* Serotype Typhimurium Infection Causing Mortality in Eurasian Tree Sparrows（*Passer montanus*）in Hokkaido. *Japanese Journal of Infectious Diseases* **61**（2）：166-167.
山内貴義・佐藤宗孝・辻本恒徳・青井俊樹（2008）岩手県のツキノワグマ保護管理に関わるモニタリング調査とその課題. 哺乳類科学 **48**（1）：83-89.
山田俊弘・横田直人（2001）サル生息環境の変遷と状況.『高崎山のサルおよび自然の管理について（高崎山管理委員会編)』pp.18-23, 大分市教育委員会, 大分.
横山真弓・坂田宏志・森光由樹・藤木大介・室山泰之（2008）兵庫県におけるツキノワグマの保護管理計画及びモニタリングの現状と課題. 哺乳類科学 **48**（1）：65-71.
和　秀雄（1996）環境汚染がらみの野生動物の疾病―ニホンザルの四肢奇形とスギ花粉症を中心に―. 日本野生動物医学会誌 **1**（1）：8-12.
渡辺伸一（2001）保護獣による農業被害への対応―「奈良のシカ」の事例. 環境社会学研究 **7**：129-143.
渡辺伸一（2012）〈半野生〉動物の規定と捕獲をめぐる問題史―なぜ「奈良のシカ」の規定は二つあるのか？―. 奈良教育大学紀要 **61**（1）：109-119.

第2章

非意図的餌付けと絶滅危惧種への餌付け

小島　望

第１章では主に観光客や一般市民による「意図的餌付け」によって生じる問題点を述べたが、本章では知らず知らずのうちに野生動物に餌を与えているのと同じ結果をもたらしてしまう「非意図的餌付け」に焦点を当てる。今や多くの自治体が頭を悩ます鳥獣害は、この非意図的餌付けと密接な関係があることから、餌付けという観点から問題の把握につとめ、また対策を講じることで、鳥獣害の解決に大きく貢献できると考えられる。

加えてもう一つ、通常の餌付けとは異なる絶滅危惧種への餌付けについても考えてみたい。各事例は第Ⅳ部で紹介するが、絶滅危惧種への公的な餌付けは意図的ではあるものの、ほとんどが趣味の延長にある他の意図的餌付けとは異なり、絶滅危惧種の回復という明確な目標が存在する。しかし、餌付けによって生じる様々なリスクがなくなるわけではなく、一筋縄ではいかない実状がある。

2.1　非意図的餌付けとは何か

2.1.1　鳥獣害と非意図的餌付け

農林水産業は今や「鳥獣害」抜きでは語れない。過疎化や農林水産業従事者の高齢化による労働者不足に鳥獣害が加わることによって、生産者の意欲を削いでいることは間違いない。鳥獣害による農作物被害の総額は例えば、2014年で約230億円とされる（農林水産省Webサイト 鳥獣被害対策コーナー）が、被害額は被害申告を基本に作成されているため、被害が過大に見積もられる傾向があるとの指摘がなされている（川道，2007）。

その一方で、自家消費のための作物被害などの計上されないものもあり、被害額の多寡よりむしろ生産者の精神的な疲弊や労働意欲の減退こそが根本的な問題として挙げられる。野生動物に農作物を収穫寸前で食べられてしまったり、部分的に傷をつけられて商品価値を下げられたりするといった心理的損失は大きい。特に、ブランド化した農作物は見栄えのよさも重要であるため、わずかな傷さえも価値を大きく下げてしまう。天候不順による被害は仕方ないとあきらめがつくものの、鳥獣による被害では生産者の怒りの矛先は直に被害を与えた野生動物に向けてしまいがちになる。しかし、こういった鳥獣害の原因のほとんどは、実は人間側にある。

収穫を終えた農作地では、商品価値のない農作物がそのまま廃棄されず、あるいは鋤(す)き込まずに放置されていることが多い。その背景には、農業従事者の老齢化や労働力不足によって、拡大した田畑での農作物の収穫が不完全となってしまっている実情がある。しかもこの農作物が、野生動物にとっては餌付けと同じ状態（間接的な餌付け、つまり非意図的な餌付け）となってしまい、その味を覚えた動物が、収穫し出荷する作物も当然区別することなく食べてしまうために、食害が発生する。これが鳥獣害のしくみである。

鳥獣害対策の難しさは、集落単位で協力して防御しなければ効果が上がらない（井上, 2008）ということにある。集落のうちの一部であっても非意図的餌付けが行われてしまうと、被害は集落全体に広がってしまう。また、森林に隣接した牧草地や農耕地をつくり、さらにはそれらが放棄されたままになっていることも鳥獣害を増加させる原因となっている（三浦・堀野, 1996）。

1950～60年代に集中的に行われた「拡大造林」もまた、鳥獣害を生み出す大きな要因となっている。拡大造林は、天然林を伐採して、成長率の高いスギやヒノキなどの針葉樹を中心とした人工林への転換を進めた、林野庁による林業政策のことである。スギやヒノキの特性や植林適地を無視してありとあらゆる場所に植林し、こうした人工林は、瞬く間に日本の山林を埋め尽くしていった。その後、安価な外材の輸入によって国内の木材価格は下落し、林業経営は成り立たなくなり、間引きや間伐などの継続した手入れが必要である人工林は放置され、密植されたまま放置された針葉樹が生育して、林床に太陽光が届かない薄暗い森林があちこちに見られるようになった。その結果、植物種は激減し、林床植物を欠いたむき出しの土壌は雨で流されやすくなり、土砂崩壊が頻発して土木事業の増加につながり、あるいは山林の保水力を保つための重要な役割を果たしている腐葉土（腐敗して分解された枯れ木や落ち葉）が発達せず、本来森林が持つ流量調節機能や洪水防止機能が十分に発揮できなくなった。このことが、大規模な山崩れや山林崩壊、水害を招き、大規模な環境破壊を引き起こすダム建設へとつながっていく。戦後林業政策の失敗の代表例と言える。

これら直接的な野生動物の生息地の悪化・破壊に加え、餌となる木の実や果実を生み出す広葉樹林を伐採して激減させる一方で、多くの野生動物の生息地として不適な針葉樹の人工林ばかりを増加させたことが、森林生態系の多様性を失わせ、野生動物を人間の生活圏へと追いやり、鳥獣害を引き起こす下地をつくってきたことは間違いない（三浦，1999；揚妻，1998；2008；小林，2015）。

以上のように、鳥獣害の背景には、サルやイノシシ、シカ、クマなど多くの野生動物が生息する山林を直接的間接的に悪化させ、あるいは破壊してしまった拡大造林があり、自然破壊と鳥獣害の発生が密接に関係していることがわかる。

2.1.2 開発行為と非意図的餌付け

開発行為が、野生動物への「餌付け」と同じ効果を生み出していることはほとんど知られていない。なかでも、これまでほぼ出会うことがなかった野生動物と人間との接触の機会を増大させた原因の一つに「道路開発」がある。道路を新設する、あるいは既存道路を拡幅、整備するなどの開発行為が、建設予定地一帯の自然を直接破壊するのはもちろんであるが、間接的には進入路や交通量の増加を引き起こし、人の流れを変え、広範囲にわたって生態系に大きな影響を及ぼす（例えば河野，1998）。さらに、そこに餌付けが加わることで一帯の自然や動物の様相を一変させてしまう。

例えば、世界遺産に登録され国立公園第一種特別地域等に指定されている屋久島（やくしま）の西部林道地域では、餌付けの横行によって屋久島固有亜種のヤクシマザルの本来の生態が歪められつつある（杉浦ほか，1993; 1997）。多くの観光客が訪れる日光では、餌付けによってサルが人を脅して食べ物を奪う（例えば王ほか，1999）ようなことが見られ、沖縄県やんばる地域では、道路脇で隠れてヤンバルクイナへの餌付けを行って撮影する「にわかカメラマン」が増えている（久高将和，私信）。このように軽い気持ちで餌を与える観光客は、道路がなければわざわざ山奥まで入って動物に餌を与えることはない。

特に必要性が疑問視されている林業の振興とは関係のない林道開発は、野生動物を含めた一帯の環境に悪影響を与えるような非意図的餌付けを助長、あるいは拡大させてきた事実がある。山岳部を通る道路の法面（のりめん）（道路の側面にある切土や盛土された斜面のこと）にはトールフェスク（オニウシノケグサ）やハードフェスク（シナダレスズメノガヤ）、オーチャードグラス（カモガヤ）のような外来牧草が植えられていることが多い（**図2-1**）。これはシカにとって良好な餌場が道路に沿って延々と広がってい

図2-1　法面を覆う外来牧草（大規模林道滝雄・厚和線）
北海道滝上町、遠軽町、北見市にまたがる林道が建設されていたが、林業の衰退や沿線人口の減少、他路線の開通、自然保護団体の反対などによって、無駄の典型とされた本林道は建設途中で中止された。

ることに他ならない（高槻, 2001；三谷ほか, 2005)。道路一帯に栄養価の高い豊富な餌が提供されることによって、シカの個体数増加や交通事故につながっていることは容易に推測できる(注)。同様に、大規模な森林伐採もまたシカの良好な餌場をつくり出してしまう。伐採跡地は日照条件がよくなり、シカが好む食べやすい丈の長さの下草が生えてくることで、豊富な餌資源の提供場所と化している（三浦, 1999)。

シカのほかに、ヤクシマザルもまた法面を頻繁に利用することが報告されている（杉浦ほか, 1993；揚妻ほか, 1994)。その経緯は以下の通りである。道路が造られることによって植生が撹乱されてサルの好む二次林化が進み、法面に植えられた牧草等の草本を採食している姿がよくみられるようになった。さらに法面の形成で見通しがよくなり、サルの発見が容易となって、かえって観光客の餌付けをする機会を増やす結果となった。つまり、ここでは、道路および道路法面の造成が、周辺の植生を改変させ、採食場所としてサルを誘引し、同時に観光客による餌付けをも誘発させるという二重の餌付けが行われていると言える。

ところで、野生動物にやさしい道路として動物の交通事故を回避するために造成される「エコロード」と呼ばれるものがある。それらのなかには、北海道恵庭(えにわ)市の恵庭公園と隣接する道路にまたがって設置されたエコブリッジのように、意図的に餌付けを行う事例がみられる。その構造物は、エゾリスの習性や生態を理解しない者が造った、単に曲げた鉄柱にロープをつけただけの代物であり、全く利用されることのない失敗作であった。その後、管理者は鉄柱と公園内の樹木とをロープで結びつけ、木の根元にナッツの入ったプラスチックのかごを取り付け、リスを餌で誘引してロープ伝いに橋を通過させようと試みたのである。もちろん、動物の生態を考えない浅慮な発想が成功するわけがない。このような愚策を税金で実行した関係者は自らの不勉強を恥じ入り、猛省すべきことは言うまでもない。

2.2　絶滅危惧種への餌付け

ここまで、農林業の変化や衰退、道路開発による自然破壊と餌付けの関連について解説し、意図的非意図的にかかわらず、餌付けは深刻な結果を招きかねない危険な行為であり、するべきではないとの見解を示してきた。しかし、絶滅の危機に瀕してしまった種の存続のために、餌付けを避けることができない場合もある。絶滅危惧種などの大部分が、生息環境の悪化や消失によって自力で餌をとることができなくなっており、個体数回復や生息環境整備のための緊急措置として行われているからだ。通常であれば、絶滅危惧種であっても餌付けは行うべきではないが、人為的に餌を与えなければならないほど切迫した状態という点で、通常の餌付けとは区別して考える必要があるだろう。

絶滅危惧種への餌付けは、生態や行動・習性、生息状況の詳細を把握するために研究手段の一つとして行われるものと、絶滅回避の緊急保護措置として個体数増加を目的に行われるものの大きく二つに大別できる。これまで、「絶滅のおそれのある野生動植物の種の保存に関する法律（種の保存法）」に基づき、シマフクロウ、タンチョウ、イリオモテヤマネコなどの一部の絶滅危惧種への餌付けが国の保護増殖事業として行われてきた。そのなかでも、シマフクロウは、2010年時点で道内12カ所の生息地で冬期を中心に年間100～700 kgの魚が提供され、個体の生存と繁殖が支えられてきたとされる（早矢仕, 2012）。その一方で、個人による趣味の写真撮影や宿泊施設の集客を目的として行われている餌付けがある。これらの行為によって本種の出現場所が特定され、撮影目的の者が接近することで営巣放棄などが生じている可能性が指摘されている（例えば早矢仕, 2002）。多くの種が絶滅の危機に瀕しているのは、開発による生息地の悪化や破壊が直接的な原因である（国際自然保護連合日本委員会, 2009）。しかし、未だに開発行為が止まらないうえに、ただでさえ個体数が少なく、かろうじて残存している生息地において、接近して繁殖や採餌を妨げてしまうことの影響は、種の存続にとって決して小さくはない（第12章参照）。

専門家が実施している場合であっても、絶滅危惧種ゆえの懸念もある。個体数を集中させて感染リスクを高めてしまっている現状が、ただでさえ少ない生息数に大打撃を与えてしまうことにつながりかねないからだ。19世紀末には絶滅寸前にまで減少したタンチョウが、今では1300羽を超えるまでに回復してきたのは、餌付けをはじめとする手厚い保護があってこそである（正富・正富，2009）が、限られた給餌場所に個体が集中してしまうと、感染症などが発生しやすい状況がつくり出される。いったん病気が発生してしまうと、感染は一気に広まり、急速に伝搬される危険性が高くなるため、出水（いずみ）平野のマナヅルやナベヅルの飛来地においてもこの問題は常に懸念されている（第9章参照）。

一方で、絶滅危惧種であっても個体や生態への影響を考慮して餌付けが実施されないこともある。イリオモテヤマネコは、1970年代後半～80年代前半に継続的に餌付けが行われてきたが、1982～84年度に実施された「イリオモテヤマネコ生息環境等保全対策調査（第2次特別調査）」において中止が提言され、現在に至るまでその状態は維持されている。（自然環境研究センター，1994；西表野生生物保護センター職員，私信）。

いずれにしても、個体数が回復すると同時に、餌をとることのできる環境改善がなされたならば、絶滅危惧種といえども速やかに餌付けを中止するのが原則となる。餌を与えることはあくまで補足的なものであり、個体数減少の原因の除去と、残存する生息地保護と生息地の回復・復元こそが主な取り組みとならなければいけないからだ。正富・正富（2009）は「給餌は問題解決の手法として極めて有効な面を持つ」とし、タンチョウにおいて危機集団の回復や、傷病鳥や標識用個体の捕獲実施や農畜産被害の抑制、分散促進などで果たした役割は少なくないとしている。しかし一方で、「その手法の採用は限定的で、決して惰性的に継続すべきでない。その適用と運用には専門分野の高い技能を持つヒトの参加が必要である」として、特に「餌を与えて手なづける行為は厳に慎むべき」とする。この指摘は絶滅危惧種のみならず、意図的餌付けすべてに当てはまる原則であり、特に野放図に行われている水鳥への餌付けでは徹底されるべきであろう。

絶滅危惧種が対象であっても非意図的餌付けとなるため、ここでは例外的な扱いとなるが、今後問題となってくることが考えられるので、ある事例を取り上げてみたい。種名や場所の特定は避けるが、沖縄県のある山中の果樹園に絶滅危惧種である鳥類が果実を求めて出現している場所がある。そこでは普通種の鳥類も出入りして果実を採食していることから、鳥獣害防除のために網がかけられるなどの対策がなされている。この果樹園が図らずも特定の絶滅危惧種を集めてしまっており、これに気づいた地元有志が、現時点では見回りや監視するなどして、農業従事者と協力して対処しているため、網に絡んで死亡するなどの事故は生じていない。しかし、危うい状態は続いており、将来的に向けて体系的な防除体制が必要となってくるだろう。

以上、絶滅危惧種についての餌付けは絶滅リスクを避けるための有効な手段であり、絶滅を回避した実績を持つ反面、いくつもの課題が存在していることも事実である。実際に、いったんは絶滅してしまった種を再導入して再び野生に戻そうとする野生復帰の現場において、餌付けは争点の一つとなっている（第13章参照）。現に豊岡市のコウノトリは2005年の放鳥から10年以上が経過するなかで、今後も放鳥個体へ餌を与えるべきか否か、さらにその方法についても様々な意見があり、試行錯誤が重ねられている。絶滅危惧種の保護増殖事業や絶滅種の野生復帰には、「野生とは何か」が餌付けを通して絶えず問われ続けているのである。

（注）このように、餌付けをして個体数増加を招いている現状を看過あるいは放置したままで、多くの税金を投入してシカを大量に駆除している現状をみると、マッチポンプと言わざるを得ない。つまり、現在のシカの増加は、農林水産省による森林政策の失敗と国土交通省の土木建築一遍主義、環境省の無策が一体となった結果であり、まさに「人災」と言えるのである。

引用文献

揚妻直樹（1998）屋久島の野生ニホンザルによる農作物被害の発生過程とその解決策の検討. 保全生態学研究 **3**：43-55.

揚妻直樹（2008）「シカの生態系破壊」から見た日本の動物と森と人.（池谷和信 編）『日本列島の野生動物と人』pp.149-167. 世界思想社. 京都, 322pp.

揚妻直樹・杉浦秀樹・田中俊明（1994）屋久島の世界遺産地域を通過する西部林道が自然環境に与える影響. 霊長類研究 **10**：41-47.

早矢仕有子（2002）「絶滅危惧種ウオッチャー」の増加がシマフクロウに与える影響. *Strix* **20**：117-126.

早矢仕有子（2012）シマフクロウの保護活動. 日本鳥学会誌 **61**（特別号）：98-100.

井上雅央（2008）『これならできる獣害対策』. 農山漁村文化協会. 東京, 181pp.

IUCN 日本委員会（2009）レッドリスト 2009：生命の多様性とその危機.
川道武男（2007）動物による災害.『人とわざわい:持続的幸福へのメッセージ〈下巻〉』pp.3-27，エス・ビー．ビー社．東京，558pp.
河野昭一（1998）山岳道路建設と自然破壊，その生態学的評価．月刊むすぶ **329**：15-22.
小林　峻（2015）コウモリの代わりにニホンザル？　変わるカマエカズラの送粉パートナー．自然保護 **548**：32-34.
農林水産省 Web サイト 鳥獣被害対策コーナー
http://www.maff.go.jp/j/seisan/tyozyu/higai/index.html.
正富宏之・正富欣之（2009）タンチョウと共存するためにこれから何をすべきか．保全生態学研究 **14**（2）：223-242.
三谷奈保・山根正伸・羽山伸一・古林賢恒（2005）ニホンジカ（*Cervus nippon*）の採食行動からみた緑化工の保全生態学的影響：神奈川県丹沢山地塔ノ岳での一事例．保全生態学研究 **10**（1）：53-62.
三浦慎悟（1999）『野生動物の生態と農林業被害：共存の理論を求めて』．全国林業改良普及協会，東京，174pp.
三浦慎悟・堀野眞一（1996）シカの農林業被害と個体群管理．植物防疫，特別増刊号 **3**：171-181.
自然環境研究センター（1994）平成 5 年度イリオモテヤマネコ生息特別調査報告書―第 3 次特別調査―．東京，101pp.
杉浦秀樹・揚妻直樹・田中俊明（1993）屋久島における野生ニホンザルへの餌付け．霊長類研究 **9**：225-233.
杉浦秀樹・揚妻直樹・田中俊明・大谷達也・松原　幹・小林直子（1997）屋久島，西部林道における野生ニホンザルの餌付き方の調査．霊長類研究 **13**：41-51.
高槻成紀（2001）シカと牧草―保全生態学的な意味について―．保全生態学研究 **6**（1）：45-54.
王　立鴻・小金澤正昭・丸山直樹（1999）日光国立公園いろは坂におけるニホンザルと観光客の餌付けを巡る行動．ワイルドライフ・フォーラム **4**（3）：89-97.

第Ⅱ部

餌付けによる生態系バランスの崩壊

第3章

意図的・非意図的餌付けに起因するニホンザルの行動変化と猿害

白井　啓

1985年から約30年間、私は様々な場所でニホンザルを観察する機会を得た。そこにはニホンザルという種として共通する習性や行動が見られた一方で、同じニホンザルでありながらその行動や人との関係には大きな幅があった。その幅について、ここでは餌付けの影響という観点から報告する。

3.1　ニホンザルの幅広い食性と優れた適応力

餌付けの影響を考えるうえで、ニホンザルの特徴のうち幅広い食性と優れた適応力という2点をまず紹介する。

ニホンザルは森林性の動物で、日本の四季折々において広葉樹林とその周辺で植物を中心に、その他、通常、キノコ（菌類）、昆虫やヒル・シラミなどの無脊椎の小動物を食べている（**図3-1**）。東京都奥多摩町（おくたままち）や檜原村（ひのはらむら）では、春にはヤマザクラ、ホウノキ、ニセアカシアなどの若葉や花、オニグルミの若葉や葉柄の髄、イタドリやタンポポの葉や茎、タケニグサの茎、夏にはモミジイチゴやヤマグワなどの果実、アカソやヤマイモなどの葉、ススキの茎、クズの葉、茎、花、アオバハゴロモやナナフシなどの昆虫、秋にはアケビ、サルナシ、ヤマブドウ、ムクノキなどの漿果（しょうか）（**図3-2**）、スダジイ、ヤマグリなどの堅果、ベニバナボロギクの種子、ミソソバの花、メマツヨイグサの花や根、キノコ類、冬にはヤマグワやネムノキなどの冬芽や樹皮、コナラやミズナラの落下した堅果、フジやヤマイモの種子、タンポポやカラムシの根、カマキリの卵……という具合である（白

図 3-1　広葉樹林内のニホンザル（撮影：白鳥大祐）

図 3-2　ムクノキの実を食べているニホンザル（撮影：白鳥大祐）

井，1993；白井，1994；東京都，1994）。京都府と滋賀県の県境にある比叡山のニホンザルは370種の植物を採食したように（間，1962）、実に多種多様なものを季節に合わせて種類や部位を選択して食べている。

しかし、常に食べ物が豊富にあるわけではなく、季節変動、経年変動がある。秋にはニホンザルが好む果実が豊富であるが、葉や果実も落ちてしまい、積雪により地上が雪で覆われる冬には食べ物が少ない。特に凶作の年には秋のうちに果実を食べつくしてしまい、厳しい冬に栄養価の低い樹皮や芽に頼らざるを得ず、個体の生存や翌春の出産にも影響する（Suzuki, 1965；中川, 1994；辻, 2009）。さらに豪雪の年は深雪となり春の雪解けが遅れると、シカやサルで大量死が起こることがある（丸山・高野, 1985；滝澤・志鷹, 1985；滝澤, 2002；小金沢, 2002；斉藤・佐藤, 2002など）。だからこそ、食性の幅が広いことは適応力に優れていることになり、それを支える生息環境として生物多様性に富んだ階層構造を持つ広葉樹林が重要である（由井・石井, 1995；大井, 1994・2004；小池, 2013など）。そうやって野生動物の個体数は自然状態において多少の増減を繰り返しつつも、平衡を保っていると言われている（半谷ほか, 1997；半谷ほか, 2000；杉山ほか, 2013など）。

また、ニホンザルが属するマカカ属というサルの仲間は適応力に優れていると言われている（河合ほか, 1968；杉山 編, 1996；大井, 2002など）。マカカ属が進化の過程で熱帯から分散し温帯に適応したのがニホンザルである。本稿では、その適応力に優れるニホンザルに対して、私たち日本人が行ってきた餌付けを分類し、それぞれがどのような影響を及ぼしているのか考えてみたい。

3.2　ニホンザルにおける餌付けの分類と概要

野生動物への餌付けは、人が積極的な餌付けの意図を持ち特定の動物を直接の対象として餌を与える「意図的餌付け」と、餌付けする積極的な意図はないものの結果的に特定のあるいは不特定の動物に餌資源を提供している「非意図的餌付け」に分類されている（第1、2章参照；小島, 2010など）。

3.2.1　意図的餌付け―野猿公苑と観光道路

ニホンザルの場合、意図的餌付けは管理者の有無により、さらに二つに分類できる。野猿公苑では特定の管理者が存在し「組織的な意図的餌付け」が、観光道路では不特定多数の人によって五月雨式に「非組織的な意図的餌付け」が行われている（**図 3-3**）。

実態の分類はこの通りであるが、実は法的には説明しきれない（第 17 章参照）。その動物が所有、占有されているかどうかで、取扱いは二分されることになっているが、その判別は難しい。野猿公苑のニホンザルは餌場で人から餌をもらうが、周囲の森や畑に行くことも自由であるので占有されているわけではない。そのため、公苑経営者に明らかに所有、占有されているとは言えず鳥獣行政で取り扱う対象であるとも言えるが、餌付けしているわけであるから公苑管理者が自他ともに管理していると捉えている場合が多く、また餌付けによって入園料などの利益を得ている公苑の成立過程を考えると、管理の責務を行政が一身に負うには無理がある（水谷, 1998）。私が思うには、野猿公苑経営者は餌付けによって自然や農業に影響を与えている責任があり、それを行政は監督管理する責任があるのに果たせていない。両者に責任があるのに、その所在を法的に整備できていないその不明確さが、ニホンザルの餌付け問題の解決を難しくしている。意識改革の問題であるが、ツールとしての法的整備は重要である。

ところで餌付けに起因する害は、「猿が引き起こす害」ということで「猿

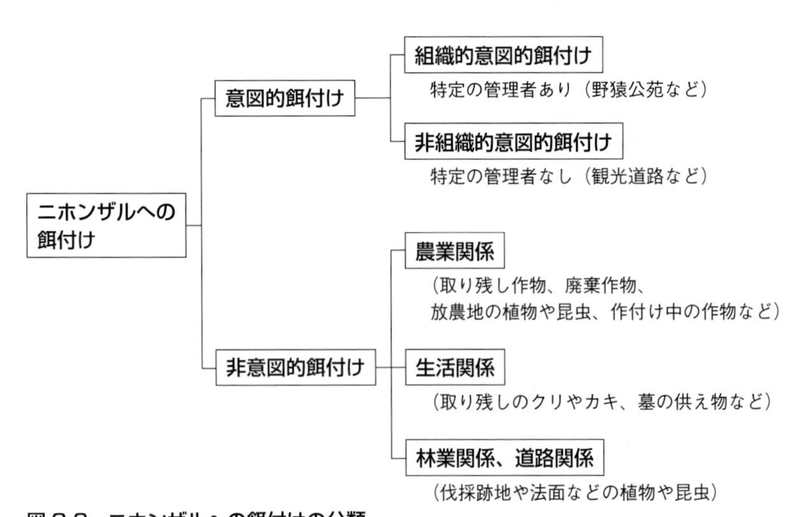

図 3-3　ニホンザルへの餌付けの分類
出典：小島（2010），白井（1994），半谷（1997），南関東ニホンザル調査・連絡会（1995）

害」と称されてきたが、実際には人がサルを餌付け、サルの行動を変えたことが原因であり、正確には「人が猿に引き起こさせた害」である。加害者は人であり、サルは生活環境を通じて行動を変えられたわけで被害者である。子どもの犯罪で親の責任が問われるのと似ていると私は考える。

太古の時代から、人と野生動物のふれあいの一環として、あるいは狩猟の戦術として、餌付けは存在したと想像するが、現代のニホンザルへの餌付けはその規模や影響から野猿公苑が際立っている。野猿公苑は、野生の

図 3-4　高崎山自然動物園の餌場の様子（撮影：栗田博之）

図 3-5　野生のニホンザルの群れ（千葉県富津市。撮影：白鳥大祐）

図 3-6　道路での餌付けの様子

サルに餌を与えて人に対する警戒心をとくことによって、サルを間近に見ることのできる場所である（山田・中道, 2009)。明治、大正、昭和初期にかけて、サルに限らず多くの野生動物が狩猟によって数を減らし、人を恐れるようになっていたと言われている（三戸, 1998)。つまり、日本人にとってニホンザルは、なじみ深いけれど実際に見る機会の少ない動物になっていた。娯楽も今のように幅広くなかった時代に野猿公苑は、観光、猿害防止、学術研究、自然教育、サルの保護を目的に登場し肯定的に受け入れられた。初期投資はほとんど必要なく、管理団体の40％が自治体であった（三戸, 1995；丸山, 2006)。しかし、餌付けは自然界のバランスを乱しやすい性質を持っているため、その後、適切に利用することが求められていった（山田・中道, 2009)。

図 3-4 は、最も有名な野猿公苑である「高崎山自然動物園」（大分県大分市）の餌場の様子である。極度に密集したサルは圧巻である。**図 3-5** は千葉県富津市（ふっつし）のニホンザルの群れで、野生群としてはたくさんのサルが写っているが､野猿公苑に比べれば桁違いに少ないことは一目瞭然である。

一方、不特定多数の人による観光道路での餌付けは、栃木県日光、神奈川県西湘（せいしょう）地域、京都府・滋賀県境の比叡山、鹿児島県屋久島東部など各地に散在している（小金沢, 2002；岡野, 2002；半谷ほか, 1997；杉浦ほか,

1993 など)。**図 3-6** は道路での餌付けの様子で、車の上にサルが乗って餌をねだり、人が餌を与えている様子である(白井, 1988)。

3.2.2 非意図的餌付け―農耕地、植林地、集落、道路など

意図的餌付けも厄介であるが、非意図的餌付けも同様である。意図や意識がない分、意図的餌付けよりも広く多数起こり得る。農耕地や集落での取り残しあるいは投棄作物、墓の供え物、伐採地や法面(のりめん)などのパイオニア植物や吹き付け植物は、そこに生息する昆虫や小動物と合わせて、ニホンザルを含む大小の野生動物に食物として提供されている(白井, 1990・1993・1994;宮崎, 2012;**図 3-3**)。

リンゴは秋の収穫期にはもちろん、積雪後の厳冬期にも栄養豊富なサルの食べ物になっている。群馬県では、収穫後のリンゴ園の取り残しリンゴを(**図 3-7**)、さらに季節が進んで積雪後、リンゴ園近くの竹林に大量のリンゴが捨ててあったため、冬になってもサルが利用していた(**図 3-8**)。長野県のある巨大リンゴ捨て場には春夏秋冬、365 日リンゴが捨てられ(**図 3-9**)、そこのサルはリンゴを常時飽食しているため栄養条件がとても良い(森光, 2002)。ミカン園でも同様である。ミカンの収穫は 12 月に終わるが、大量の取り残し、あるいは投棄ミカンが、梅が咲いている初春まで

図 3-7 収穫後のリンゴ園で取り残しリンゴを食べるサル
(撮影:佐伯真美)

図 3-8　竹林に大量に捨てられたリンゴをサルが食べた痕

図 3-9　巨大リンゴ捨て場（撮影：森光由樹）

サルが食べられる状態にある（**図 3-10**）。和歌山県のとある場所で、ある年の4月に3日間調査したところ、その間ずっと巨大ミカン捨て場の周辺をぐるぐる回りながら投棄ミカンを食べていた。

また、イネをサルが食べると当然被害になるわけだが、二番穂は人間にとって収穫対象ではないため被害と認識されず、サルだけでなくイノシシも誘引し、大いに養っている（**図 3-11**）。転作で作付けされ未収穫のま

図 3-10 取り残しミカンを食べるサル（撮影：川村　輝）

図 3-11 二番穂を食べるサル（撮影：白鳥大祐）

ま放置されているムギやダイズも同様である。

これら出荷して換金する作物だけでなく、出荷しない作物の場合でも、野生動物にとっての認識は同じ餌でしかない。カキやクリは出荷しない地域でも農山村であれば必ずと言っていいほど栽培されており、それらの収穫は生活の一部である。そして、それらの取り残しもまた野生動物を大いに養う結果となってしまっている（**図 3-12**）（東京都，1994；白井，

図 3-12　取り残しのカキを食べるサル（撮影：杉浦義文）

図 3-13　クズの種子を食べるサル（撮影：杉浦義文）

1994；野崎ほか，1993）。

伐採地、下草刈りが行き届いていない植林地、雪害を受けた植林地、道路沿いの法面に繁茂している草本、低木、つる性植物は単なる雑草と考えている人が多いだろうが、実際はサルの好物が多くあり選択的に利用されている。（**図 3-13、3-14**）（白井，1990；白井，1993；白井，1994；東京都，1994）。

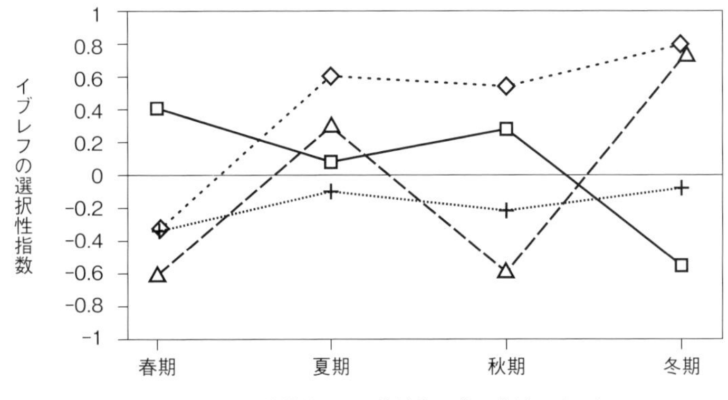

図 3-14　鳩ノ巣の群れの植生選択
利用可能な植生と実際に利用された植生のデータを用いて、イブレフの選択性指数によりサルの群れの植生選択性を示した。1 に近いほど選好し、−1 に近いほど忌避していることを示している。植林地には若齢林が、草地には放棄された農耕地や法面が含まれる。季節によって植生選択を変え、好物を選択的に利用しているのがわかる。

森林伐採と食物量の関係については、シカやカモシカで詳しく調べられている。森林伐採後しばらくは日照条件が好転し下層植生が繁茂して、非意図的餌付けと言える状態が続き個体数を増やすが、その後、スギやヒノキの成長に伴って下層植生が衰退することで餌が減って増えていたシカは食料不足に陥る（古林，1985；古林ほか，1997 など）。サルはシカと違って木に登れるため、利用可能な地上高の制限はないが、スギやヒノキを食べるわけではなく、上述の通り繁茂した植物をよく利用するので同様の傾向があると考えられる。

このように、各種野菜・果物の取り残しや投棄作物、そして繁茂する植物が餌として存在する農耕地、放棄地、下層植生が豊富な若齢植林地、法面などは非意図的にサルへ食卓として提供されている。

3.2.3　サルによる餌付けパターンの自己選択

ここまで餌付けを分類し説明したが、そのパターンが変更されることもある。神奈川県湯河原（ゆがわら）では、1955 年頃に野猿公苑が開設され特定の管理者が存在したが、1978 年に組織的意図的餌付けが中止され、人馴れした群れは引き続き観光道路で不特定多数の観光客に餌をねだり非組織的に餌付けられることになった（岡野，2002）。そして、さらに興味深いことに、その後、この群れはその意図的餌付けを受けられる観光道路を離れて、現在は畑の作物や人家から果物やお菓子を失敬するものの、人から手渡しで餌をもらうことはない。遊動域を農耕地がより多い側にシフトさせていることから、観光道路での不特定者による不定期な非組織的意図的餌付けより、恒常的に作物や取り残し作物を確保できる農耕地周辺での非意図的餌付けへの依存にシフトした結果となっている。西湘地域の群れはすべて同じ方向（農耕地がより多い側）に遊動域をシフトさせていることから、非意図的餌付け依存へのシフトは、サルの群れ自らの選択であると考える。

また、比叡山B群のように、組織的意図的餌付け、非組織的意図的餌付け、非意図的餌付けのすべての餌付けが見られるケースもある（半谷ほか，1997）。

これらの事例から、サルが餌付けのパターンを選べる場合、自己選択していると考えられる。

3.3　餌付けの影響と対応策

ここからは餌付けがどのようにサルと人に影響を及ぼしてきたのか、そしてその対応策を整理する。

3.3.1　意図的餌付けの影響

意図的餌付けのサルへの第一の影響は「人馴れ」である。人に馴化された家畜やペットと違って野生動物は人に馴れていないのが本来であるが、餌付けされることでサルは徐々に警戒心を解き、人間との距離が接近してしまい、人との関係性の一線を越えることになる。そうすると、餌場において人身被害（威嚇、転倒、引っ掻き、物の略奪、咬傷など）が誘発される。

第二の影響として、「栄養条件の好転」、その結果の「個体数の増加」が顕著に表れる。上述した通り、本来、ニホンザルは自生の植物や昆虫などから各種の栄養を摂取している。ニホンザルのオトナメス1頭の1日の採食量は乾燥重量で約300gほどで、繊維質が少なく消化率が高くて身に付きやすい餌、そしてタンパク質や脂肪含有量も高い栄養豊富な餌を採食するならば、野生動物としては栄養状態が良すぎることになる（中川, 1994）。

また、自然界では多様性豊かな広葉樹林であっても、年によって食物の豊凶や積雪の影響を受けて、野猿公苑より食物量が不安定であり、だからこそある程度の幅の中で個体数の均衡を保ってきた。しかし、意図的餌付けによって、豊富すぎる食物が安定供給されることで、栄養状態を良好に保つことが可能になり、個体数が増加するのは必然だった（杉山ほか, 2013）。人にとってもサルにとっても、給餌は禁断の実であったわけである（三戸ほか, 1999）。

ニホンザルは概ね隔年出産であるが、餌付けによって出産間隔が短くなったり、死亡率が低下する（和, 1982・1995）。初産年齢は、農作物への加害も意図的餌付けも受けていない純野生の自然群が6～8歳（屋久島、金華山）であるのに対して、意図的餌付け群は5～6歳（嵐山、勝山、幸島）と早い。意図的餌付け群でも、餌付け制限や停止により2～3歳遅くなる。出産率は、自然群が3～4割であるのに対して、意図的餌付け群は5割と高い（藤田, 2008）。これらの個体群パラメータを滋賀県霊仙山の群れにおいて餌付け中と餌付け停止後（自然状態）で比較したところ、初産年齢はそれぞれ5.2歳と6.5歳、出産率は59.3%と31.3%、2歳までの生存率は85.4%と77.3%、生涯産子数は6.1頭と1.3頭、個体数増加率はそれぞれ約13%と5%などという結果であった（Sugiyama & Ohsawa, 1982；杉山, 2010）（**表3-1**の左2列）。森光（1997）は高崎山において、大網蓄積脂肪量と出産有無の関係を調べ、出産後の秋の栄養蓄積の程度が繁殖成功度を左右していることを示した。

このように餌付けは、栄養条件の向上により出産率の上昇、死亡率の低下、初産年齢の若年化、出産間隔の短縮など、個体群パラメータに大きく影響を与え、言い換えれば環境収容力を高めて、個体数増加、ひいては群れの分裂、群れ数の増加を引き起こしていく。高崎山自然動物園では、

表 3-1　滋賀県霊仙山の群れにおける、餌付け中と餌付け停止後の社会的地位による繁殖パラメータの比較（杉山，2010 を改変）
餌付け中は優位と劣位で大差があったが、餌付けを停止してからは微差になり、最終的な値としての生涯産子数では劣位は優位の 98％まで接近した。

	餌付け有無の比較		優位劣位の比較	
	餌付け中	餌付け停止後	餌付け中	餌付け停止後
初産年齢	5.2	6.5	**4.8** *5.6*	**6** *6.7*
繁殖年齢雌の出産率（/ 年）*	0.5926	0.3134	**0.6977** *0.4737*	**0.3** *0.3243*
平均出産年齢	10.2	11		
生後 2 年生残率（/2 年）	0.8542	0.7727	**0.8966** *0.7895*	**0.8095** *0.7391*
2 歳以上の年間生残率	0.9919	0.904		
生涯産子数 / 雌	6.12	1.309	**8.586** *5.133*	**1.318** *1.301*
若雄離脱年齢	4.42	3.83	**4.45** *4.4*	**3.75** *4*

太字は優位（中心部）家系、斜字は劣位（周辺部）家系。
＊餌付け中は 5 歳から、自然状態では 6 歳から 20 歳まで同率で出産と仮定。

1953 年の餌付け当初は 1 群で 220 ～ 230 頭だったのが（伊谷，1954）、42 年後の 1995 年には 3 群で 2128 頭を超えた（軸丸ほか，2006；杉山ほか，2013）。また、ニホンザルの習性であるオスの群れからの離脱の年齢が遅れる傾向に（Sugiyama & Ohsawa, 1982）、また性比、年齢構成を歪ませることにもつながる。

そして、個体数が増加した群れは遊動域を拡大させ、分裂した群れは遊動域を確保するために隣接地域に進出する。また、オスの群れからの離脱および分散により、人馴れしたサルの影響は餌場からその周辺へ波及し（小金沢，1991）、生活被害（家屋侵入、糞尿排泄、食料略奪、屋根破損など）や農作物被害も発生していくことになる。

第三の影響として、餌付けは群れによって個体数を減少させるという報告もある。日光のいろは坂では、餌付けが本格化した後、限られた餌付けによる食物を高順位個体が独占した。しかし道路沿いの定着は続き、その結果、森林での遊動が減少し自然の食物を含めた 1 頭当たりの食物量は減少し、コドモの消失率が高まり、個体数増加率が低下したというわけである（小金沢，2002）。

いろは坂では交通事故死のサルの報告は確認されなかったが、神奈川県小田原では、コドモの交通事故死が相次ぎ、出産率は高いがコドモの生存率が極めて低くなり、個体数が減少した。コドモに偏った死亡は次世代を失うことであり、群れの消滅が危惧された（岡野, 2002）。その群れは1990年代当時、人から餌をもらうわけではなかったが、1950～70年代に受けた意図的餌付けの影響で極度に人馴れしていた。その群れが属する西湘地域個体群の5群（1990年代当時）はすべて餌付け群由来であるが、2000年代に入ってそのうちの1群が消滅、さらにもう1群にも消滅の兆候が見られており、コドモの交通事故だけが原因かはわからないが、岡野の予想は現実のものとなってきている。

このような交通量の多い道路沿いでの餌付けが、個体数減少に働いているという事例は比叡山でも報告されている（半谷ほか, 1997）。岡野（2002）はそれを「快適な生活空間に隠れている落とし穴」と表現した。

第四の影響として、餌付けはニホンザルの社会を歪めることがある。野猿公苑での餌付け群の研究から、群れを統率する「ボス」と呼ばれる強靭なオスが存在すると言われてきた。食物の特異な局在を示す野猿公苑では、強さの主張によってより多くの餌を確保できるため、一番強いオスが際立つ。しかし、自然界では食物は分散して存在するため群れの全員が等しく食べられ、餌付け群のサルが見せるような餌を介する厳しい抗争的な関係は見られない。また、一番強いオスが群れの移動を常に誘導しているわけではなく、先祖代々、土地と結びついてきた地縁集団としての群れが、季節ごとの食物の在処も知っている。餌付けされていない自然群の研究により、力の強い弱いという関係（順位制）は存在するが、絶対的な存在としての「ボス」はいないというのが定説となっている（伊沢, 1982）。

また、ニホンザルが習性として持っている個体および家系についての順位制は、狭い餌場で与えられる高栄養食物の、高順位個体あるいは優位家系の独占を許し、家系間、個体間の優劣関係を顕在化させ、さらには家系および個体の繁殖成功度にまで影響している。例えば、自然状態（餌付け停止後）の初産年齢は優位家系で6歳、劣位家系で6.7歳、出産率は優位家系で30.0％、劣位家系で32.4％、生存率（2歳まで）は優位家系で81.0％、劣位家系で73.9%、生涯産子数は優位家系で1.3頭、劣位家系でも1.3頭とあまり違わないが、一方、餌付け中の初産年齢は優位家系で4.8歳、劣位家系で5.6歳、出産率は優位家系で69.8%、劣位家系で47.4%、生存率（2歳まで）は優位家系で89.7%、劣位家系で79.0%、生涯産子数は優位家系で8.6頭、劣位家系でも5.1頭と、優位家系が高い繁殖成功度を示している。つまり餌付けは、食物獲得量や繁殖成功度において、社会的地位による格差を生じさせている（杉山，2010；Sugiyama & Ohsawa, 1982; Soumah & Yokota, 1991；栗田，2007）（**表3-1**の右2列）。

この第三と第四の影響は、単なる群れ個体数の増減というだけではなく、個体間の資源獲得競争を激化させたと言うことができ（杉山ほか, 2013）、コドモや劣位家系・個体という社会的弱者を追い詰めたという点からも、餌付けは本来の社会性を崩壊しかねない、動物福祉にも合わない行為と考える。

第五の影響として、安易な餌付け行為とその黙認は「サルにも人間にも非教育的」であることが挙げられる。意図的餌付けは、人間はサルに餌を与える存在であると教育していることに等しい。つまり、私たちは自ら多数の人馴れザルを育成していることになる。同時に、人間自身にとっても、本当は良くない行為である餌付けを黙認されることで善悪の判断を鈍らせることになり、分別のない人を育成していることになりかねない。

この点でも特定の管理者の有無が重要である。管理者や経営者がいる場合は、責任の所在が明確であり、観光、教育、研究、保護、食害対策など、管理者としての餌付けの目的がある。もちろん目的があるだけで安易でないとは言えないが、少なくとも自然教育の場であるべき野猿公苑は、目的を持ち、入苑者へのルールの徹底がなされているところもある。

一方、管理者不在で責任の所在がはっきりしていない場合は、その場の楽しみという私的な目的以外の計画的な目的はないので、管理が存在せず無責任、非教育的になってしまう。

第六の影響として、森林が荒廃することがあると、高崎山（横田・長岡, 1998；杉山，2010；杉山，2013）で報告されている。野猿公苑では営業上、高頻度かつ長時間、サルを餌場に滞在させる必要があり強度に餌付られるため、狭い範囲でサルの高密度状態が長時間、長期間に渡る。実は餌付け群であっても人為的給餌物だけ食べているわけではなく、不自然に増加した巨大群の多数のサルが自生植物も食べている。また多数のサルがやはり狭い範囲を頻繁に歩くことで、林床は踏み固められる。その結果、シカ問題で言われるような林床に稚樹や草本が見られない森林になってしまうこともある（和田，1989・1998）。

第七の影響として、1950年代から70年代にかけて全国で広く発生したニホンザルの四肢の奇形が挙げられる。餌付け群で多発し（39群調査中20群）、発生率が出生数の40％に達する群れも複数あった（和，1982）。餌付けに使用した餌が原因である可能性が示唆されている。

奇形の発生率の経年変化は、餌の大豆栽培に使用されていた有機塩素系農薬の使用量の消長、および高い残留性、蓄積性とよく一致している。発生率は、1970年頃に大きなピークを示し、輸入大豆を餌として使わなくなって以降、低下した。当初、家系集積（奇形を出産しやすいメスがいる）が認められたため遺伝的要因が疑われたが、研究によりほぼ否定された。餌の摂食習慣あるいは代謝の個体差のために、特定のメスザルに特に有機塩素系農薬が濃厚に蓄積したとすれば無理なく説明することができるとされている。ところが残留農薬に気をつけている現在も、少数であるが奇形は発生している（最近10年間の高崎山では0.2％の発生率）。

奇形の発生原因の解明にはさらに研究が必要であるが、ニホンザルの奇形は自然と人間の関わり方の問題の一つである認識するべきであろう（ニホンザル奇形問題研究会，1979；和，1982；伊藤ほか，1988；杉山ほか，2013）。

第八の影響に、意図的餌付けの影響として、ニホンザルの遺伝的な撹乱を挙げたい。遺伝的撹乱の原因は人為的移動であり餌付けが直接の原因ではないが、野猿公苑あるいは群れの放し飼い（の欲求）が人為的移動を誘発しているのであるから、餌付けの影響ととらえられる。

他地域からの移植群で開苑した野猿公苑が11苑あった。現在では、国内であってもこのように移動された生物は国内外来種とされ、慎むべきとされている（村上，2011）。このように、ニホンザルは在来の生物多様性保全という考え方からも、餌付けを慎まなければならない種である。さらに、国外外来種で「特定外来生物」でもあるタイワンザルがかつて下北半島で放し飼いされ実質組織的意図的餌付けと同じ状況にあり、同時に道路の通行人による非組織的意図的餌付けを受けていて、そのことにより天然記念物である下北半島のニホンザルが交雑の危険にさらされていた。ちなみに、このタイワンザルの群れは2004年に全頭捕獲された（松林, 2004；松岡, 2004；川本ほか, 2004；白井, 2006；白井・川本, 2011）。

3.3.2　野猿公苑の問題への対応策

(1) 野猿公苑の盛衰と現在

野猿公苑は1953年以降、1970年代初めまでに41苑が開苑、1972年に同時開苑が最高の34苑になりピークを迎えた。それらの管理団体は、自治体が16苑、39.0％、電鉄・観光会社が14苑、34.1％、法人など7苑、17.1％、個人4苑、9.8％であった。自治体を含めて、観光などの経済効果を狙ったと考えられる（三戸, 1995）。

しかし、餌付けは人からサルへの干渉であり、自然の摂理に逆らって野生のサルを十分な管理下に置くことは容易ではなかった。日々の‘餌漬け’状態は、野性味消失による野猿公苑の魅力低下、個体数の増加、猿害の増加に連鎖し、養う餌代の高騰、批判の集中、他の娯楽の選択肢増加も相まって入苑者数は減少し、多くの野猿公苑は廃苑となった（和田, 1989；三戸, 1995；三戸, 1998；三戸・渡邊, 1999；軸丸ほか, 2006；丸山, 2006；杉山ほか, 2013）。

このように厳しい情勢の中、野猿公苑の適例として高崎山自然動物園を紹介しておこう（**図 3-4** 参照）。高崎山自然動物園は、1952年、イモなどの食害を防止するために、「追い逃がすのではなく、サルに餌付けし、集めれば観光に生かせる」という当時の大分市長の発案で餌付けを始め、翌1953年に餌付いたところで開園、同年「高崎山のサル生息地」として国の天然記念物に指定された。現在は、一般財団法人大分市高崎山管理公社が管理、運営、常勤職員が配置され、餌場や給餌量の管理、園周辺の巡回が行われている。大学機関の協力もあり学問的な研究成果も大いに上がり、やはり1952年に餌付けが開始された宮崎県幸島とともに「サル学発祥の地」と呼ばれている。環境教育にも力を入れており、自然観察コースの整備、ニホンザル観察教室の開催、小中学校の総合学習における体験学習、学習施設を備えた「高崎山おさる館」の開館などを行ってきた。

来園者数は、他の野猿公苑と同様、1965年の191万人を最多に、1979年に100万人を割り込み、2003年27万人、2004年31万人とやや回復するも、以前に比べて大幅に減った（軸丸ほか, 2006）。それでも、多くの野猿公苑が経営難や食害の発生などによって廃止が相次いだ中、熱意と工夫で経営、運営し、現在も観光、教育、研究という機能を持つ最先端の野猿公苑である。

(2) 天然記念物

現在、下北半島のサルおよびサル生息北限地（青森県）、高宕山（たかごやま）のサル生息地（千葉県）、箕面山（みのおやま）のサル生息地（大阪府）、臥牛山（がぎゅうざん）のサル生息地（岡山県）、高崎山のサル生息地（大分県）、幸島サル生息地（宮崎県）の6カ所が天然記念物に指定されている。指定当時、すべてに餌付けされた群れが含まれ、幸島以外は有名な野猿公苑である。下北半島は後に廃苑し、現在、意図的餌付け群はない。

この餌付け群に偏った指定は、地元の要望があったり、1950～60年代のニホンザル研究の先進地であったという時代の流れによるものであるが、将来的にはニホンザルという種の進化、生態における特性から、餌付けを介さない自然状態のサルおよびその生息地を揃いで、国の文化財としても保護するのが筋であり、課題である。下北半島のニホンザルは、人間を除く霊長類で世界最北限に生息しているため、唯一、サルそのものも天然記念物に指定されている。他方、亜熱帯から亜高山帯と言える垂直分布が見られ、ニホンザルの亜種である屋久島のヤクザルとその生息地（半谷ほか, 2000）、そして森林限界を超えて標高3000 mを超す高山をも生息域に含んでいる日本アルプスのニホンザルとその生息地（泉山, 2002）などは、ニホンザルの種としての幅、つまり適応力を顕著に示しており、文化財としての価値を十分持っていることから指定されて然るべきである。

(3) 野猿公苑での対応策

いくつもの問題点が生じた野猿公苑であるが、結論から言うと、高い意識と目的を持って、ルールを決め、人員と予算を確保し、適正に管理するしかない。それができないなら新しく野猿公苑を開苑するべきでなく、実際に問題が大きくなってからの新設はない。

野猿公苑の将来の見通しとして和田（1989）は、博物館追求型、現状改善型、方向転換型の3通りを示した。方向転換型は、柵を建設し飼育する考え方でそれは動物園であり、野猿公苑としては閉苑となる。博物館追求型は、1966年に高崎山を訪れ、約1カ月間、ニホンザルの群れを観察したカーペンター博士が提唱した社会教育および霊長類研究のセンター、つまり、環境教育の機能を充実させた野外博物館としていくために（水原, 1971；杉山, 1977；三戸, 1984・1995・1998；和田, 1998；金井塚, 2002)、将来的には餌付け中止をも念頭に置いた考え方である。和田自身はこの選択肢を推奨しているし（和田, 1998)、私もその通りと考えるが、和田も指摘している通り現実には簡単ではない。

実際､野猿公苑を真っ当に閉苑するのは気が遠くなるほど大変なことで、各地で苦労されている。手っ取り早いと思われがちな間引き（個体数調整）を行うと、人の都合で餌付けして、厄介ものになったら簡単に処分するとは何事だ、という批判が外部から来る。

また、人間は感情の生き物であり、それゆえに餌付け主体の内部からも葛藤が沸き起こる。サルへの給餌者は、サルとの関わりが直接的で親密であり、「サルの過剰な増加や畑の食害は困るが、餌付けしてきたサルはかわいい。殺さないで共存できる方法はないものか」と被害と感情が一致しないために悩む（丸山, 2006)。その不一致により、関係者のみなさんの葛藤は相当なものである（あった）と想像できる。

自然に返すと言えば聞こえはいいが、急に餌付けを中止すれば、人に馴れた多数のサルは、近隣の道路で人に餌をねだり、人家に侵入し、農作物の食害が高い頻度で発生する。それでは餌を少しずつ減らし、餌付けに慣れ親しんだ世代がいなくなるまで続けばどうか。これも大変聞こえはいいが、ニホンザルの平均寿命は高崎山で13.6歳（大沢・杉山, 1980)、20歳を超える個体もいるように、世代交代まで 10 ～ 20 年かかる。野猿公苑の責任者が、長期にわたり費用を確保できるのか。過疎、高齢化の地域でそれが実現できるのか。そういう地域振興の類の問題にも当てはまる。

実際、和田ほか（1998）が閉苑した野猿公苑について調べた結果では、閉苑した理由は猿害の増加が 5 件で 29.4%、経営難（収入源、餌代高騰）が 4 件で 23.5%、猿害と経営難が 4 件で 23.5%と、猿害あるいは経営難が 76.5%と大半を占めた。閉苑時のサルへの対応とその後のサルの様子は、一部捕獲・一部放棄あるいは捕獲なしで、その後猿害が発生し問題を残した苑が 12 件で 70.6%を占め、サルに責任を負わせた全頭捕獲が 3 件（すべて移植群。移植個体はこの捕獲のずっと後の 21 世紀になって国内外来種とされた）で 17.6%、そして理想的に山へ帰ったのは 2 件で 11.8%にとどまった（後述）。三戸（1995）によると猿害対策を理由に柵で飼育化した事例は 8 例あり、その許可や所有権についての問題を残した。

避妊という選択肢もあるが、これには論争があった。野猿公苑のサルを厳密に法律に従って野生動物として扱うか、実態に応じた臨機応変な対応をするのか（羽山，2001；杉山，2010）。一般に立場が違えば、主張が変わることはあり理解できる。私も原則、野生動物の繁殖を人為的にコントロールすることは控えるべきではないか考えるのと同時に、野猿公苑ほど行き詰った状況においては厳格な条件付きで例外的な対応も検討する必要があるのではないかと考える。野猿公苑のニホンザルが野生動物なのであれば、現状容易ではないが本来的には都府県の保護管理計画にしたがって運営されるべきである（羽山，1998）。生殖の操作は人でも生命倫理として議論されている深遠な課題である。したがって、法的な整備が必要であるし和田（1998）、そもそも野猿公苑のニホンザルの管理者が法的に不明確であることが問題であり（本章 3.2.1 節を参照）、避妊以前に餌付けの法整備が必要だ。

このように野猿公苑での対策は難しいが、参考にするべき対応例を二つ紹介しよう。高崎山では個体数増加が顕著になったところで、カロリー計算から給餌量を減らし（杉山，1977）、個体数増加率の大幅な抑制という成果を上げた（杉山，2010）。餌場背後の森林にも食物があるため、個体数の大幅減少までは簡単ではないようであるが、参考にするべき貴重な事例である。

石川県白山では、組織的な意図的餌付けを中止して野生に戻すことに成功している（林，1996・1998；和田，1998；滝澤，2002）。1962年、市民が個人的に開始した意図的餌付けは、1964年、吉野谷村が観光の一環として本格的に行うことになり、1966年から1972年は「ジライ谷野猿公苑」として吉野谷村が管理した。その後、1973年、石川県が環境庁（当時）の協力を得てジライ谷近くに白山自然保護センターと野外観察施設を建設してからは、「蛇谷自然観察園」の「野猿広場」として、石川県と吉野谷村が共同運営した。間近にニホンザルが見られ、普及、教育に役立ってきたが、1985年頃から白山スーパー林道沿線や中宮温泉周辺にサルが出没し、観光客への物乞い、土産物店での販売物強奪、周辺での農作物被害が発生するようになった（水野，1984）。被害は広域化し、1991年、有害鳥獣捕獲が開始され5頭の捕獲がなされた。

給餌と駆除の矛盾から、1992年に石川県、吉野谷村、中宮温泉旅館協同組合の三者による餌付けの見直し協議が開始され、餌付けしてきた「カムリ群」を山に帰すために1995年から人工給餌を中止した。野猿広場にこれまで通り一人を配置し、サルが野猿広場、温泉街、林道に来たら追い払い、観光客に自然ガイドを行った。突然の給餌中止によりサルたちはとまどい、しばらく人からの餌をあてにしたが、餌を与えないよう観光客に協力を求めた。また、サルたちが山で十分餌が食べられるように、ブナ林などの保全について取り組む必要があることも示した（林，1996）。この取り組みによって、意図的餌付け群を野生群に戻すことができたとのことである。

林（1996）と和田（1998）によると、本事例の成功要因が三点挙げられている。一点目は、餌付けは5～10月の観光シーズンだけで白山スーパー林道や中宮温泉が雪のため閉鎖されている11～4月は実施されておらず、冬季は自然群としての生活を維持してきたことである。それにより、個体数増加は、1964年46頭、1992年101頭、1994年84頭（滝澤，1994）と他の餌付け群に比べるとそれほどでもなかったし、徐々に人とジライ谷への依存度が低下することができ、当初予想されていた餌付け中止による被害拡大などの混乱は特に見られなかったとのことである。二点目は、駆除と餌付けの矛盾を吉野谷村と石川県が相互理解できたこと。三点目は、現場は国立公園内にあり、1981年、ユネスコ管理の生物圏保存地域にも指定された原生林に覆われた落葉広葉樹林の中にあった、つまり群れが暮らせる生息地があったことである。このように条件が整っていたとは言え、組織的な意図的餌付けによる人馴れおよび農作物被害の対策を、管理者自身が実行した大変貴重な好例であり高く評価されるべきである。

上述した和田ほか（1998）の調査で、閉苑後にサルが山に帰った例は、この白山と鹿児島県屋久島アチャンがある。

また対策ではないが、対象を変えることで、結果的に意図的餌付けを減らすことにつながる動きとして二点が挙げられる。1980年代以降、研究の対象は、野猿公苑の餌付け群から、「餌付け」から「人付け」に転換して自然群へシフトしていった。「人付け」とは、餌を与えることはせず、粘り強く頻繁に動物との出会いを繰り返し、徐々に距離を詰めていく方法である。自然群の研究は、餌付けによるサルの繁殖や行動への影響を明らかにすることにもなった。代表的なフィールドとして屋久島と金華山がある（丸橋，1984・1986；井上ほか，2013）。また観察の対象も、餌付け群で人馴れしたサルを観察することにかわって、やはり1980年代以降、野生のサルを自然のフィールドで観察する「モンキー・ウォッチング」が提唱、実践され、一般の参加者にも自然の中で野生動物を観察する楽しさを普及するようになった（井口，1981・1991；三戸，1998；三戸・渡邊，1999）。

3.3.3 観光道路での餌付けの対応策

管理者不在の非組織的意図的餌付けは実施されるべきではなく、それを防止するのは国民の道徳心と行政の管理である。

ニホンザルは「動物の愛護及び管理に関する法律」における「特定動物」（人に危害を加える恐れのある危険な動物）でもあり、人との距離が極めて近くなる意図的に餌付けされたサルについても危険が伴う認識が必要である。特にオトナのオスの犬歯は大きく、咬まれたら大けがを負う。

1980年代から不特定多数の観光客による非組織的意図的餌付けがなされてきた日光いろは坂では、みやげ袋を奪われる、人がサルにひっかかれる、咬まれるという人身被害が起きてきた。そこで日光市は2000年3月に日本で初めて「餌付け禁止条例」を制定した。わが国の野生動物管理において、公として「人が人を制する」という考え方を示した点でも意義は大変大きい（小金沢, 2002)。そして、日光市は従事者を雇用しパトロールを2000年度に開始、餌付け防止を徹底、その結果、観光客からの餌やりはほぼなくなった。頻発していた咬傷は1996年にはサルに咬まれるなどして病院に行った人は40人だったが、1996、1997年をピークに減少し、2004年にはサルに襲われた回数は0件、2010年度も咬傷は報告されていない（日本テレビ報道, 2010；栃木県, 2015)。この人によるパトロールと、人による餌付けの激減が、サルの劇的な変化を導いた様子を私も見たことがあり、感動的であったと表現したい。それほどこの条例制定とその運用は成果を上げたのである。パトロールは現在も継続中であり、まだ起きている土産物店や買い物袋のサルによる襲撃もなくして、さらに良い事例にしていただければと願う。

その後、群馬県新治村（にいはるむら）（その後合併し、みなかみ町）と大阪府箕面市でも、サルへの餌付けを禁止する条例が制定されている。悪質な場合氏名等を公表する、あるいは餌やりをしないように指導、勧告、命令するとしており、ともに過料1万円という罰則も設けられている（巻末資料参照)。罰則もうまく活用するとよいがそれは事後対応であり、より重要なのは日光市のパトロールのような事前の人の管理である。

3.3.4 餌付けの功の面について

サルの研究者の間では、餌付けの功罪についての話題がしばしば出る。罪の面というか良くない影響については詳しく述べてきたので、功の面について簡単に触れてみたい。野猿公苑初期においては経済的効果や教育的効果があり、学問的な成果として、イモ洗いや毛づくろいなどの行動学、オスの群れ離脱や母系、個体群動態などの社会学、遊動や採食などの生態学、性成熟や成長などの生理学、形態学など多岐にわたって国際的に評価されている研究が多い。これらは、接近観察、個体識別、それらの長期継続観察が可能な餌付け群を対象にしたからこそであった（山田・中道, 2009；杉山ほか, 2013など）。観察は容易だが閉鎖空間という制限のある飼育群と人付けという手法が考案されるまでは観察が極めて困難だった野生群、純然たる野生群ではないがその間に位置する意図的餌付け群を活用した結果である。

それから、餌付け群を対象にしてきた研究者は、問題が大きくなっても知らぬ顔をしていたわけでなく、本稿にも散在しているように、問題の把握と分析、対応策の提案、集会や印刷物による議論や啓発の努力をしてきたことを書き添えておく（和田, 1989；三戸, 1998；杉山, 2013など）。

3.3.5 非意図的餌付けの影響

次に「非意図的餌付け」の影響について整理する。野生群への非意図的餌付けがサルの遊動域を人里にシフトさせることで、様々な問題が生じてくる。

非意図的餌付けによるサルへの第一の影響は「場馴れ」である。サルの群れの遊動域の中や周辺に集落があると、自然の食物の乏しい冬季に、残っているカキの実にサルが引き寄せられるようにやって来る（**図 3-12** 参照）。カキの木は剪定されず、人の背丈では実をもぐことができない高さになっており、木登りの得意なサルやクマには大変都合のよい食堂である。カキの木の近くには農耕地があり、そこにはやはり取り残しのダイコンやハクサイが低温で保存されていて、サルの群れは次第にそこを行きつけの食堂の一つとして生活に取り込んでいく（白井, 1993）。

春先、人家裏の雑木林の林床の「ほだ場」、もう人は収穫をやめたがシイタケは生えていて、サルにとっては人知れず食べられる大変都合の良い食堂となる。

夏は冬に次いで自然の食物の乏しい季節である。サルは人家近くに来た時、トマト、キュウリ、ナス、エダマメ、イネなど多種多様な食べ物が田畑にあることを知る。最初は人や開放空間を警戒して田畑に入れず、周辺に繁茂するクズの種子やタンポポの花などを食べて立ち去るが、訪問を繰り返すうちに食べごたえのありそうな作物が気になって仕方がなくなる。

晩夏から初秋、田畑に隣接するクリ園が大事な食堂となる。今まで食べてきた森のヤマグリに比べて、実が格段に大きく食べごたえがある。鋭いとげがある‘いが’も噛み割れる。人が収穫に来る場合もあるが来ない時間帯もかなりあるし、全く収穫に来ない場所もある。

このように、初めは取り残しの作物、次第に収穫予定の作物に誘引されて、農作業時には人がいるが、農作業していない時間帯には人がいない農耕地という場所に馴れていき、集落周辺や農耕地を重要な食堂に正式に昇格させていくことになる。言い換えれば、人にとっては農業被害の発現である。

次に第二の影響としてサルの変化（人馴れ）と人の変化（あきらめ）が起きる。最初は人が来ると逃げていたサルも、あまり追い払われないことを経験していくうちに、人が追い払って来た時は、とりあえず畑の外に出ればよいことを覚える。追い打ちをかけてくる人は少ないし、しばらく背後の森で待っていれば、人はそのうち帰っていくことを知るようになる。そして厄介なことにアカンボウは母ザルに連れられてくるため、幼少の頃

図 3-15　人家の屋根の上の親子ザル（撮影：白鳥大祐）

から人の生活空間に馴れてしまう(**図3-15**)。そういう繰り返しによって、場馴れした個体が増え、次第に群れとして人がいても逃げなくなっていく。こうして場馴れに人馴れも加わっていく。

多くの農山村は、過疎、高齢化に悩み、サルを追い払うマンパワーが低下している。そのため、このサルの場馴れ、人馴れの進行によって人のほうが疲れてしまい、サルを追い払うことをあきらめてしまう。

次に第三の影響として生活被害、人身被害が生じることがある。サルは空間を三次元的に利用するため、例えば寒い冬の日、カキの実を食べ終わると、日当たりのよい人家の屋根の上で暖を取り毛づくろいする。屋根の上は、人も犬も追ってこられないため、サルにとって樹上と同じ安全な領域である。そうして、屋根の上を歩いたり、サル同士のケンカで走り回ることもあるし、屋根の隙間に好物の植物が生えていたり昆虫が潜んでいればほじくり返して食べることもある。その結果、故意ではなくても雨どいを壊したり屋根瓦を落とすことがある。窓が開いていれば、好奇心旺盛なサルが家屋に忍び込み、果物や菓子類を失敬したり、畳や布団の上で糞尿を排泄するなどの生活被害、人と鉢合せすれば、ひどい場合は引っかかれ、咬傷などの人身被害へとつながることもある。

非意図的餌付けによって場馴れしたサルの群れは、もともと食べている自生の食物に加えて、農作物を取り入れることで、採食物の幅を広げる。この変化は、意図的餌付けの場合と同様、「栄養条件の好転」、そして「個体数増加」へと展開することが多く、非意図的餌付けの第四の影響である。

加害群の出産期後の子連れ率は4～7割であり(室山,2003･2008など)、前述した意図的餌付けによる餌付け群の出産率の5割以上と同じように高く、自然群の3～4割より低い。非意図的餌付けを受けている群れは、意図的餌付けを受けている群れに比べて人馴れはそれほどではなく人と距離を取るため観察が難しく、その出産率を調べることは困難である。そのため、詳しいデータは意図的餌付け群のようにはないが、同様に、初産年齢の低下、出産間隔も短縮、死亡率低下などの傾向があると予想され、個体数増加に至ると、食害の増大、群れの分裂、分布域の拡大、被害地の拡大へと進んでいくことになる。

ところで、耕作地は昔からあったにもかかわらず、サルを含む野生動物による被害が近年ひどくなった原因を考えると、農業の衰退、そして農山村の過疎、高齢化による畑を守るマンパワーの低下が考えられる（増井, 1988；井口, 1991；東京都, 1994；白井, 1994）。以前は、イノシシやシカのようにニホンザルも食用や薬用に使われていたが、現在そのための捕獲の必要はなくなっている。非意図的餌付けが発生する原因として、農業の衰退、農山村の過疎、高齢化が挙げられるが、発生した食害が、営農意欲の減退に拍車をかけていることが非意図的餌付けの第五の影響と言えるだろう。ただし、サルによる食害がない農山村においても過疎、高齢化は進んでいることも事実であり、そのことからも食害問題は野生動物だけの狭い問題ではなく、人間の地域社会の問題に位置づけられる。

3.3.6　非意図的餌付けの対応策

解決方法はなんであろうか。サルが畑に来る目的は、作物や繁茂している植物、そこに棲む昆虫などを食べに来ることであるので、それらを食べにくくすることが重要である。それには農地管理、追い払い、森林管理などが野生動物管理として実施されている（白井, 1999；清野・白井, 2013など）。

中でも農地管理は重要である。現代の農家の方々は、収穫直前の食害について窮状を訴えるが、収穫後の非意図的餌付けについてはあまり気にされていない。非意図的餌付けを防止するためには、収穫後、出荷しない作物をサルの餌になる場所に廃棄しない。取り残し作物がサルの餌にならないようになるべく除去する。畑周囲の藪の草本やつる植物がサルの餌にならないように刈る。同時に藪はサルにとって畑への接近ルートにもなっているため、接近しにくくするために刈る。特に食べられては困る作物は森から離して作付けしたり、防護柵を設置した場合は柵の外面から離して植える。このように、畑周辺に餌を用意しない、言い換えれば非意図的な「おもてなし」しないで、畑をサルにとって益の少ない場所にする農地管理が非常に重要である（**図3-16**）。

図 3-16　農地管理は食害防止の基本
畑周辺の薮はサルの通り道であり隠れ場所であり、同時に好物の生える採食場所となるので、刈り払って見通しをよくしてサルを発見しやすくすることが重要である（白井，1999。イラスト：井口三月）。

いくつかの獣害対策のメニューのなかで、農地管理は特別な技術は必要なく費用があまりかからないため、食害防除において実現しやすい。ただし、多くが高齢化している農山村においてのことであるため、人手の問題がある。農家の方々のモチベーションの維持や手伝いの確保のために、防除方法やサルの習性についての講習、人手確保の呼びかけなどを市町村役場やJAあるいは志を持つ方が担っていただきたい。受け入れに伴う雑務が大変であるが、都市部を近くに持つ地域では、自然志向者、農業経験希望者も増えていることから、ボランティア募集もできるとよい。そうすれば、高価な電気柵は設置できなくても、草を刈ることはできるだろう。

この担い手の確保と併せて大事なことがある。農家の方々のビジョンである。例えば､養蚕が盛んなことで有名だった群馬県のある場所では現在、養蚕農家はほとんどなくなったが、クワ畑はまだ広く残っている（**図 3-17**）。そして、良くないことにクワはサルの大好物である。初夏には甘い果実を、冬には冬芽や樹皮を猛烈に食べる。養蚕をやめてから年月が

図 3-17　残されたクワ畑
初夏で葉が茂っているはずが、枯れ木のようになっている。冬にほとんどの芽をサルが食べつくした結果である。

経過しているので鳥が枝間を飛び交うほど樹高が高くなっていることから、クワ畑というよりクワ林と思うほどであるが、冬の間に芽を食べられ、初夏だというのに葉が皆無に近い。しかし、現在、養蚕はほとんど営まれていないので被害とは認識されない。大好物のクワに誘引されたサルの群れが、農地にも来て野菜や果物を食べ荒らす。そうして、「サルの食害を防ぐにはどうしたらいいですか？」と私のような者に聞く。この時、できるかできないかは別として、「食害を防ぐためにはクワをどうにかしたほうがよい」と私は答え、そこには農家の方々のクワを含む地域の未来のビジョンの必要性を感じるのである。

次に、人や犬がサルを追い払うことによって畑を利用しづらくし、非意図的餌付けを回避する方法を説明する。

猟友会員のなかには、銃だけでなく無線機とアンテナの使い手もいらっしゃる。役場から委託されて、畑やその周辺にサルを寄せ付けないために、サルの群れを追い払っている。1頭のメスザルに発信機をつければ、電波をアンテナで受信することでその群れの居場所を把握し、数十頭まとめて畑への侵入を未然に防ぐことが可能である（足澤，1974；岡野，1994a・1994b；東京都，1994；白井，1994；山端，2010）。この追い払いによって畑は怖い場所であると、遊動域を人里に沿って線状に隣接させているサルの群れに学習させることで、警戒心の強いサルの群れでできた万里の長城たる防衛ラインが形成できる。そのラインより奥にいる群れは、人里に降りてこられないため、丸橋（1992）は「サルをしてサルを制する」と、全く的を得て言い回した。

また犬猿の仲というが、サルを追い払うように訓練されたイヌ（モンキードッグ）を放してサルを畑から追い払ったり奥山へ追い上げたり（吉田，2012；伊沢，2005；村瀬，2013）、あるいは畑にロープかワイヤーを張りそれにつないで見張らせている農家がいる（**図 3-18**）。しかし、農家の方にイヌを勧めると、イヌをつなぐのはたいへん、イヌがかわいそう、狂犬病ワクチンの注射代が高いという理由を挙げてやっていただけない。小さい畑ならば1頭つないでおくだけでも十分サルなどの食害を防げるが、過疎や高齢化でなかなかできない現実があることを改めて思い知らされる。

伐採跡地や林道沿いの法面の草本、低木、つる植物はサルやシカなど野生動物の食物になっているため、本来、森林管理としても野生動物の生息地管理としても重要である。しかし、林業の厳しい現状において簡単ではなく、今後の大きな課題である（日本野生生物研究センター，1986；青井，

図 3-18　モンキードッグによるサルの追い払い
プラムを食べ荒らされて、サルの群れに向かってイヌを放している。

1988；芝野，1990；Michael L. Wolfe，1992；白井，1993・1994；東京都，1994；大井，1994・2004；鋸谷・大内，2003；由井・石井，1995；藤森ほか，1999など)。

このような背景があるなかで、調査しながら結果をフィードバックして、計画的に順応的に保全と被害防除を行う野生動物管理が行政で進められている。

3.4　意図的餌付けと非意図的餌付けの比較

これまで述べてきた意図的餌付けと非意図的餌付けについて、サルや人への影響、問題点、解決方法（対策）について整理してみる（**表3-2**）。

餌付きが始まるとまず起きる現象は、意図的餌付けの場合サルの「人馴れ」、非意図的餌付けの場合はサルの人里での「場馴れ」であり、その後様々な問題が連鎖し引き起こされていく。

サルの採食の幅が広がる点は両餌付けで共通している。遺伝子に刻まれているという意味でのニホンザルの雑食性を大きく変化させるわけではな

表3-2　サルにおける意図的餌付けと非意図的餌付けの影響、問題点、解決方法

	意図的餌付け	非意図的餌付け
影響	●食性の変化、栄養条件好転 ・個体数増加、分布域拡大 ・被害増大、被害拡大 ＊主に餌場周辺（狭）	●食性の変化、栄養条件好転 ・個体数増加、分布域拡大 ・被害増大、被害拡大 ＊被害地一般（広）
	●人馴れ ・人的被害、生活被害 ・農作物被害	●場馴れ、耕作地に誘引 ・農作物被害 ・生活被害、人的被害
	●非教育的 ・悪いサルの育成 ・分別のない人間の育成	
問題点	・特定の管理者の有無 ・責任の所在の有無 ・十分な管理ができるかどうか	・農業の衰退 ・農山村の高齢過疎化 ・マンパワーの著しい低下
解決方法	・十分な管理のための人員、予算の確保 ・無理なら実施しない、中止する	・農地管理（畑で食べさせない！） ・野生動物管理（計画的、順応的） ・地域振興の中で総合的に対応

いが、イモ、ダイズ、コムギ、カキ、クリなどの高栄養の栽培作物、せんべい、おにぎり、ケーキなどといった加工食品という人為的な食品を食べるようになる。そして栄養条件の好転、個体数増加、群れの分裂と続くことも共通している。また、個体数減少やサルの優劣関係の過度な助長というサルへの直接的なマイナス効果が引き起こる可能性は、限局した場所に餌が集中する意図的餌付けの特徴である。

また、餌付けの影響の範囲は、意図的餌付けの場合、餌付け現場およびその周辺に限定されているが、非意図的餌付けの場合は農耕地、植林地、林道などがあれば発生するため社会的影響は全国的で広範囲に及ぶ。意図的餌付けはサルにも人にも非教育的であり、非意図的餌付けは過疎と高齢化の影響下にある地域振興の問題である。森林の荒廃や奇形も意図的餌付けの特徴であり、営農意欲の減退はどちらにもあり得るが広範囲で起こりうるということから非意図的餌付けの特徴と言える。

組織的な意図的餌付けの対応は管理者が責任を持つ。持てないなら餌付けしない。非組織的な意図的餌付けは管理者不在なので、国民の道徳で自制するか行政の監理で人を管理し中止する。非意図的餌付けの対策は、野生動物管理と地域振興の中で進める。いずれの場合も、人手、コストが大きくかかる。

3.5　餌付けの矛盾と自制の努力

このように整理してみると、すべての餌付けの影響が人による餌付けという行為、干渉から始まっているため、矛盾が生じている。人が意図的に餌付けて個体数を増やしているのに、餌量を制限したり、捕獲したり、避妊まで検討して個体数を抑制しようとしている。非意図的餌付けの場合も、意識的ではないけれども人の行為の不安定さの結果、耕作地に誘引しておきながら、耕作地を利用させないために農地管理やら追い払いやら電気柵などの防除を実施したり、サルを減らすために捕獲している。つまり、動物は、人が設定した条件に対応して行動しているだけなのであり、管理者が管理するべき対象は餌付けしてきた人自身なのである。

これらの矛盾の結果の責任は人にある。ニホンザルは野生動物であり、法的には「無主物」だが、道義的には「国民共有の財産」である。そういうニホンザルを餌付けるならば、私たち日本人に相当の責任が問われて当然である。

ところで、人間の行動や社会に矛盾は付き物である。喫煙や過度の飲酒は体に良くないと知っていながら、自制できないことがある。戦争は惨状を招くと以前から知っていながら、現在も世界の各地で起きて人間社会からなくすことができない。この自制できない性質は、人間の本性の一つであると私は考えざるを得ない。その一方で、努力する性質も人間の本性の一つであるとも考えている。自制できない時もあるが、努力や工夫によって自制できる時もある。倫理学、心理学、社会学、教育学、生物学、農学、林学などの研究者が実践者である餌付け関係者や行政と連携して、餌付けを自制できる道徳を明らかにし、それを農山村で、都市で、大人に子どもに、自然愛好家にもそうではない人にも広める努力、試行錯誤を私たちは続けていくべきではないだろうか。

前述した通り、野猿公苑の存続あるいは閉鎖は簡単なことではないが、幸いにも、石川県白山の事例のように、帰る森があれば野生に戻せる可能性は示唆されているのだから（林，1998；和田，1998）、餌付けによる種々の問題を引き起こした私たち人が、その落とし前をつけるべきではないのか。繰り返しになるが「サルをしてサルを制する」（丸橋，1992）、これは扱う対象であるサルの習性を知りそれを活用することの重要性を説いている。かつ重要なことは、サルの習性を活用するのは人であり「人を人が制する」（小金沢，2002）、つまりサル管理は私たち人がいかにうまく考え実行するかにかかっていることである。

意図的餌付けの問題解決の鍵は、環境教育だろう。白山では観光客に対して餌付けの影響について、そしてサルが暮らす森が必要であることの解説があった。地元関係者の間でも話し合いが繰り返され、情報を共有し共通認識を持ち、事に当たった。野猿公苑は教育の場でもあり、その機能を活かす時であり、すでに実践しているところもある。環境教育にとっても、人と野生動物の共存の問題は、野生動物をどう考えるかの自然観、価値観が個々人に問われる点で豊かな教育内容を持つ問題解決型学習の教材である（渡辺，1998）。餌付け問題を含む環境問題は、もはや科学技術や法律だけでは解決できないことは明白であり、その解決に環境教育の活用が期待される。

以前、餌付けは野生の鳥や動物をかわいがる善い行いと教え伝えられていた。今後、私たちは日常においても、子どもたちに向けて、餌付けが引き起こす種々の問題について教え伝え、共に考え実行していきたい。

非意図的餌付けに関しては、地域振興、農林業振興の問題として、未来のビジョンを描き、住むところにかかわらず、つまり都会の住人を含めて、官民協力してやはり試行錯誤しなければ解決は難しい。例えば、国内自給率が低下したままなのに、日本が経済発展したために海外から農作物を輸入しなければならない立場になっている。そういう中において、日本の農村は過疎、高齢化で困っていてどれほど余力があるのか、という状況を国民全体で考えなければならない。こちらも科学や法律以上に、環境教育、社会教育が鍵を握っているだろう。

野性の魅力と給餌（餌漬け）は両立しない（三戸，1998）。餌付けは人からサルへの干渉であり、自然の摂理に合わないのである。人は困難な問題を引き起こす。しかし、問題の解決に向けて努力するのが人間であり、自然の摂理を重んじる未来を目指すことができるはずである。

引用文献

青井俊樹（1988）動物のすめる森づくり．野生生物情報センター 編『知床からの出発—伐採問題の教訓をどう生かすか』，pp.189-200，共同文化社．
足澤貞成（1974）畑に被害をおよぼすサルの対策について—青森県下北郡脇野沢村九艘泊の群れを例に—．雑誌にほんざる　日本の自然と日本人．雑誌にほんざる編集会議．
藤森隆郎・由井正敏・石井信夫（1999）『森林における野生生物の保護管理—生物多様性の保全に向けて—』，日本林業調査会，255pp.
藤田志歩（2008）繁殖にかかわる生理と行動—ニホンザル．高槻成紀・山極寿一 編『日本の哺乳類学』，pp.53-75，東京大学出版会．
古林賢恒（1985）神奈川県丹沢におけるニホンジカの生息動態．『森林環境の変化と大型野生動物の生態に関する基礎研究』，pp.261-295，環境庁自然保護局．
古林賢恒・山根正伸・羽山伸一・羽太博樹・岩岡理樹・白石利郎・皆川康雄・佐々木美

弥子・永田幸志・三谷奈保・ヤコブ・ボルコフスキー・牧野佐絵子・藤上史子・牛沢　理（1997）ニホンジカの生態と保全生物学的研究.『丹沢大山自然環境総合調査報告書』, pp.319-429, 神奈川県.

半谷吾郎・山田浩之・荒金辰浩（1997）観光客による餌付けと農作物への依存が比叡山の野生ニホンザルの個体群動態に与える影響. 霊長類研究 **13**: 187-202.

半谷吾郎・座馬耕一郎・好廣眞一（2000）サルの分布を決めるもの. 高畑由起夫・山極寿一 編『ニホンザルの自然社会』, pp.11-20, 京都大学学術出版会.

羽山伸一（1998）野猿公苑のサルの管理者は誰か（〈特集〉ニホンザル野猿公苑：反省と展望）. ワイルドライフ・フォーラム **3**（4）：183-186.

羽山伸一（2001）『野生動物問題』, 地人書館.

林　哲（1996）ニホンザルを山に帰そう—白山ジライ谷での人工給餌の中止—. はくさん **24**（1）: 8-11.

林　哲（1998）餌付け群の人工給餌の中止と群れ管理の試み：石川県白山ジライ谷野猿公苑（広場）の事例（〈特集〉ニホンザル野猿公苑:反省と展望）. ワイルドライフ・フォーラム **3**（4）: 159-161.

間　直之助（1962）比叡山の野生ニホンザルに関する調査報告. 坂本山王峡振興会.

井口　基（1981）モンキーウォッチング. モンキー **180**: 34-35.

井口　基（1991）『東京のサル』, どうぶつ社.

井上英治・中川尚史・南　正人（2013）『野生動物の行動観察法：実践日本の哺乳類学』183pp, 東京大学出版会.

伊谷純一郎（1954）『高崎山のサル』, 今西錦司 編「日本動物記」第2巻, 光文社（再刊, 1971, 思索社, 285pp）.

伊藤光男・小川　淳・園部俊明・中南　元・石田紀郎・渡辺信英・稲垣晴久・和　秀雄（1988）ニホンザルの四肢奇形と有機塩素系農薬の関連について. 霊長類研究 **4**: 103-113.

伊沢紘生（1982）『ニホンザルの生態—豪雪の白山に野生を問う』, どうぶつ社.

伊沢紘生（2005）『サル対策完全マニュアル』, どうぶつ社.

泉山茂之（2002）森林限界を越えて. 大井　徹・増井憲一 編著『ニホンザルの自然誌その生態的多様性と保全』, pp.63-77, 東海大学出版会.

軸丸勇士・栗田博之・大森美枝子（2006）高崎山自然動物園を活用した生涯学習の啓発と課題. 大分大学生涯学習教育研究センター紀要 **6**: 43-56.

金井塚　務（2002）野外博物館の試み—広島県宮島. 大井徹・増井憲一 編『ニホンザルの自然誌—その生態的多様性と保全』, pp.193-212, 東海大学出版会.

河合雅雄・岩本光雄・吉場健二（1968）『世界のサル』, 毎日新聞社, 253pp.

川本　芳・萩原　光・相澤啓吾（2004）房総半島におけるニホンザルとアカゲザルの交雑. 霊長類研究 **20**: 89-95.

小金沢正昭（1991）ニホンザルの分布と保護の現状およびその問題点—日光を中心に—. 財団法人日本自然保護協会 編『野生生物保護—21世紀への提言—第一部』, 日本自然保護協会，pp.124-157.
小金沢正昭（2002）与えるもの・乞うもの—栃木県日光．大井　徹・増井憲一 編著『ニホンザルの自然誌 その生態的多様性と保全』，pp.78-92，東海大学出版会.
小池伸介（2013）『クマが樹に登ると—クマからはじまる森のつながり—フィールドの生物学 12』，東海大学出版部，244pp.
小島　望（2010）『〈図説〉生物多様性と現代社会 「生命の環」30 の物語』，農山漁村文化協会，244pp.
栗田博之（2007）高崎山餌付けニホンザル群における人工餌獲得量の順位間比較（予報）．霊長類研究 **23**（1）: 25-32.
丸橋珠樹（1984）個体をみて群れをみる—ヤクザルの森—．モンキー **197・199** : 18-25.
丸橋珠樹（1986）ヤクザルの採食生態．丸橋珠樹・古市剛史・山極寿一 編『屋久島の野生ニホンザル』，pp.13-59，東海大学出版会.
丸橋珠樹（1992）ニホンザルの"猿害"解決への提案．日経サイエンス **22**（2）: 28-29.
丸橋珠樹（2000）ヤクシマザルの採食行動と群れの社会変動．高畑由起夫・山極寿一 編著『ニホンザルの自然社会』，pp.50-87，京都大学出版会.
丸山康司（2006）『サルと人間の環境問題—ニホンザルをめぐる自然保護と獣害のはざまから』，275pp，昭和堂.
丸山直樹・高野慶一（1985）ニホンジカ個体群への 1984 年豪雪の影響．環境庁自然保護局 編『森林環境の変化と大型野生動物の生息動態に関する基礎的調査』，pp.248-253，環境省自然保護局.
増井憲一（1988）『ニホンザルの風土』，285pp，雄山閣.
松岡史郎（2004）「北限のサル」との交雑回避—下北・タイワンザル問題の経緯と顛末—．下北半島のサル 2003 年度（平成 15 年度）調査報告書，pp.77-84.
松林清明（2004）野辺地タイワンザルの処置の経緯．霊長類研究 **20**: 169-171.
Michael L. Wolfe（1978）生息環境の変化と管理．『大型哺乳類の生態と保護・管理—北米大陸における現状と将来』（原題　BIG GAME OF NORTH AMERICA Wildlife Management Institute（1978）J・L・シュミット & D・L・ギルバート 編，（株）野生動物保護管理事務所発行所 訳，文一総合出版（1992 年発行）
南関東ニホンザル調査・連絡会（1995）野生ニホンザル地域個体群ステイタス・レポート南関東山地 編（1994 年版）．霊長類研究 **11**（2）: 147-158.
三戸幸久（1984）生きたサルの博物館．伊沢紘生 編著『下北のサル』，どうぶつ社.
三戸幸久（1995）野猿公苑の消長と将来．*Wild life conservation Japan* **1**: 111-126.
三戸幸久（1998）野猿公苑：その問題点と再生（〈特集〉ニホンザル野猿公苑：反省と展望）．ワイルドライフ・フォーラム **3**（4）: 155-157.
三戸幸久・渡邊邦夫（1999）『人とサルの社会史』，東海大学出版会.
宮崎　学（2012）『イマドキの野生動物　人間なんて怖くない』，農山漁村文化協会，144pp.

水原洋城（1971）サルの国の歴史―高崎山15年の記録から．創元新書，251pp.
水野昭憲（1984）石川県のニホンザルの分布．石川県白山自然保護センター研究報告 **10**: pp.87-98.
水谷知生（1998）野猿公苑の管理と鳥獣行政（〈特集〉ニホンザル野猿公苑：反省と展望）．ワイルドライフ・フォーラム **3**（4）：187-190.
森光由樹（1997）野生ニホンザルにおける妊娠診断法の確立とその生息環境評価への応用に関する研究．日本獣医畜産大学博士論文．87pp.
森光由樹（2002）捨てられるリンゴ，そしてサル．大井　徹・増井憲一 編『ニホンザルの自然誌―その生態的多様性と保全』，pp.274-295，東海大学出版会.
村上興正（2011）外来生物法―現行法制での対策と課題―．『日本の外来哺乳類　管理戦略と生態系保全』，東京大学出版会.
村瀬英博（2013）『災害救助犬トレーニング＆運用ハンドブック』，イカロス出版，127pp.
室山泰之（2003）『里のサルとつきあうには―野生動物の被害管理』，245pp，京都大学出版会.
室山泰之（2008）里山保全と被害管理―ニホンザル．『日本の哺乳類学　第2巻　中大型哺乳類・霊長類』，pp.427-452，東京大学出版会.
中川尚史（1994）『サルの食卓』，285pp，平凡社.
和　秀雄（1982）『ニホンザル　性の生理』，309pp，どうぶつ社.
和　秀雄（1995）野生動物の栄養と生殖．田名部雄一・和　秀雄・藤巻裕蔵・米田政明『野生動物学概論』，pp.107-113，朝倉書店.
日本テレビ報道（2010）
http://www.ntv.co.jp/don/don_02/contents_02/2010/03/2000324.html
日本野生動物研究センター（1986）『ニホンザル管理と被害防止：天然記念物「高宕山のサル生息地」被害防止事業調査の記録』，日本野生生物研究センター.
ニホンザル奇形問題研究会（1979）『奇形ザル：野猿公園からの報告』，242pp，汐文社.
野崎英吉・三原ゆかり・林　哲・永村春義（1993）ニホンザルの群れの遊動域とカキノキの分布（その3）．石川県白山自然保護センター研究報告 **20**: 35-52.
鋸谷　茂・大内正伸（2003）『図解　これならできる山づくり～人工林再生の新しいやり方』，153pp，農文協.
大沢秀行・杉山幸丸（1980）出生死亡過程から構成したニホンザルの人口学モデルとその自然群への適用．『ニホンザル自然社会の人口学的研究（昭和54年度科学研究費補助金研究成果報告書）』，pp.5-8.
大井　徹（1994）森林の保全とニホンザルの保護管理．森林科学 **11**: pp.43-49.
大井　徹（2002）ニホンザルの生態的多様性．大井　徹・増井憲一 編『ニホンザルの自然誌―その生態的多様性と保全―』，pp.296-318，東海大学出版会.
大井　徹（2004）『獣たちの森』，244pp，東海大学出版会.
岡野美佐夫（1994a）追い上げ・追い払い・追い払いボランティアについて．*FIELD*

NOTE **43**: 10-12，野生動物保護管理事務所.

岡野美佐夫（1994b）〈追い上げ〉〈追い払い〉を終えて. *FIFLD NOTE* **43**: 32-34，野生動物保護管理事務所.

岡野美佐夫（2002）温泉街に棲む. 大井　徹・増井憲一 編『ニホンザルの自然誌—その生態的多様性と保全』，pp.274-295，東海大学出版会.

斉藤千映美・佐藤静枝（2002）北国の孤島に生きる—宮城県金華山. 大井　徹・増井憲一 編『ニホンザルの自然誌—その生態的多様性と保全』, pp.40-60, 東海大学出版会.

清野紘典・白井　啓（2013）ニホンザルの生態と被害対策. 養牛の友，養豚の友，養鶏の友. 2013. 9 月号 : 40-45（養豚の友の場合），日本畜産振興会.

芝野伸策（1990）野生動物の生育環境を考慮した森林施業—東京大学北海道演習林—. 大泰司紀之・梶　光一・間野　勉 編『シカ・クマ国際フォーラム北海道 1990 報告書』，pp.25-32.

白井　啓（1988）下北半島におけるタイワンザルの現状. モンキー **219/220**: 20-24.

白井　啓（1990）東京都における野生ニホンザル—西南部個体群—についての一斉調査. 野生動物研究ネットワーク情報誌第 2 号.

白井　啓（1993）K 群の生息状況. 多摩川流域に生息する野生ニホンザルの生息実態調査. 財団法人とうきゅう環境浄化財団助成事業（研究代表者：和　秀雄）報告書.

白井　啓（1994）東京の野生ニホンザル. 東京の自然 **20**: 1-22，東京都高尾自然科学博物館.

白井　啓（1999）「サル、イノシシ、シカ、クマによる被害を防ぐ手引き」，野生動物保護管理事務所.

白井　啓（2006）外来サル類によるニホンザルの遺伝子攪乱を防ぐ対策を進めよう. 自然保護 **493**: 8-9.

白井　啓・川本　芳（2011）タイワンザルとアカゲザル. 山田文雄・小倉　剛・池田透 編『日本の外来哺乳類　管理戦略と生態系保全』，東京大学出版会.

Soumah, A. G. and Yokota, N.（1991）Female rank and feeding strategies in a free-ranging provisioned troop of Japanese macaques. *Folia Primatologica* **57**: 191-200.

杉浦秀樹・揚妻直樹・田中俊明（1993）屋久島における野生ニホンザルへの餌付け. 霊長類研究 **9**: 225-233.

杉山幸丸（1977）高崎山自然動物園のあり方への提言.『高崎山ニホンザル調査報告：1971-1976 年』，pp.92-95，大分市.

杉山幸丸 編（1996）『サルの百科』，240pp，データハウス.

杉山幸丸（2010）『私の歩んだ霊長類学』，252pp，はる書房.

Sugiyama, Y. and Ohsawa, H.（1982）Population dynamics of Japanese monkeys with special reference to the effect of artificial feeding. *Folia Primatologica* **39**: 238-263.

杉山幸丸・渡邊邦夫・栗田博之・中道正之（2013）霊長類学の発展に餌付けが果たした役割. 霊長類研究 **29**: 63-81.

Suzuki, A.（1965）An ecological study of wild Japanese monkeys in snowy areas -

focused on their food habits-. *Primates* **6**: 31-72.

滝澤　均・伊沢紘生・志鷹敬三（1994）白山地域に生息するニホンザルの個体数と遊動域の変動—その８—．石川県白山自然保護センター研究報告 **21**: 27-42.

滝澤　均（2002）豪雪の谷に生きる．大井　徹・増井憲一 編『ニホンザルの自然誌—その生態的多様性と保全』，pp.93-116，東海大学出版会.

滝澤　均・志鷹敬三（1985）白山のニホンザル群 カムリA・C両群の大量消失に関して．石川県白山自然保護センター研究報告 **12**: 49-57.

栃木県（2015）栃木県ニホンザル保護管理計画（三期計画）（平成24年3月策定，平成27年5月29日改定）.

東京都労働経済局農林水産部林務課（1994）『日本ザル生息実態調査報告書』，p.88，東京都.

辻　大和（2009）『生き物たちのつづれ織り　第二巻』（京都大学グローバルCOEプログラム生物の多様性と進化研究のための拠点形成—ゲノムから生態系まで—），中村印刷株式会社.

和田一雄（1989）ニホンザルの餌付け論序説—志賀高原地獄谷野猿公苑を中心に—．哺乳類科学 **29**（1）: 1-16.

和田一雄（1998）『サルとつきあう』，227pp，信濃毎日新聞社.

和田一雄・渡邊邦夫・三戸幸久（1998）閉苑した野猿公苑のその後（〈特集〉ニホンザル野猿公苑：反省と展望）．ワイルドライフ・フォーラム **3**（4）: 191-194.

渡辺隆一（1998）環境教育から見た野猿公苑の有効性（〈特集〉ニホンザル野猿公苑：反省と展望），ワイルドライフ・フォーラム **3**（4）: 171-173.

山端直人（2010）集落ぐるみのサル追い払いによる農作物被害軽減効果．農村計画学会誌 **28**: 273-278.

山田一憲・中道正之（2009）野猿公園に対する意識調査：来園者からの問を手がかりとして．大阪大学大学院人間科学研究科紀要 **35**: 119-134.

横田直人・長岡壽和（1998）高崎山のニホンザルの個体数増加と森林への影響（〈特集〉ニホンザル野猿公苑：反省と展望）．ワイルドライフ・フォーラム **3**（4）: 163-170.

吉田　洋（2012）『モンキードッグ—猿害を防ぐ犬の飼い方・使い方』，125pp，農村漁村文化協会.

由井正敏・石井信夫（1995）『林業と野生鳥獣との共存に向けて』，279pp，日本林業調査会.

第4章

イノシシへの餌付けとその影響

小寺祐二

4.1 はじめに

イノシシ（*Sus scrofa*）は広大な分布域を持っており、ユーラシア大陸の温帯を中心に、西はポルトガルから東は日本列島まで広く生息している。さらに本種が野生化した地域（南アフリカやオーストラリア、ニュージーランド、北南米大陸、太平洋の島々、北欧など）を含めれば、ほぼ全地球的に分布していることになる。日本国内では本州以南に野生個体群が生息しており、本州、四国、淡路島および九州に分布するニホンイノシシ（*S. s. leucomystax*）と、南西諸島の奄美大島、加計呂麻島、請島、徳之島、沖縄本島、石垣島および西表島に分布するリュウキュウイノシシ（*S. s. riukiuanus*）の2亜種に分類されている。

近世以前、北海道以外の日本各地にイノシシは分布していたが、明治以降は人間による過度な国土利用や、野生動物の捕獲解禁などが原因で、その分布は中部地方南部から近畿地方、山口県西部、四国地方の外帯部、九州地方南部、南西諸島に縮小した（高橋，2006）。しかし、1960年代の燃料革命による木炭需要の急減で薪炭林の植生が回復したことや、1970年から始まった減反政策による耕作放棄地の増加などによって好適生息地が全国的に拡大し、イノシシは急激に分布域を回復させた（小寺ほか，2001）。その結果、2012年現在42都府県で野生個体群の分布が確認されている（環境省自然環境局，2013）。

このように急速な分布域の回復は、イノシシと人間との接触機会を各地で増加させ、様々な形でイノシシの餌付けが生じている。例えば、六甲山では登山者などによるイノシシへの餌付けが1960年代半ばから行われ、人慣れした個体が市街地に出没し、問題となっていた（辻・横山, 2014)。その後、大規模な餌付け場所である芦屋イノシシ村がつくられたほか、六甲山系各地に餌付け行為が広がったこともあり、人身事故や交通事故といった問題も増加し、2002年にはイノシシへの餌付けを禁止する全国初の条例「神戸市いのししの出没及びいのししからの危害の防止に関する条例」が施行されるに至っている（辻・横山, 2014)。

また、全国のイノシシ捕獲数は1950年から1960年代の半ばまで3～4万頭の水準だったが、1990年代後半には10万頭を超え、2011年度には39万頭に達している。特に2002年度以降は、わなによる捕獲が過半数を占めるようになった(環境省自然環境局, 2013)。イノシシのわな捕獲では、くくりわなや箱わな、囲いわなが用いられるが、このうち箱わなと囲いわなでは餌を用いてわな内部へイノシシを誘引する必要があり、後述するように箱わなの不適切な運用による餌付け個体の発生が懸念されている（小寺ほか, 2010)。

一方、水稲を中心に、穀類、野菜類、果物類、牧草など多様な作物でイノシシによる採食被害が問題となっているが、イノシシにとって利用しやすい状況が揃った農地は単なる餌場であり、見方を変えるとイノシシに非意図的な餌付けをしているとも言える。

本来、野生のイノシシは人間に対する警戒心が強く、やたら人前に顔を出すことはない（江口, 2003)。しかし、場所や物に対する警戒心を一度でも解くと大胆な行動を示す動物でもある（江口, 2003)。そのため、意図の有無にかかわらず、餌付けによってイノシシが人間との軋轢を生み出す危険性は今後増加していく可能性がある。そこで本章では、餌付けがイノシシに及ぼす生態学的な影響について解説し、想定される人間との軋轢について考察したい。

4.2　意図的な餌付けがイノシシに及ぼす影響

ヨーロッパでは、1980年代以降に増加した農業被害への対策として「イノシシの捕獲」や「電気柵の設置」とともに、イノシシを農地に接近させないことを目的とした「森林内での給餌」が実施されてきた（Mazzoni della Stella *et al*., 1995; Calenge *et al*., 2004; Geisser & Reyer, 2004）。一方、日本では六甲山など一部の地域を除いて、イノシシへの意図的な餌付けは行われてこなかった。

しかし、イノシシによる農作物被害に対する対策として、箱わなによるイノシシ捕獲数が増加している現在、箱わなの不適切な運用によって、半ば意図的な餌付けが生じる危険性も考えられる。例えば、誘引餌を散布するものの餌だけ食べられて捕獲できない箱わなや、群れの一部しか捕獲できていない箱わな、あるいは必要以上の量の餌を散布している箱わなの存在である。このほか、近隣で栽培している作物を誘引餌に用いることで、農地の餌場化を後押しする可能性もある。

Geisser & Reyer (2004) は、ヨーロッパで行われている森林内での給餌に対し、(1) 高密度化した給餌地点の恒常化が、森林内の食物資源自体の価値を低下させたうえ、給餌地点と耕作地が接近することで、無給餌期間中に給餌地点近辺の耕作地で被害が増加する可能性があること、(2) 過剰な餌の供給によって個体数が増加し、将来的な被害を増加させる可能性があること、を指摘している。これと同様の状況が、日本でも生じるかもしれない。さらに、こうした半ば意図的な餌付けが無秩序に拡大すれば、イノシシの個体群管理において、後述するようなリスクを増大させる危険性もある。

そもそも、意図的な給餌によってイノシシにどのような影響が生じるのだろうか。小寺ほか (2010) は、森林内での給餌によってイノシシの活動が変化する様子を明らかにしている。この調査は、2005 年に島根県羽須美村（はすみむら）（現在は邑南町（おおなんちょう））の雪田（ゆきた）地区で実施された（**図 4-1**）。羽須美村は人口 2102 人（2004 年 3 月末現在）、総面積 7403 ha（2003 年 1 月 1 日現在）で、このうち森林が 6326 ha（85.5％）、宅地が 56.7 ha（0.8％）、耕作地が 463.4 ha（6.3％）を占めている（羽須美村, 2004）。森林の 48.5％は落葉広葉樹林で、46.6％は針葉樹林となっていた。さらに、羽須美村では、狩猟期間中に 90 個体前後（2002 年度は 95 個体、2003 年度は 90 個体）のイ

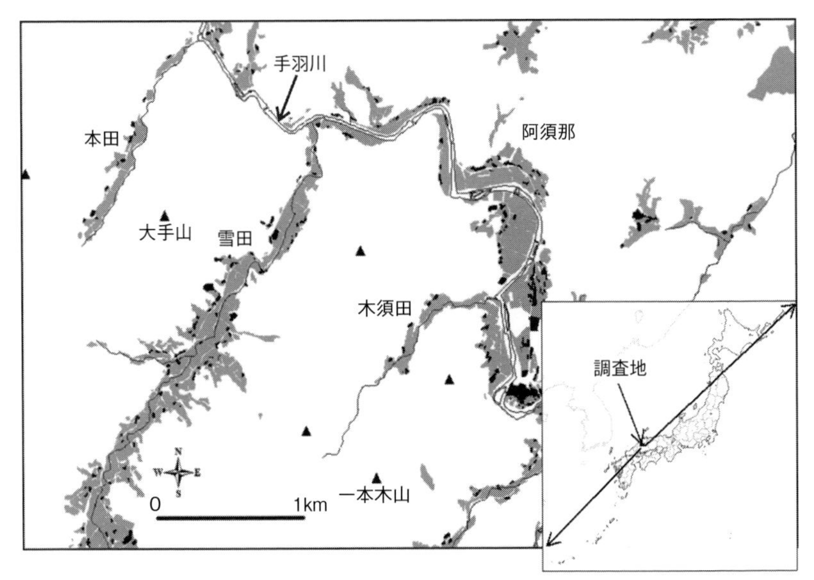

図 4-1　調査地域
調査は、中国山地のほぼ中央に位置する島根県羽須美村（現在は邑南町）の雪田地区で実施した。灰色の地域は耕作地を、黒色の地域は住宅地を、白色の地域は山林を示す。そのほか、実線および白抜き線は河川、▲は山頂を示している。小寺ほか（2010）より引用。

ノシシを捕獲しているほか、有害鳥獣捕獲も実施していたが、その数は非常に少ない（2002 年度は 9 個体、2003 年度は 24 個体）。つまり、人口密度が非常に少なく、人間の活動領域も狭いうえ、捕獲圧も低く、好適生息地である落葉広葉樹林が広がっており（小寺ほか, 2001）、イノシシにとっては理想的な生息環境で調査は実施された。

調査では、3～5月に箱わなでイノシシ 8 個体を捕獲し、耳標型発信機を装着した後に放獣した。その後、事前調査として全標識個体の追跡調査を実施した。さらに、事前調査によって調査地を中心に活動していることが明らかになった 3 個体（以下、個体 A、B、C とする）について、詳細な追跡調査を実施した。追跡個体の位置は、2 カ所以上の受信地点で電波の発信源を方向探査して発信機の位置を推定するラジオテレメリー法によって把握した。

追跡期間はイノシシによる水稲被害が多発する時期とし、まず 2005 年

8月22～26日に、「無給餌条件下」でイノシシの位置測定を30分間隔で行った。その結果、追跡した3個体の行動圏面積には差が見られず、平均116.9 ± 12.6 S.E. haであったが（S.E.は標準誤差）、活動場所に違いが見られた。個体Aの活動中心（イノシシの活動が最も集中すると統計的に推定された地点）は耕作地から51 mの地点だったのに対し、個体BおよびCではともに耕作地から297 mの地点に位置していた（**図4-2**）。また、個体Aでは耕作地が行動圏内部を深く貫いていたのに対し、個体BおよびCでは行動圏の外端部に位置していた。さらに、コアエリア（行動圏の中でも利用頻度が高いと推定される地域）に占める耕作地の割合は、個体Aが3.2％、個体Bが1.1％、個体Cが0.3％となり、わずかだが個体Aで高い値を示した。つまり、他の個体と比較して個体Aは、農作物被害の発生に関与していた度合いが高かったと考えられる。

その後、2005年8月27日～9月2日に、「給餌条件下」でイノシシの位置測定を30分間隔で行った。餌には圧片トウモロコシを用い、個体Aについては、無給餌条件下での行動圏内、かつコアエリア外に散布した（**図4-2**）。個体BおよびCについては、土地所有者の許可を得られず行動圏内への給餌はできなかったため、行動圏に近接し、耕作地から83m離れた山林内で散布した。なお、個体BおよびCの給餌地点は、事前調査において両個体が利用していた場所であった。餌の散布量は1日1地点当たり20 kgとし、毎日11～12時30分の間に散布した。

調査の結果、給餌地点の高頻度利用が個体Aで確認された（**図4-3**）。また、個体Aの行動圏には耕作地が含まれず、面積が51.6 ha（無給餌条件下の44.2％）に縮小した。さらに、活動中心は無給餌条件下での位置から南東に504 m移動し、耕作地から306 m以上離れた地点に位置した。無給餌条件下では601 mあった活動中心と給餌地点間の距離（**図4-2**）も、給餌条件下で294 mに半減した（**図4-3**）。コアエリアは三つに分割し、その内の一つには給餌地点が含まれた（**図4-3**）。そして個体Aの活動は、給餌地点を含むコアエリアとその他のコアエリア間を単純に往復する様式に変化した。

一方、行動圏外に給餌した個体BおよびCでは、給餌地点の利用が確

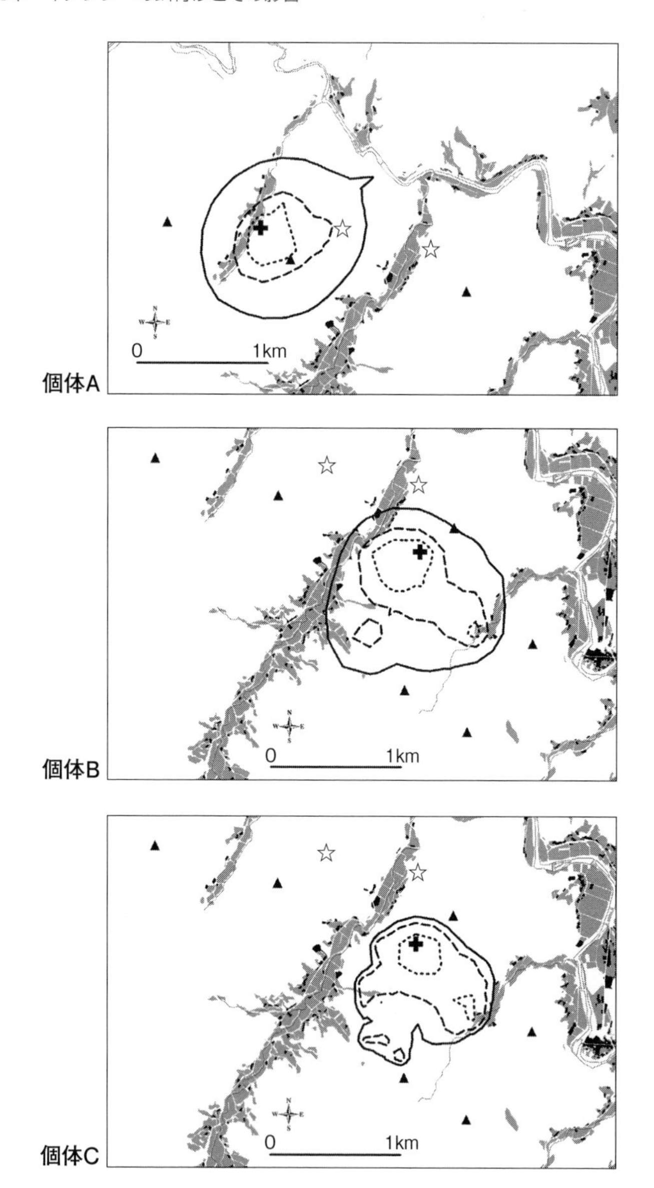

図 4-2　無給餌条件下のイノシシ（個体 A ～ C）の行動圏

実線はイノシシの行動圏（95％調和平均等位線）、点線はコアエリア（50％調和平均等位線）、黒十字は活動中心を示している。参考として給餌期間中の給餌地点を☆印、75％調和平均等位線を破線で示した。そのほかの表記は図 4-1 と同じ。小寺ほか（2010）より引用。

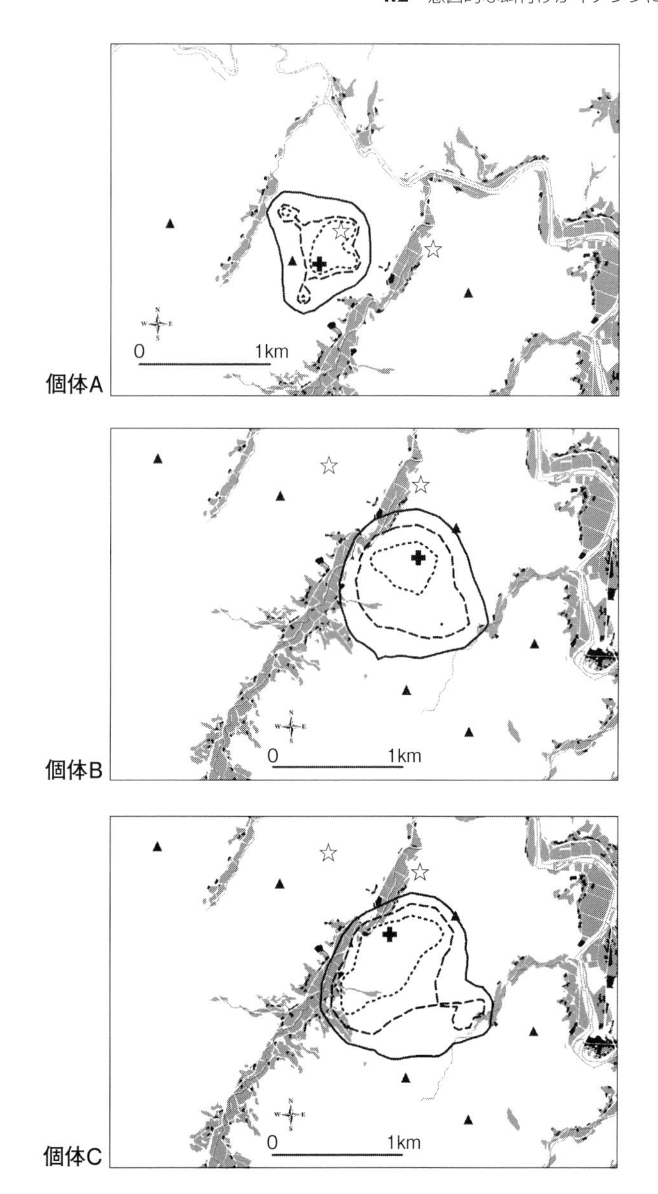

図 4-3　給餌条件下のイノシシ（個体 A ～ C）の行動圏

実線はイノシシの行動圏（95%調和平均等位線）、点線はコアエリア（50%調和平均等位線）、黒十字は活動中心を示している。☆印で示された地点で給餌した。参考として 75%調和平均等位線を破線で示した。そのほかの表記は図 4-1 と同じ。小寺ほか（2010）より引用。

認されなかった（**図 4-3**）。個体Bの行動圏は 95.3 ha（無給餌条件下の 72.0%）に縮小し、耕作地が占める割合も 3.3%に減少したが、活動中心の位置や行動圏の位置や形状には大きな変化が見られなかった。個体Cの行動圏は 116.0 ha（無給餌条件下の 142.5%）に拡大し、耕作地が占める割合も 8.8%に増加した。一般的に行動圏は固定的ではないうえ、個体BおよびCに対しては事前調査で利用が確認された場所に給餌したことから、これらの個体が給餌地点を見つけて利用する可能性もあった。しかし、個体BおよびCでは活動中心と給餌地点間の距離に大きな変化は確認されず、個体Aで確認された活動様式の単純化は見られなかった。

以上のことから、行動圏内への給餌によってイノシシの活動に強く影響が及ぶことが推定される。給餌によって個体Aの活動様式は単純化したが､これは十分な量の食物を短時間で確保可能になったためと考えられる。つまり、給餌地点での採食時間以外を休息に充てることで無駄なエネルギー消費を抑えたのだ。こうした活動様式の単純・省力化の結果、行動圏が移動、縮小、変形したと見られる。

一方、行動圏外への給餌はイノシシの活動に影響しておらず、給餌地点の位置の差が異なる結果をもたらすことが明らかになった。こうした現象が起きる原因については不明だが、6日という短い期間では単純に餌にたどり着けなかったか、なわばりは持たないものの他群と排他的関係を示す社会性（Hirotani & Nakatani, 1987）の影響で給餌地点への接近が困難だったのかもしれない。しかし、行動圏内への給餌では、短期間かつ少ない地点でもイノシシの活動様式が劇的に変化していたことから、意図的な給餌が常に繰り返されることによって、生息地を広く利用するという野生本来のイノシシの活動様式を変化させてしまう危険性があると考えられる。

先述したように、Geisser & Reyer（2004）も、ヨーロッパで行われている被害対策のための給餌に対して、給餌の恒常化や給餌場所の高密度化を問題視しており、給餌量が不足した場合に農業被害を助長すること、長期的にはイノシシの生息数増加につながる危険性があることを指摘している。また､被害対策のための給餌に肯定的である Calenge *et al.*（2004）も、給餌は可能な限り短期間に限定すべきであることを強調している。

4.3 非意図的な餌付けがイノシシに及ぼす影響

イノシシによる農作物の採食被害は、視点を変えれば餌付けと同じであり、「非意図的な餌付け」と言える（**図 4-4 ～ 4-6**）。また、作付け時に余剰となった種芋や、農作物の収穫残渣などが農地およびその周辺に放置され、イノシシに採食されているような状況も、非意図的な餌付けである（**図 4-7**）。

前節で、島根県における水稲の被害発生時期のイノシシにおいて、水稲への加害行動に強く関与する個体とそうではない個体が、同時期、同一地域に存在する可能性があることを指摘した。これは、非意図的な餌付けが、イノシシの活動様式に何か影響しているのかもしれない。また、加害個体と非加害個体が同時期、同一地域に存在することは山梨県でも確認されていることから（本田ほか, 2008）、イノシシに対する非意図的な餌付けは、すでに各地で生じている可能性がある。しかし、非意図的な餌付けによって生じるイノシシの活動様式の変化が常に同じパターンを示すとは限らない。

島根県の事例では、加害個体と非加害個体が確認されたものの、各個体の行動圏面積（平均 116.9 ± 12.6 S.E. ha）には差が見られなかった。また、加害個体だったイノシシが、翌年には非加害個体になっていた事例も島根県では確認されている（島根県中山間地域研究センター・島根県農林水産部森林整備課鳥獣対策室, 2006）。その一方で、山梨県の事例では、非加害個体が森林内を広範囲に利用したのに対し、加害個体は行動圏面積が極度に狭くなり、林縁周辺を集中利用していた（本田ほか, 2008）。山梨県で確認された状況は、行動圏内に給餌された島根県のイノシシの活動様式と良く類似している。つまり、ひと言で加害個体といっても、特定の環境に執着しない場合と執着する場合があると考えられる。こうした差は、生息環境における利用可能な食物や水、隠れ場などの資源供給量の違いによって生じるのではないかと筆者は考えている。

島根県の場合、イノシシの好適生息地である落葉広葉樹林が広がる環境に極めて狭小な耕作地が散在しており、森林内における資源供給量がもと

図 4-4　イノシシによる水稲被害

水稲では採食被害だけではなく、水田内での泥浴びによる倒害が生じる。また、稲の乳熟期から完熟期にかけて被害が集中する。

図 4-5　イノシシによるトウモロコシの採食被害

図 4-6　採草地に残るイノシシの獣道

イノシシは飼料作物も採食するが、飼料作農家の被害意識は食用作物の生産農家より低く、被害が発覚しにくい。

図 4-7 耕作地周辺に放置された作物
作付け時に余った種芋が廃棄されている。収穫の余剰分が廃棄される場合もある。

もと多かったと考えられる。そのような状況では、人間に遭遇する危険を犯してまで耕作地やその周辺環境を利用する必要性がなかったのではないだろうか。一方、針葉樹林などイノシシにとって好適でない生息地が広がる中に耕作地が分布すれば、耕作地とその周辺環境の利用価値が高まり、イノシシが特定の環境に執着する可能性も出てくるであろう。山梨県の事例では、針葉樹林や広葉樹林などの構成比は不明であるが、島根県よりも針葉樹林が広がっており、イノシシが生息しにくい森林だったのかもしれない。

非意図的な餌付けに対するイノシシの反応に、地域差が生じる原因については、さらに研究を進めたうえで議論しなければならない。そのため、非意図的な餌付けによって、イノシシに何が起きるのか、常に注意を払う必要はあるだろう。

4.4 餌付けによって何が起きるのか

ブタ（*S. s. domesticus*）の原種でもあるイノシシは、「群居性が強く順位で秩序を保つ」、「大胆で人慣れしやすい」、「環境への適応力が高い」、「広食性」、「温順」、「配偶関係が不定」という家畜化しやすい動物種が持つ性質（正田, 2010）を内在させているが、人間に対する高い警戒心によって、普段は「大胆で人慣れしやすい」性質が封じられている。しかし、何らかの要因で人間に対する警戒心が解かれれば、人慣れして家畜のような振る舞いを見せる可能性もある（江口, 2003）。

特に人為的な餌付けは、イノシシの人間に対する警戒心を劇的に低下させる要因であると考えられる。そのため、箱わなの不適切な運用が広まれば、イノシシの警戒心を低下させ、耕作地とその周辺環境はイノシシにとって利用価値が相対的に高まることとなる。その結果、農作物などの採食被害が増加する危険性も生じるだろう。また、意図の有無にかかわらずイノシシに対する餌付けが常態化すれば、人間に対する警戒心の低下がさらに進行し、六甲山で確認されているようなイノシシの市街地出没や出没個体による人身事故、交通事故の発生（辻・横山, 2014）も危惧しなければならない（**図4-8**）。

さらに、イノシシに関しては、コレラや口蹄疫、牛疫、狂犬病、炭疽、出血性敗血症、ブルセラ病、豚水胞病などの感染症を媒介する可能性がある。通常、こうした感染症の伝搬には、ウイルス汚染された食物や、感染

図4-8　過度に人慣れした六甲山のイノシシ

個体、未発症キャリアー（発症していないが、ウィルスを保有している個体）などと高密接触するなど特殊な条件が必要だが、人為的な餌付けによってイノシシが給餌場所を集中利用すれば、個体間で感染症が伝搬する可能性が生じる。そして、過度な人慣れ個体の存在によって人間や家畜との接触機会が増加すれば、イノシシが人間や家畜へ感染症を伝搬する危険性も増加するだろう。

例えば、市街地とその近郊に5000頭ほどのイノシシが生息すると推測されるドイツのベルリンでは、捕殺された個体の約18%程度にレプトスピラの感染経験があったことが報告されている（Jansen *et al.*, 2007）。この感染症が家畜のブタやウシに伝搬すれば、妊娠個体では流産や死産、乳牛では乳量低下や無乳が見られることがあり、畜産業に大きな損失を与えることが危惧される（小泉・渡辺, 2006；菊池, 2007；菊池ほか, 2013）。さらに、レプトスピラ症は人獣共通感染症であり、病原性レプトスピラを保菌する動物の尿との直接的接触、または尿に汚染された水や土壌との接触によって人間にも感染する（小泉・渡辺, 2006）。そのため、イノシシと人間との接触機会の増加だけでなく、生息場所の近接によってレプトスピラ症がイノシシから人間に伝搬する可能性も考えられる（**図4-9**）。実際にベルリンでは、イノシシが原因とみられるレプトスピラ症

図4-9　水田に残るイノシシの泥浴び跡
撮影した水田に対してイノシシの警戒心が皆無になっていると考えられる。この状況を放置すると人身事故の発生だけではなくレプトスピラ症の感染につながる危険性がある。

の発症が報告されている（Jansen *et al*., 2006）。人間におけるレストスピラ症は急性熱性疾患で、その臨床症状は感冒様の軽傷から、黄疸、出血、腎不全を伴う重症型まで多彩である（小泉・渡辺, 2006）。1970年代前半まではわが国でもレプトスピラ症によって毎年50～250名が死亡していたことも報告されており（小泉・渡辺, 2006）、警戒が必要である。

このほか、日本においてはイノシシが、高い確率で日本脳炎ウイルスに感染していることが報告されている（Shimoda *et al*., 2012）。日本脳炎を人間が発症した場合、幼少児や高齢者では死亡の危険が高く、生存者の45～70%に精神神経学的後遺症が残る（国立感染症研究所感染症情報センター, 2002）。特に小児ではパーキソン病様症状や痙攣、麻痺、精神発達遅滞、精神障害など重度な障害を残すことが多い（国立感染症研究所感染症情報センター, 2002）。日本脳炎は、ウイルスに感染した動物を給血した蚊によって媒介されて人間に感染するため、レプトスピラ症と同様に、イノシシとの接触機会の増加や生息場所の近接によって人間や家畜へ伝搬する機会が増加することを危惧すべきだろう。

4.5 イノシシの餌付けで生じる問題解決のために

以上のように、イノシシの餌付けによって危惧される問題は、農作物の採食被害など経済的・精神的被害だけではない。餌付けが常態化し、人間に対するイノシシの警戒心が極度に低下すれば、人身事故や感染症の発症のように、人的被害をもたらす事態も発生するだろう。このような危険を回避するためには、様々な形で行われている餌付けを止める必要がある。例えば、必要最低限の給餌でイノシシを捕獲できる箱わな技術や、くくりわなや忍び猟など誘引餌を用いずにイノシシの加害個体を捕獲する技術を、早急に普及させるべきである。また、非意図的な餌付けとなっているイノシシの農作物被害については、進入防止柵の設置と環境整備を行ったうえで、加害個体を狙って捕獲すれば解消できるので（小寺, 2009）、こうした取り組みを確実に進めることが重要である。

さらに、イノシシによる人的被害を回避するためには、人間に対する高い警戒心をイノシシに常に持たせることが不可欠である。そのためにも、人間領域とその周辺部における草刈りや餌資源除去などの環境整備や適切な捕獲を計画的に実施し、イノシシを人間領域から徹底的に排除して、イノシシの生息域と人間の生活域が重ならないようにする「異所的共存」を目指す必要があるだろう。

ただし、異所的共存が成立した状況下でも、「人間」と「野生動物」、そして「生息地」との間に、保全生物学の哲学に基づいた調和を実現することが求められる。つまり、人間の生活レベルを低下させずに、生物多様性の維持や、自然生態系および進化過程の保護を実現しなければならない。具体的には、「①　少なくとも人間による資源（エネルギー）消費が地域生態系の持続的利用限界を超えないこと」、「②　生物多様性が健全に保護され、地域生態系における進化の過程を止めないこと」、「③　人間の生活水準が低下しないこと」、「④　①～③の条件が維持できること」、「⑤　以上の条件が地球全体で成立すること」の５条件を満たすことが求められる。異所的共存が成立した場合、これら条件を満たすことが可能な人間領域の規模が問題となる。

特に日本の総人口が減少し始めた一方で、イノシシなどの分布域が急速に回復している状況を踏まえると、日本列島における自然領域と人間領域の適正な分配方法について議論し、保全生物学の哲学に則った自然との共存をいかに実現するのかも含めて検討することは、我々日本人にとって重要な課題だろう。

引用文献

Calenge, C., Maillard, D., Fournier, P. and Fouque, C.（2004）Efficiency of spreading maize in the garrgues to reduce wild boar（*Sus scrofa*）damage to Mediterranean vineyards. *European Journal of Wildlife Research* **50**：112-120.

江口祐輔（2003）イノシシから田畑を守る―おもしろ生態とかしこい防ぎ方．農文協．149pp.

Geisser, H. and Reyer, H.（2004）Efficacy of hunting, Feeding, and fencing to reduce crop damage by wild boars. *Journal of Wildlife Management* **68**：939-946.

Hirotani, A. and Nakatani, J.（1987）Grouping-patterns and inter-group relationships of Japanese wild boars（*Sus scrofa leucomystax*）in the Rokko mountain area.

Ecological Research **2**：77-84.
羽須美村（2004）羽須美村閉村記念誌．羽須美村．88pp.
本田　剛・林　雄一・佐藤喜和（2008）林縁周辺で捕獲されたイノシシの環境選択．哺乳類科学 **48**: 11-16.
Jansen, A., Nockler, K., Schonberg, A., Luge, E., Ehlert, D., and Schneider, T.（2006）Wild boars as possible source of hemorrhagic leptospirosis in Berlin, Germany. *European Journal of Clinical Microbiology and Infectious Diseases* **25**：544-546.
Jansen, A., Luge, E., Guerra, B., Wittschen, P., Gruber, A. D., Loddenkemper, C., Schneider, T., Lierz, M., Ehlert, D., Appel, B., Stark, K., and Nockler, K.（2007）Leptospirosis in urban wild boars, Berlin, Germany. *Emerging Infectious Diseases* **13**：739-742.
環境省自然環境局（2013）平成24年度　特定鳥獣に係る保護管理施策推進のための検討調査業務報告．自然環境研究センター．164pp.
菊池直哉（2007）豚のレプトスピラ症の現状と対策．日本豚病研究会報 **50**：1-6.
菊池直哉・鳥海史恵・中野良宣・森谷浩明・高橋樹史（2013）わが国の乳牛におけるレプトスピラ症の抗体調査．日本獣医学会誌 **66**：463-467.
小寺祐二（2009）イノシシ *Sus scrofa* による農作物被害への対策とその課題．生物科学 **60**：94-98.
小寺祐二・神崎伸夫・金子雄司・常田邦彦（2001）島根県石見地方におけるニホンイノシシの環境選択．野生生物保護 **6**：119-129.
小寺祐二・長妻武宏・澤田誠吾・藤原　悟・金森弘樹（2010）森林内での給餌はイノシシ（*Sus scrofa*）の活動にどの様な影響をおよぼすのか．哺乳類科学 **50**：137-144.
小泉信夫・渡辺治雄（2006）レプトスピラ症の最新の知見．モダンメディア **52**：299-306.
国立感染症研究所感染症情報センター（2002）感染症の話　日本脳炎．
http://idsc.nih.go.jp/idwr/kansen/k02_g1/k02_01/k02_01.html
Mazzoni della Stella, R., Calovi, F. and Burrini, L.（1995）The wild boar management in a province of the central Italy. *IBEX Journal of Mountain Ecology* **3**：213-216.
島根県中山間地域研究センター・島根県農林水産部森林整備課鳥獣対策室（2006）有害鳥獣（イノシシ）行動特性調査事業報告書．28pp.
Shimoda, H., Nagao, Y., Shimojima, M. and Maeda, K.（2012）Viral infection diseases in wild animals in Japan. *Journal of Disaster Research* **7**：289-296.
正田陽一（2010）家畜育種の歴史と遺伝学の進歩．品種改良の世界史　家畜編．悠書館．pp.1-22.
高橋春成（2006）人と生き物の地理．古今書院．134pp.
辻　知香・横山真弓（2014）六甲山イノシシ問題の現状．兵庫県におけるニホンイノシシの管理の現状と課題　兵庫ワイルドライフモノグラフ　6号．兵庫県森林動物研究センター．pp.121-134.

第5章

ガンカモ類への餌付けが湖沼の水質に及ぼす影響

中村雅子

本章では、まずガンカモ類とその生活を紹介し、次にそのガンカモ類の生活が湖沼の水質へどのような影響を及ぼすかを説明する。そして、ガンカモ類に餌付けをすることが、水質にどう影響するのかを考え、最後に少しだけ、ガンカモ類の餌付けについて、私なりの意見を述べる。

5.1 ガンカモ類とは

ガンカモ類はガン類・ハクチョウ類・カモ類を合わせた総称である。それぞれの類の代表的な写真を**図 5-1** に載せる。まず、ガン類について、日本で多く見られるガン類は全体的に茶色をしていて地味な鳥である。「大造じいさんとガン」や「雁行（がんこう）」や「がんもどき」や「雁（かり）」など、実はガンに関係する言葉を耳にしているが、ガンの姿形と結びつかない方が多いのではないだろうか。

環境省の実施する全国約 9000 地点におけるガンカモ類の生息調査によると、2014（平成 26）年度（第 46 回）の結果では、9000 地点のうち、約 6000 地点でガンカモ類が観察されている。しかし、そのうち、ガン類は約 100 地点でしか観察されていない（環境省, 2013）。また、警戒心が強く餌付きにくいこともあり、見に行こうとしないとなかなか目に触れない鳥で、3 類の中で最も馴染みがない鳥と言えるだろう。しかし、さきほどのようなガンに関する言葉が多くあったり、雁という地名が多く残っていたりすることからもわかるように、過去にはより多くの飛来地を持っていた鳥である。

ハクチョウ類
コハクチョウ *Cygnus columbianus*

ガン類
ヒシクイ *Anser fabalis*

カモ類（陸ガモ）
マガモ *Anas platyrhynchos*（♂）

カモ類（海ガモ）
キンクロハジロ *Aythya fuligula*（♂）

図 5-1　代表的なガンカモ類
写真提供：秋葉　徹

次に、ハクチョウ類について、こちらは童話「みにくいあひるの子」に出てきたり、バレエ「白鳥の湖」で踊られていたりするため、実際に見たことはなくても、物心ついた時分から姿形を知っている方も多いのではないだろうか？　また、白くて首が長くきれいで優雅な雰囲気を持つこと、餌付きやすいため、飛来池に行くと肉眼で間近に見えることから、とても人気がある鳥である。同調査では、約600地点で観察されている。

最後に、カモ類について、こちらは類内の種類も多く、実に様々な色を呈している。他の2類と比べて首が短く、足も短いガンカモ類である。カモ類は、潜れない陸ガモと潜れる海ガモの二つに大別される。親子で道路を渡るカルガモ（陸ガモ）は馴染みがあるのではないだろうか。また、同調査においてカモ類は約6000地点で観察されていて、つまり、ガンカモ類が観察されたすべての地点で見ることができる計算になる。近所の小川に数羽単位で生息していたりするので、見ようと思えばかなり身近なガンカモ類である。冬に散歩がてらに土手を歩くと、カモを見ようと思っていなくても目にしているだろう。

このように3類は少しずつ異なるが、彼らのほとんどは同じように、極東ロシアから冬鳥として日本に飛来する。冬鳥といっても9月から3月まで滞在するので、1年の半分を日本で過ごしている。

5.2 ガンカモ類の生活

このようにして日本に渡ってきたガンカモ類は、「採食場」と「ネグラ」の2種類の場所を使い分けて生活する（竹市・有田, 1994；山本・大畑, 2000；Shimada, 2002）。水田や畑や水域で主に草本植物を採食し、採食場と異なる水域、主には湖沼をネグラにしている。ガン類・ハクチョウ類は日の出頃からネグラを飛び立ち、採食場へ向かう。その後、地域や季節によっては、一度ネグラに戻ることも観察されているが、基本的には、採食場を変えながら夕暮れまで採食し、ネグラに戻る（**図 5-2**）。カモ類は昼夜逆転で同様の行動をする。この昼夜の違いは狩猟圧の大小ではないかと言われている。

ちなみに、現在の日本の法律では、ガンカモ類のうちカモ類11種が狩猟対象で、ガン類・ハクチョウ類は狩猟禁止とされている。

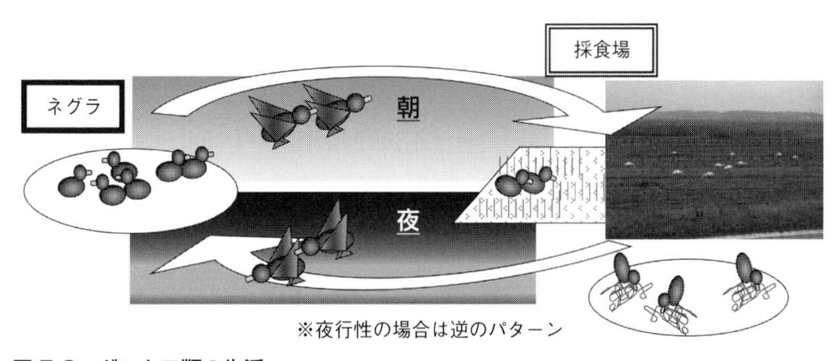

図 5-2　ガンカモ類の生活

5.3　ガンカモ類は物を運ぶ

ガンカモ類の生活がわかったところで、これらガンカモ類の生活が生息地の物質循環においてどのような役割を担っているかを考えてみよう。まず採食場では、ガン類の観察から、採食後、1～2時間で排泄すると言われており（Owen, 1975；呉地・大津, 1983)、食べたうちのいくらかは、採食場に栄養を戻すことになる。しかし、消費されるエネルギー量のほうが多いため、採食場の栄養を取り上げ、ネグラへ飛び去ることで系外に栄養を持ち去る。

一方で、ネグラにする湖沼では採食しないため、栄養の取り上げはなく、ネグラ入り直前の採食場で食べた分の排泄物が湖内に落とされることになる。これはネグラの水域からすると、ガンカモ類の行動は新たな栄養、もしくは負荷を追加させることになろう。

5.4　栄養と負荷と水質悪化

栄養と負荷という言葉が出てきたので、湖沼の水の循環とともに整理する。**図5-3**に湖沼における水の循環を概念的に示した。流入してきた栄養は、湖内で循環する間に微生物を含む生物によって分解されたり、固定されたりして使われる。使われなかった栄養は、湖底に沈むものもあるが、多くは湖沼外に流出し様々な場所で使われている。

この生物による栄養の分解・固定を湖沼の自浄能力といい、自浄能力以上の栄養が湖沼に流入してくると、水質悪化や水質汚濁と表現される。つまり、栄養が使いきれず残ってしまう状態である。そして、この栄養を水質悪化のもとになるものという意味で（湖沼にとっての）「負荷」と表現される。したがって、ため池や人造湖のように、流入水量が少なかったり、閉鎖性が高かったりする湖沼は水の循環が遅く（滞留時間が長い)、栄養が負荷になる可能性が高いとされている。

基本的には、1年後の同じ時期に栄養の濃度が高くなっていたら、水質が悪化している、つまりこの湖沼の浄化能力を超えている栄養があると考

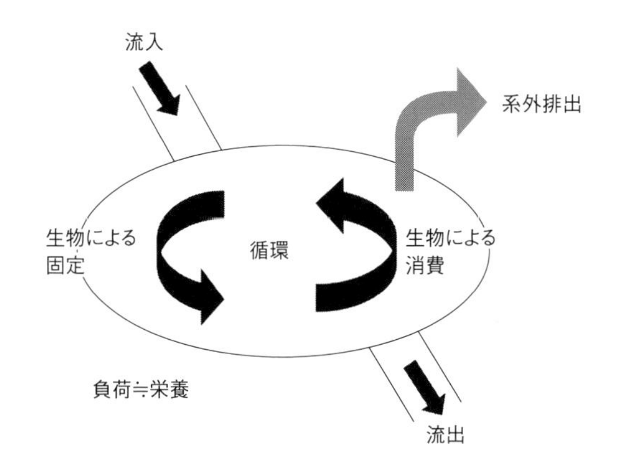

湖沼の自浄能力　＞　流入負荷　→　健康
湖沼の自浄能力　＜　流入負荷　→　不健康

湖沼の不健康　＝　水質悪化、水質汚濁、富栄養化

図 5-3　湖沼の循環と自浄能力の概念図

え、富栄養化と表現できる（OECD, 1982）。さらに栄養が過多になると、淡水湖沼では夏期にラン藻類の *Microcystis* 属によるアオコが出現し始める。アオコは水面を厚く覆ううえに、捕食者も少ないため、湖沼の透明度を著しく下げる。透明度が下がると湖底に光が当たらなくなり、沈水植物が生えることができなくなってくる。そのため、湖沼は浮葉植物や抽水植物が主役となるが、これらは茎や葉から養分を吸収できない（生嶋, 1972）うえに、葉で水面を覆うこともあるので、夏に水質が改善することが期待できなくなる。その結果、透明度のある時期がなく、いつも茶色く見える湖沼へ変化することになる。また、アオコは毒性を有し繁殖するため、湖内の魚類やベントスの大量死や病気が報告されている（渡辺･原田, 1993；Codd, 1995）。塩分のある汽水湖ではラン藻類は繁茂しにくいが、鞭毛（べんもう）藻類による赤潮の発生の可能性がある。いずれにせよ、植物プランクトンの大増殖は水面で大量に酸素を使い、湖底を貧酸素にするため良好な状態とは言えない。また、湖沼が植物プランクトン優占に向かう変化は不可逆的であると言われ、もとの沈水植物優占の湖沼に戻すのは大変な労力が必要だと考えられている（Scheffer *et al.*, 2001）。

5.5　ガンカモ類が水質に及ぼす影響

5.5.1　ガンカモ類の排泄物添加実験

では、ガンカモ類が湖沼をネグラにすると、具体的に水質にどのような影響が出るのだろうか。水質といっても多種多様な測定項目があるが、その中でも基本となる測定項目は窒素とリンである。これらは植物プランクトンといった一次生産者の大事な栄養素で、窒素とリンと合わせて栄養塩と言われ、一次生産者を支えるため湖沼生態系を底辺で支えるものと言える（**図5-4**）。

ガンカモ類の排泄物にも窒素やリンが含まれており、十分に一次生産者の増加の要因になりえる。実際に、実験室内において、ガンカモ類の排泄物を三角フラスコ内の水に添加すると、水中に栄養塩が溶出することが確認されている（中村・相崎, 2002；平澤ほか, 2016；Unckless & Makarewicz, 2007）。また、屋外における添加実験では、栄養塩の溶出量が増加すると、植物プランクトンの量を反映するクロロフィル濃度が増加することが示された（**図5-5**）。さらに、Pettigrew *et al.*（1998）が行った屋外実験では、

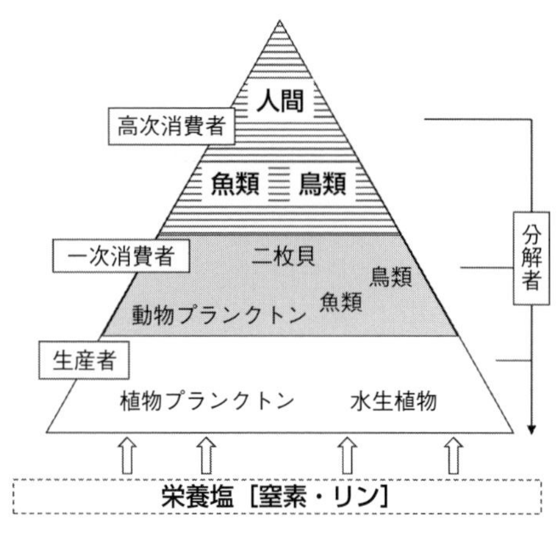

図5-4　栄養塩（窒素とリン）と湖沼生態系ピラミッド

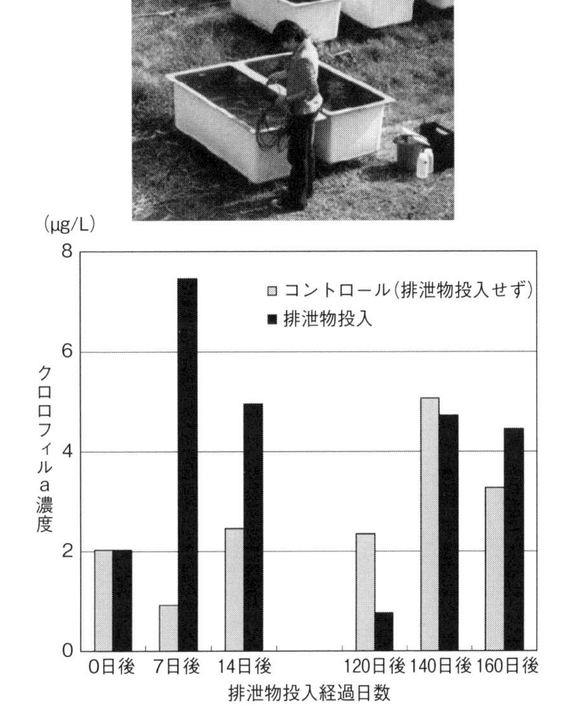

図 5-5 ガンカモ類排泄物添加実験の様子（上）とクロロフィル濃度の経日変化（下）

植物プランクトンの増加に少し遅れて動物プランクトンが増加することが確認されている。以上のように、ガンカモ類の排泄物に由来する栄養塩は、ネグラの湖沼生態系に次々に使われていることが予測できる。

5.5.2 ガンカモ類のネグラ湖沼の季節変化

次に、実際のガンカモ類のネグラの年間の水質変化について、以下に示す。鳥取県の米子（よなご）水鳥公園は、西日本最大のコハクチョウ（*Cygnus columbianus*）の越冬池で、中海（なかうみ）という汽水湖の中に造られた人工湿地である。調査当時、瞬間最大飛来数はコハクチョウが約 1000 羽、カモ類が約 10000 羽であった。

図 5-6 に、米子水鳥公園内の池における調査結果を相対的にまとめたものを示す（Nakamura *et al*., 2010）。なお、ガンカモ類の単位について補足すると、ガンカモ類の体重は0.3 ～ 10 kgと幅広いため（樋口ほか, 1996）、「羽数」ではなく、排泄物量と一定の関係を示す体重の合計を「量」として用いている。

ガンカモ類が秋に飛来すると窒素濃度が上がり、ガンカモ類の量も窒素濃度も、冬に最大値を示した。一方、リン濃度はガンカモ類の量や窒素濃度とは異なり、ガンカモ類が北帰する春に最大値を示した。クロロフィルa濃度、つまり植物プランクトンの量はリン濃度と同様な傾向を示し、春に最大値となった。これは、植物プラントンの増加が窒素よりもリンに制

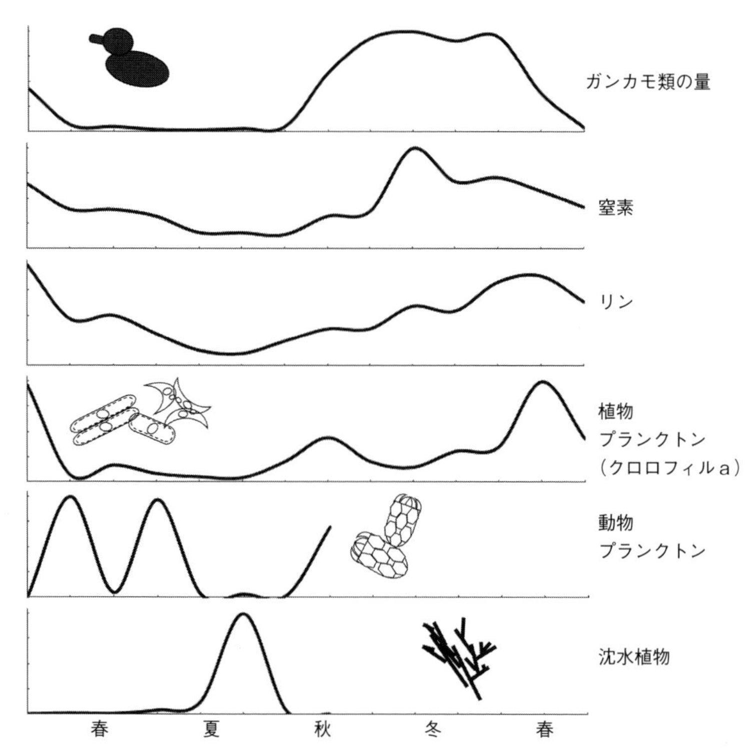

図 5-6　米子水鳥公園における各項目の季節変化
出典：Nakamura *et al*., 2010 を改変。

限を受けていたことを示している。そして、動物プランクトンの量はクロロフィルa濃度よりも1カ月遅れて4月にピークを示し、Pettigrew *et al.*（1998）の屋外実験で観察された食物連鎖と同様の結果が、自然界の池でも確認された。また、沈水植物量は夏に最大値を示した。

これらの結果から、**図5-7**に示すようなシナリオが考えられた。秋から冬にガンカモ類が飛来し、ガンカモ類の排泄物から栄養塩が流入して、栄養塩および有機物濃度が上がる。その栄養塩は春に植物プランクトンに変わり、すぐに動物プランクトンに変わる。その結果、初夏に透明度が上がり、湖底に日が当たることで、夏に沈水植物が一次生産者として繁茂し優占種となる。沈水植物は根だけではなく茎や葉からも養分を取り込むことができるため（生嶋, 1972）、湖水の浄化機能に長けている。したがって、夏に湖水の窒素とリンの濃度が下がる。このように、ガンカモ類からの栄養塩は冬から春に一時的にネグラの湖水中に溜まるが、春から順々に使われることで、湖水中の栄養塩濃度は夏に前年度の濃度程度に戻ることがわ

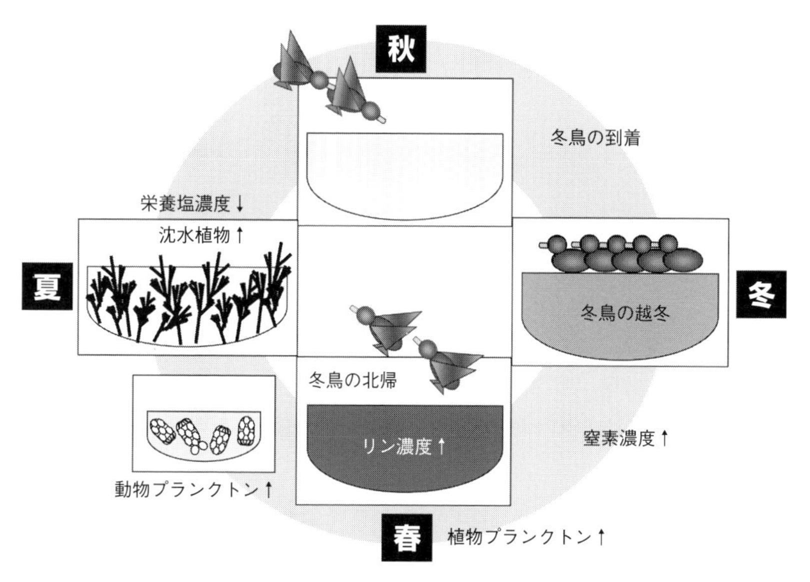

図5-7　ガンカモ類のネグラ湖沼生態系の季節変化のシナリオ

かった。そして、このような季節変化を繰り返している場合、水質的に良好なガンカモ類のネグラ湖沼と言えるだろう。

しかし、前述したように、負荷となる栄養が湖沼の浄化能力以上だと、夏の湖水中の栄養塩濃度が年々高くなる、底質に含まれる栄養塩量が年々高くなる、という状態を示し始める。こうなると、水質的に良好な状態にあるとは言えない状態になる。

5.5.3　質的影響

次に、負荷の原因となるガンカモ類の排泄物中の窒素（N）とリン（P）について見てみる。1人の人間が1日生活することで排出する量（全生活排水の発生負荷原単位）の窒素量はN：9.0 g/人/日、リン量はP：1.0g/人/日と報告されている（藤村, 2006）。すると、NとPの重量比（以下「N/P比」とする）が9.0となる。これに対して、ガンカモ類の排泄物の平均N/P比は約6.5と低いことがわかってきた（中村, 未発表）。これはガンカモ類の排泄物におけるリンの割合が、人間の全生活排水中のリンの割合より高いことを意味する。

北海道の泥炭地に位置し、日本国内最大のマガン（*Anser albifrons*）の渡りの中継地でネグラとなっている宮島沼において、沼への全流入負荷量の多くをガンカモ類による負荷が占めていた。そして、宮島沼のN/P比は平均12.7であった一方で、ガンカモ類が集中することのない周辺の湖沼のN/P比は平均25.9と報告されている（木塚ほか, 2016）。つまり、ガンカモ類の排泄物の流入により湖水のN/P比が低下したと考えられ、北海道石狩平野の泥炭湖沼の特長を変化させる可能性を指摘している。

また、N/P比は植物プランクトンの種組成変化に影響を及ぼす。藤本ほか（1995）はアオコの優占化に重要な環境要因は窒素濃度やリン濃度ではなく、N/P比および水温であると報告している。アオコ、つまり*Microcystis*属はN/P比5～18で優占種となり（Amano *et al.*, 2002）、10以下で大増殖が起こると報告されている（Takamura *et al.*, 1992）。そして、それを裏付けるように、宮島沼では毎年夏期にアオコが観察されている。さらに、植物プランクトンの種類が変化すれば、その後に続く生態系に変化を及ぼすことが考えられる（Vrede *et al.*, 2009）。また、湖沼の系外への影響として、Olson *et al.*（2005）が、最大飛来数10万羽のハクガン（*Anser caerulescens*）のネグラとなったアメリカ・ペンシルベニア州の貯水池における流入河川水と流出河川水の栄養塩濃度を調査した。その結果から計算すると、N/P比67の流入水に対して、流出水のN/P比が11.4と大きく変化し、その後8 km先でやっとN/P比が戻ることが確認された。

このように、N/P比の低いガンカモ類の排泄物は、時に、湖水自体のN/P比を低下させ、アオコの優占しやすい条件を創出し、植物プランクトンに大きな影響を及ぼすことがわかってきている。

5.5.4 量的影響

ネグラ湖沼の季節変化で話題にした米子水鳥公園では、職員による陸上への餌撒きを少量行っているが、過度な水質悪化は確認されていない。一方、北海道の宮島沼では餌付けを行っていないが、年間を通して高い栄養塩濃度で過栄養状態（OECD, 1982）であることがわかっている（中村, 2012；木塚ほか, 2012）。また、日本屈指の湖沼である琵琶湖や霞ヶ浦や宍道湖などでは、ガンカモ類が何万羽も飛来していたり、一部の湖岸で餌付けをしていたりするが、ガンカモ類や餌付けによる水質悪化の問題は聞こえてこない。一体、この違いはどこにあるのだろうか？

ここで、流入負荷量と湖沼の浄化作用の関係が大切になる。浄化能力には水量が大きく関係する。一定の負荷量に対して水量が大きければ、それだけきれいにすることができる。例えば、宮島沼では、湖沼の水量に対してガンカモ類からの栄養塩負荷量が大き過ぎた結果と言える。水質悪化が見られない湖沼では、ガンカモ類からの栄養塩負荷量に対して水量が大きいと考えられる。

そこで、ガンカモ類が飛来する36の湖沼において、湖沼の水量とガンカモ類が排出する栄養塩負荷量の比がどの程度であるかを推定してみた。ガンカモ類からの栄養塩負荷量は体重と一定の関係があるため、ガンカモ類の各種のシーズンの最大飛来数を総体重に換算した（Nakamura,

2010)。また、ガンカモ類の最大飛来数は、前述した環境省の1月に実施される一斉調査の結果を用いた。ただし、中継池の飛来数は1月が最大値ではないため、各ホームページの情報から最大値になる時期のものを用いた。滞在日数は加味していない。一方、湖沼については、本当は水量が妥

表 5-1 全国の有数の湖沼およびガンカモ類飛来池におけるガンカモ類量に対する湖面積と密度の比較

調査地点名	ハクチョウ類 (kg)	ガン類 (kg)	カモ類 (kg)	総体重 (kg)	面積 (ha)	密度 (kg/ha)	日本の湖沼面積順位	餌付け	備考
小川原湖	2,696	14	650	3,360	6,269	0.5	11位	×	越冬池
猪苗代湖	7,384	0	1,725	9,109	10,480	0.9	4位	○	越冬池
山中湖	280	0	484	764	678	1.1	—	○	越冬池
渡良瀬貯水池（谷中湖）	0	12	3,892	3,904	3,300	1.2	—	×	越冬池
琵琶湖	2,776	518	79,786	83,080	67,000	1.2	1位	×	越冬池
南港野鳥園の池	0	0	23	23	13	1.8	—	×	越冬池
十三湖	1,312	665	1,960	3,937	1,807	2.2	21位	×	越冬池
クッチャロ湖	3,088	2	239	3,329	1,402	2.4	22位	×	越冬池
中海	4,024	25	20,997	25,046	8,679	2.9	5位	×	越冬池
霞ヶ浦	552	0	50,002	50,554	16,818	3.0	2位	×	越冬池
厚岸湖	8,728	0	1,202	9,930	3,180	3.1	17位	×	越冬池
手賀沼	280	0	1,878	2,158	500	4.3	—	×	越冬池
宍道湖	6,104	9,170	39,890	55,164	7,916	7.0	7位	×	越冬池
印旛沼	0	0	9,390	9,390	1,160	8.1	26位	×	越冬池
涸沼	440	0	7,887	8,327	935	8.9	29位	×	越冬池
伊佐沼	0	0	255	255	22	11.4	—	×	越冬池
井の頭公園の池	0	0	83	83	4	19.0	—	×	越冬池
菅生沼	4,248	0	469	4,717	220	21.4	—	×	越冬池
千波湖	248	0	610	858	33	25.8	—	○	越冬池
早崎ビオトープ	296	0	274	570	17	33.5	—	×	越冬池
河北潟	1,424	69	13,445	14,938	413	36.2	—	×	越冬池
上野公園不忍池	0	0	708	708	11	64.4	—	×	越冬池
東京港野鳥公園（東淡水池）	0	0	239	239	2	109	—	×	越冬池
朝日池，鵜の池	2,680	10,251	4,482	17,413	130	134	—	×	越冬池
福島潟	13,224	13,662	2,915	29,801	163	183	—	×	越冬池
宍塚大池	0	0	728	728	3	221	—	×	越冬池
潟の内（島根県）	160	0	2,137	2,297	9	255	—	×	越冬池
米子水鳥公園	1,416	2,535	1,170	5,121	17	301	—	○	越冬池
内沼	3,584	31,549	1,015	36,148	98	369	—	×	越冬池
伊豆沼	20,656	147,524	2,380	170,560	289	590	—	×	越冬池
蕪栗沼	4,688	136,583	648	141,919	150	946	—	×	越冬池
佐潟＋御手洗潟	67,880	78	13,140	81,098	65	1,248	—	×	越冬池
瓢湖	28,672	7	7,893	36,572	13	2,813	—	○	越冬池
片野鴨池	16	285	4,262	4,563	2	3,042	—	×	越冬池
宮島沼	0	167,900	0	167,900	30	5,597	—	×	中継地
小友沼	0	460,000	0	460,000	55	8,364	—	×	中継地

（注）表中の太い破線は水質保全の観点からみたガンカモ類の環境収容力の境界を示す。ガンカモ類の環境収容力の基準は Huang & Isobe（2012）が 1 ha 当たり 200 羽までが健全と定めているが、ここでは、一般的なカモ類の体重が約 1 kg であることから、1 ha 当たり 200 kg を基準とした。

当であるが、便宜的に、湖面積を用いた。

ガンカモ類の総体重を湖面積で割った結果を**表 5-1** に示す。表は上から、湖沼面積に対しガンカモ類の総体重の比が小さい湖沼から並べた。すると、湖沼面積 1 ha に対しガンカモ類 0.5 kgをはじめ、8000 kgを超える湖まであることがわかった。ちなみに、最大値、8300 kg/ha という値は、一般的なカモ類の体重は約 1 kgであるので、カモ 1 羽が 1.2 m^2 を使うという混雑ぶりで、したがって、負荷も大きいことが予測できる。そして、話題にした米子水鳥公園、宮島沼はそれぞれ約 300 kg /ha、約 5600 kg /ha だった。また、ガンカモ類の総体重が 5 番目に重い琵琶湖は密度では 5 番目に低いことがわかり、大きい湖沼のほうが密度が低くなる傾向があり、負荷がかかりにくい可能性がうかがえた。

Huang & Isobe（2012）はモデル式から環境収容力（本文中では自浄能力に当たる）を計算して、1 ha 当たり 200 羽までが健全だという簡易な基準を示している。**表 5-1** でいうと、宍塚大池（ししづかおおいけ）より下に記載されている湖沼が環境収容力を超えていることになる。ガンカモ類のネグラとなっている湖沼で水質が悪化しているか否かの判断として、このような基準値が一つのヒントになるのではないだろうか。もちろん、実際にガンカモ類からの栄養塩負荷量を算出することや湖沼ごとに浄化能力に差があるので、それを加味することが重要であるが、特にガンカモ類と水質に関して、国内における研究が乏しく課題が山積しており、目下、調査研究中である。

5.6 餌付けがガンカモ類に及ぼす影響

ここで、ネグラでの餌付けがガンカモ類の行動にどう影響するかについて考えてみよう。餌付けをすることで、まず、周辺の水域からガンカモ類を呼び寄せ、飛来数が増える可能性が生じる。次に、ネグラで採食する時間が多くなり、ネグラから採食場へ出ていかない個体が生じる可能性もある。この二つの可能性は、結果として、ネグラ湖沼への新たな負荷を増加させることになるだろう。ただし、嶋田ほか（2008）によると、1 日に必要なエネルギーのうち、餌付けに依存する割合は、35%から 102%まで、時期によって異なっていたことが報告されている（第15章を参照）。依存割合が低い場合、食物が足りない状況であるので、給餌がなくなれば自然と採食場に向かうことが観察されている。したがって、餌付けに依存する割合が低い程度の給餌量にすれば、ネグラ湖沼での採食が減り、大きな負荷増加を抑えることができる可能性がある。また、採食場での給餌については、ネグラ湖沼の視点からは持ち込み量に変化がないと考える。しかし、本来食べるはずであった食物と異なる食物を食べることになった場合、食物によって窒素やリンの量が変化することが予想され、排泄物中の窒素やリンの量も変化し、持ち込まれる栄養塩の質が変化する可能性がある（中村，2010）。

なお、野鳥自体への餌付けの是非や給餌の質と量の調整などの問題については、藤巻（2001）や本書の第15章でわかりやすく解説されているので参照されたい。

5.7　ガンカモ類への餌付けが水質に及ぼす影響

まず、餌付けをしていない前提で、ガンカモ類がネグラの水質に及ぼす影響を考えてきた。次に、餌付けの影響でネグラ湖沼のガンカモ類の量が増える可能性を指摘した。併せて考えると、餌付けすることにより、水質悪化を積極的に進ませることになることが考えられる。一番好ましくない例としては、もともと、ネグラ湖沼の環境収容力がギリギリだったところに、餌付けによってガンカモ類の量が追加され、一気に水質悪化が進むという場合である。

水質悪化が進むと、もとの湖沼になかなか戻せないため、とても厄介な事態を招く。湖沼の健康や湖沼の本来の寿命を保つには、余分な負荷をかけないことが重要である。湖沼によっては餌付けが余分な負荷になることが考えられ、それを見極めることが大切である。しかしながら、餌付け前と後で水質の変化を調査した例や予測する研究はまだなく、実際にデータを示すことができないのが現状である。したがって、餌付けを行う場合には、各池沼で餌付けに対して湖沼の環境収容力、すなわち浄化能力に、どのくらい余裕があるかを、**表5-1**で示した方法などを用いて、今一度考える必要があると考える。

5.8 まとめ

餌付けにはこのような水質に関連するリスクがあるほか、移入種（外来種）の進出を助長するなど、いろいろなリスクも考えられる。一方で餌付けは悪いことばかりではなく、野生動物への理解や情操教育を担うなどのメリットもある。餌付けを考慮する際は、餌付けのリスクとメリットをよく勘案し実行されることが必要である。

謝辞

このような執筆の機会を与えて下さり、ガンカモ類の生態についてご助言を賜りました公益財団法人宮城県伊豆沼･内沼環境保全財団研究員の嶋田哲郎氏に感謝いたします。また、執筆環境を提供下さった独立行政法人国立環境研究所生態遺伝情報解析研究室主任研究員の矢部 徹氏にこの場をかりて御礼を申し上げます。

引用文献

Amano, Y., Taki, K., Murakami, K., Ishii, T. and Matsushima, H. (2002) Sediment remediation for ecosystem in eutrophic lakes. *The Scientific World Journal* **2**: 885-891.

Codd, G. A. (1995) Cyanobacterial toxins: occurrence, properties and biological significance. *Water Science and Technology* **32**: 149-156.

藤巻裕蔵（2001）餌付けを考える．日本の白鳥 **25**: 30-36.（http://www.jswan.jp/kaishi/25/25-30-36.pdf　にて閲覧可能）

藤本尚志・福島武彦・稲森悠平・須藤隆一（1995）全国湖沼データの解析による藍藻類の優占化と環境因子との関係．水環境学会誌 **18**: 901-908.

藤村葉子（2006）生活排水の負荷源単位と各種浄化槽による排出負荷．用水と廃水 **48**: 432-438.

樋口広芳・森岡弘之・山岸　哲 編（1996）『日本動物大百科 第3巻 鳥類I』．平凡社．

平澤孝介・山田浩之・木塚俊和・中村雅子・牛山克己（2016）宮島沼飛来マガン排泄物からの栄養塩類の溶出．湿地研究 **6**: 25-32.

Huang, G. W. and Isobe, M. (2012) Carrying capacity of wetlands for massive migratory waterfowl. *Hydrobiologia* **697**: 5-14.

生嶋　功（1972）『生態学講座7　水界植物群落の物質生産Ⅰ—水生植物—』. 共立出版, pp.7-9.
環境省自然環境局（2013）第43回ガンカモ類の生息調査報告書（平成23年度）.
木塚俊和・山田浩之・平野高司（2012）石狩泥炭地宮島沼の水・物質収支に及ぼす灌漑の影響. 応用生態工学 **15**: 45-59.
木塚俊和・中村雅子・牛山克巳・山田浩之（2016）収支の計算残差を用いた渡り性水鳥による過栄養湖への栄養塩負荷量の推定. 湿地研究 **6**: 33-48.
呉地正行・大津真理子（1983）越冬地におけるガン類の環境収容力の推定（1）マガンのエネルギー要求量. 応用鳥学集報 **3**: 3-5.
Nakamura, M., Yabe, T., Ishii, Y., Kamiya, K., and Aizaki, M. (2010) Seasonal changes of shallow aquatic ecosystems in a bird sanctuary pond. *Journal of Water and Environment Technology* **8**: 393-401.
中村雅子・相崎守弘（2002）水鳥の排泄物が水質に及ぼす影響について—身近な水鳥の排泄物の分析から—. 2002年度日本鳥学会東京大会要旨.
中村雅子（2010）水鳥が小規模池沼の水質に及ぼす影響に関する研究. 鳥取大学学位論文.
中村雅子（2012）ガンカモ類中継池である宮島沼におけるマガンの飛来と水質季節変化. 『みんなでマガンを数える会25周年記念誌』, pp.34-37, 宮島沼の会.
OECD (1982) Eutrophication of Waters: Monitoring, Assessment and Control. Organisation for Economic Co-Operation and Development.
Olson, H. M., Hage, M. M., Binkley, D. M. and Binder, R. J. (2005) Impact of migratory snow geese on nitrogen and phosphorus dynamics in a freshwater reservoir. *Freshwater Biology* **50**: 882-890.
Owen, M. (1975) An assessment of fecal analysis technique in waterfowl feeding studies. *The Journal of Wildlife Management* **39**: 278-286.
Pettigrew, T. C., Hann, J. B. and Goldsborough, G. L. (1998) Waterfowl feces as a source of nutrients to a prairie wetland: responses of microinvertebrates to experimental additions. *Hydrobiolgia* **362**: 55-66.
Scheffer, M., Carpenter, S., Foley, A. J., Folke, C. and Walker, B. (2001) Catastrophic shifts in ecosystems. *Nature* **413**: 591-596.
Shimada, T. (2002) Daily activity pattern and habitat use of Greater White-fronted Geese wintering in Japan: factors of the population increase. *Waterbirds* **25**: 371-377.
嶋田哲郎・進東健太郎・藤本泰文（2008）伊豆沼・内沼におけるガンカモ類の給餌へのエネルギー依存率の推定. *Bird Research* **4**: A1-A8.
竹市幸恵・有田一郎（1994）中海・能義平野におけるコハクチョウの飛行経路と採餌分布. 生態計画研究室年報 **2**: 55-65.
Takamura, N., Otsuki, A., Aizaki, M. and Nojiri, Y. (1992) Phytoplankton species shift

accompanied by transition from nitrogen dependence to phosphorusdependence of primary production in Lake Kasumigaura, Japan. Archiv fur Hydrobiologie **124**: 129-148.

Unckless, L. R. and Makarewicz, C. J. (2007) The impact of nutrient loading from Canada Geese (*Branta canadensis*) on water quality, a masocosm approach. *Hydrobiologia*. **586**: 393-401.

Vrede, T., Ballantyne, A., Mille-Lindblom, C., Algesten, G., Gudasz, C., Lindahl, S. and Brunberg, K. A. (2009) Effects of N : P loading ratios on phytoplankton community composition, primary production and N fixation in a eutrophic lake. *Freshwater Biology* **54**: 331-344.

山本浩伸・大畑孝二 (2000) 石川県片野鴨池におけるトモエガモの個体数変動と採食場所への飛び立ち行動. *Strix* **18**: 55-63.

渡辺真利代・原田健一 (1993) 有毒アオコ—その生物学的、化学的特性—. 陸水学雑誌 **54**: 225-243.

第6章

巻貝放流によるホタルの餌付け問題

齋藤和範

ほーほーホタル来い。夏の風物詩としてマスコミが取り上げるホタルの催し。インターネットで「新聞・ホタル・放流」と検索をかけると、北は北海道から南は八重山列島まで、全国各地様々な新聞記事が毎年ヒットする。例えば、このような具合である（**表6-1**）。

表6-1　ホタル放流が取り上げられた新聞記事の例

地域	新聞記事内容	出典
北海道	ホタル観察会　NPO法人トラストサルン釧路	釧路新聞，2006
	厚真こっちの水は甘いぞ　歌ってホタルの幼虫放流	苫小牧民報，2009
東北	寒河江市醍醐小児童がホタルの幼虫を放流「成長楽しみ」	山形新聞，2013
関東	高崎の小学生が「カワニナ」1万匹を放流 ―高崎に戻れ、ホタル	高崎前橋経済新聞，2010
中部	ホタル舞う湯涌に金沢、住民らがカワニナ放流	北國新聞，2012
近畿	粉河の児童ら、地元の川にホタルの幼虫放流	わかやま新報，2013
中国	ホタル復活へ幼虫6000匹放流	中国新聞，2013
四国	元気に育って／園児ら土器川にホタル幼虫放流	四国新聞，2013
九州	ホタルの幼虫1万2000匹を放流鹿島市の古枝小	佐賀新聞，2012
琉球列島	ホタル、幻想的な光大宜味村喜如嘉	琉球新報，2013
	石垣島で自然が織り成すエレクトリカルパレード ―ホタル	石垣経済新聞，2012

釧路湿原や大宜味村（おおぎみそん）や石垣島など数カ所の天然ホタル鑑賞会を除き、ほぼゲンジボタルやヘイケボタルの幼虫や餌の巻貝を養殖し放流する行事だ。

本章ではホタルへの餌付け問題について述べるが、その前に全国で起きている野放図なホタル放流の問題を理解しないと、巻貝放流による餌付けの深刻さが理解できないため、ホタルと餌の放流問題を合わせて述べる。

ホタルや餌の貝類の放流活動は、環境意識の高まりから身近な自然にホタルを復活させたい、と言う熱意から始まったのだと思う。一見、自然を大切にし自然保護や環境保全の取り組みに見えるが、本当にそうだろうか？　実はマスコミが報道するような「ホタルの飼育放流＝環境保全＝良い試み」ではない。生態学的に見ると、これらの行為は生態系の破壊もたらす重大な危険性が含まれている。では、どのような問題があるのだろうか？

6.1　放流されているホタルに関する問題

ホタル放流の問題とは、放流する地域にもともとホタルが生息していたのか？　現在生息しているのか？　その分布は？　生息しているホタルはなんという種なのか？　など、その地域の種や生息状況が把握されておらず、放流されるホタルの由来が不明なことである。

日本国内には45種5亜種のホタルの仲間が生息する（日本ホタルの会Webサイト）。ホタルは南方系昆虫で国内ではそのほとんどが琉球列島に棲息し、本州にはゲンジボタル（*Luciola cruciata* Motschulsky, 1854）（以下、ゲンジ）、ヘイケボタル（*Luciola lateralis* Motschulsky, 1860）（以下、ヘイケ。**図6-1**）、ヒメボタル、オバボタルなど10種が、北海道ではゲンジは生息せず、ヘイケなど4種しかいない。

本州でも、ホタルはどこでも生息している訳ではない。生息していない場所には生息していないなりの理由がある（宮下，1995）。地域に棲息する種や分布の把握を行わないうちに「まず飼育放流ありき」という行為は、「ホタルを移植し帳尻さえ合えば環境保全？　したことになるという安易で短絡的な発想」だろう（寺島，1980）。

図 6-1 ヘイケボタル
（北海道札幌市西岡水源地産、著者撮影）

北海道は、2013 年 3 月 29 日に「北海道生物の多様性の保全等に関する条例」を制定し、野生生物の種の保存や多様な自然環境が地域の自然的社会的条件に応じて保全を推進している。沼田町（ぬまたちょう）では 1990 年からゲンジを放流し、「ほたるの里」を掲げ、まちおこしを始めた。しかし、当時北海道ホタルの会に参加する様々な団体から、外来種の放流は止めたほうが良いと指摘を受けたのに、強行した経緯がある（江口健二など私信）。日本政府は 1992 年、「生物の多様性に関する条約（生物多様性条約）」を署名した。しかし、国土交通省北海道開発局は「わが村は美しく―北海道」運動 2008 において、沼田町ホタル研究会のこの活動に特別賞を与えた（国土交通省北海道開発局 Web サイト a)。もともと生息していない地域にゲンジやヘイケを放すことは外来種の放流であり、明らかに生物多様性の理念とは逆行する（日本ホタルの会, 2005；日本経済新聞, 2013；NHK 北海道クローズアップ a,b, 2013；東京にそだつホタル Web サイト）。

さらに、私たちがふだん「ホタル」と呼ぶゲンジやヘイケにおいても、様々な種内変異・遺伝的多様性が見られる。例えばゲンジでは、光の点滅速度が東日本の 4 秒に 1 回型と、西日本の 2 秒に 1 回型（Ohba, 1983; 1984; 大場, 1986; 1988)、その境界域の 3 秒に 1 回の中間型が存在する（大

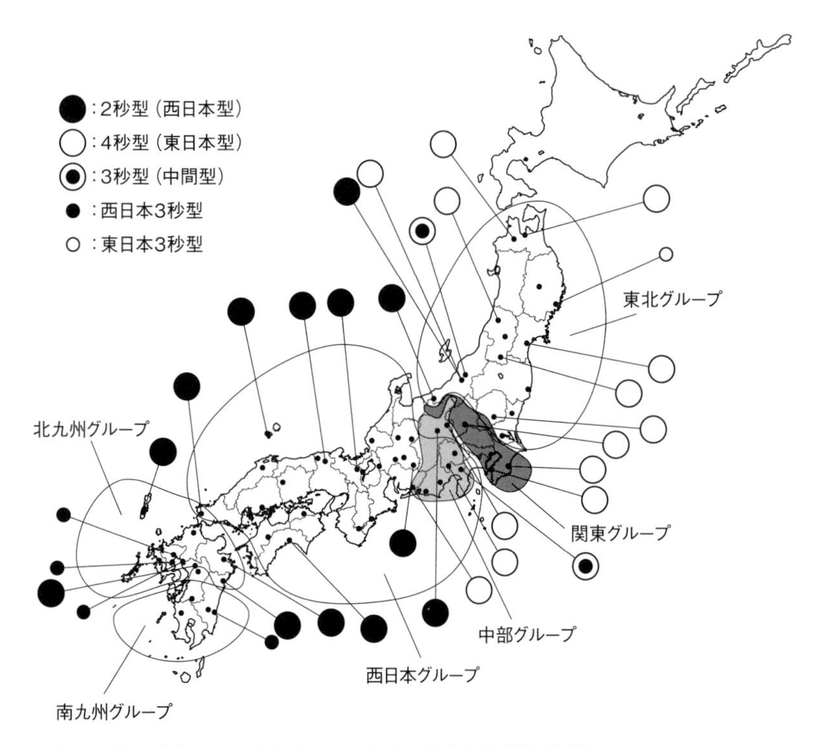

図 6-2　ゲンジボタルの発光パターンと地理的変異と遺伝的背景
出典：大場（2002）

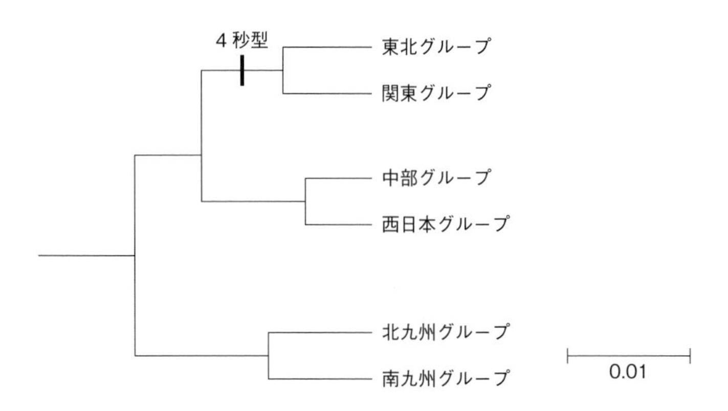

図 6-3　mtDNA の CO Ⅱ遺伝子から見たゲンジボタルのハプロタイプグループ*の関係
出典：鈴木ほか a（2000）；武部ほか（2000）

図 6-4　ヘイケボタルの遺伝的集団の地理的変異
出典：鈴木（2004）；吉川ほか（2000）

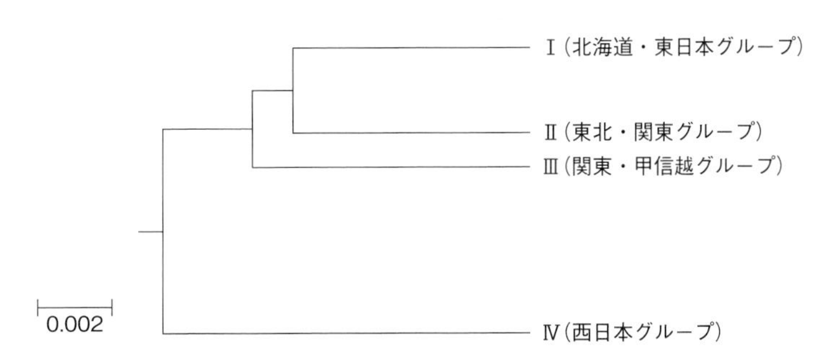

図 6-5　mtDNAND5 遺伝子から見たヘイケボタルのハプロタイプグループ*間の関係
出典：鈴木（2004）；吉川ほか（2000）
＊ハプロタイプとは、片方の親由来の遺伝子の組み合わせのことで、よく似たハプロタイプの集団をハプロタイプグループという。

場，1991）。前胸背の斑紋パターンも太い錨紋型（九州）、錨紋型、十字紋型（四国・中国・近畿）、前方斑紋型（青森県弘前市）、薄紋型・無紋型（関東以北）、痕跡型があり、地域によりその形状が異なる（大場，2002）（**図6-2**）。またミトコンドリアDNAの解析から、東北グループ、関東グループ、中部グループ、西日本グループ、北九州グループ、南九州グループの六つの遺伝的に異なるグループに分かれる（**図6-3**）ことが明らかとなっている（鈴木ほか，2000；武部ほか，2000）。

ゲンジよりヘイケは遺伝的変異が少ないにもかかわらず、ミトコンドリアDNA解析から、北海道・東日本グループ、東北・関東グループ、関東・甲信越グループ、西日本グループと、四つの異なる遺伝的集団に分かれる（**図6-4、6-5**）ことがわかっている（鈴木，2004；吉川ほか，2001）。日本列島の中で地域ごとにホタル相が異なるだけでなく、同種内でも異なる遺伝的集団が存在し、地域ごとに多種多様な生物相や生態系が存在しているのである。

このように、ホタルなど移動能力の少ない生物は、たとえ同種であっても地域ごとに遺伝的集団が分化している（後藤，1988；鈴木ほか，2001）。これらの遺伝的な分化は、日本列島の形成過程とその生物の進化を反映するものである。たとえ善意から始まった活動であったとしても、他の地域のホタル放流は、本来そこに棲息する地域の遺伝集団を撹乱し結果として生態系を破壊し、その生物の進化過程や日本列島形成解明の手がかりを消失させる。

6.2　放流されている餌の巻貝に関する問題

ここまでホタルの野放図な放流が生態系に及ぼす影響について前述してきたが、以下ではホタルの餌と称して放流されている生物の問題について取り上げたい。

ホタルの餌というと、カワニナ（*Semisulcospira libertina* Gould, 1859）（**図6-6の左端**）という生半可な知識や、放流される貝が本当に「カワニナ」なのか？　という問題が一つ目に挙げられる。

図 6-6　カワニナ（左端）とチリメンカワニナ（左から２番目）（ともに兵庫県川西市産）と、ビワカワニナ亜属の３種（右からカゴメカワニナ、タテヒダカワニナ、ヤマトカワニナ）（写真提供：中井克樹）
最近の研究では、広域分布のカワニナは「カワニナ」と「チリメン」の２種に分かれるのではなく、系統地理的に分かれた集団内で、それぞれ「チリメン」の特徴を示す表現型が出現する、という可能性も出てきている。
カゴメカワニナは水深５～10m 付近の泥底に生息し、シジミ漁などで最もよく混獲される。ヤマトカワニナはもともと岩礁湖岸に見られ、最近ではコンクリートや捨て石で護岸された人工湖岸にも出現する。タテヒダカワニナは最も普通種ながら形態的変異が大きく、同定が非常に困難な種。長野県木崎湖などにも定着している。

ほとんどの人が「ホタルの餌はカワニナ」と言うが、すべてのホタルがカワニナを食べる訳ではない。ここで知ってほしいのは、ほぼすべてのホタル幼虫は陸生だということである。幼虫が水生のゲンジやヘイケは、世界的に見ても特殊なホタルなのだ。カワニナ（川蜷）もその名の通り流れのある川に棲息する貝で、ゲンジが餌とする。しかし川に棲息するゲンジに対し、ヘイケは本来流れの緩やかな湿地に棲息し、餌もカワニナではなく主に湿地に棲息するモノアラガイ科（Lymnaeidae spp.）やヒラマキガイ科（Planorbidae spp.）、タニシ科（Viviparidae spp.）など静水性の貝類である。オタマジャクシや魚の死骸も食べる。もちろん、陸生のホタルは陸産巻貝類を食べる。このように、ホタルといっても種や生息環境により餌は異なっているのである。

ヘイケの放流の際にも餌としてカワニナの放流が見られるが（北海道新聞，2009）、ホタルを保全するために、餌のカワニナを撒けばよいというやり方の陰には傲慢さや奢りが感じられる。

現在カワニナ科（Pleuroceridae）は日本には 21 種が生息し、全国に分布するカワニナ亜属（*Semisulcospira*）3種と琵琶湖固有種のヤマトカワニナ亜属（＝ビワカワニナ亜属 *Biwamelania*）の16種が生息する（日本産カワニナ科図鑑 Web サイト）。しかし、どれもよく似ていて、種の判別（同定）が極めて難しい（**図6-7**）。全国に棲息するカワニナ亜属3種でも、カワニナとチリメンカワニナ（*Semisulcospira*（*Semisulcospira*）reiniana; Brot, 1874）の同定は難しい（**図6-6**）。

カワニナは地理的な形態変異も大きく、カワニナ、キタノカワニナ（*S. dolorosa*）、ハコネカワニナ（*S. trachea*）などに種が細分されていたが、染色体数および核型の再検討から、現在は同種内変異として扱われる（小林，1986）。しかし、水系ごとに亜種と言ってもよいくらいの遺伝的違いがあることがわかっている（尾庭，1990）。また、木村ほか（1996）は、足を動かす筋肉の遺伝子解析から、北陸3県でも四つの地域集団に分かれるという。チリメンカワニナにおいてもカワニナより遺伝的変異は少ないものの、地域による形態的差異や、また形態ではわからない生態的差異による種が隠れているおそれもある（尾庭，1990）。

図6-7　カワニナとよく似ていて区別が難しいカワニナ様の巻貝
(a)はコモチカワツボの成貝、(b)はほぼ同じサイズのチリメンカワニナの幼貝（ともに滋賀県守山市産）。
(c)はトウガタカワニナ（沖縄県宮古島市産）。南西諸島には自然分布する。
(d)、(e)はヌノメカワニナ（滋賀県守山市産）。熱帯魚用の水槽でもよく発生が確認される。（写真提供：中井克樹）

実際、岐阜市内では、ゲンジの幼虫の餌として琵琶湖固有種のカワニナを、岐阜市内17カ所に放流していたことがわかっている（杉山ほか, 2012；岐阜県立岐山高等学校生物部, 2013）。別の地域から持ち込まれたカワニナや別種の放流は、ホタルの放流同様、地域の遺伝集団を撹乱し生態系を破壊して、カワニナの進化や日本列島形成の解明の手がかりを消失させる（上島, 1997）。

さらに問題なのは、カワニナの稚貝に似た外来種コモチカワツボ（*Potamopyrgus antipodarum*；J. E. Gray, 1843）の放流がある。コモチカワツボはニュージーランド原産の4～5 mmほどの小さな巻貝である（**図6-7**）。雌雄異体で、有性生殖と無性生殖の個体があるが、大部分がメスの無性生殖個体で、1個体からでも増殖する（浦部, 2007）。現在、北海道～九州までの1府1道21県で見つかり（独立行政法人国立環境研究所侵入生物データベースWebサイト）､分布が拡散中だ。現在､滋賀県の「ふるさと滋賀の野生動植物との共生に関する条例」で指定外来種として飼育に届け出が求められており（滋賀県Webサイト）、国の「我が国の生態系等に被害を及ぼすおそれのある外来種リスト（生態系被害防止外来種リスト）」において、総合対策外来種（外来生物法に基づく特定外来生物には指定されていないが、すでに国内に定着が確認されており、総合的に対策が必要な外来種）に選定されている（環境省Webサイト）。

神奈川県環境科学センターの調査では、ゲンジの餌としてコモチカワツボを販売していた業者があったという（読売新聞, 2007）。カワニナの稚貝に似ており、小型であるため、ゲンジの若齢幼虫の代替飼料として重宝され、意図的に移植されている可能性がある。養殖魚類・貝類・水草等の移動に随伴して分散した可能性も高いが（浦部, 2007）、分布確認地点はホタルの名所として知られる場所も多く、ホタル放流の際、カワニナの代わりに餌として放流された可能性が高い。また、カワニナとは違う科に属するが形態のよく似たトウガタカワニナ（*Thiara winteri* Von Dem Busch, 1842）、奄美諸島以南原産のヌノメカワニナ（*Melanoides tuberculata* Müller, 1774）なども、国内外から持ち込まれて同様に放流されている可能性がある（**図6-7**）。

図 6-8　在来種マシジミ（左：兵庫県姫路市産）と外来種タイワンシジミ（右：滋賀県大津市産）（写真提供：中井克樹）
もともとマシジミは変異が大きく区別しきれず、セタシジミ以外の淡水棲シジミはマシジミとされてきたが、明らかにこれまで国外からしか知られていなかった、淡い黄褐色の地色に殻頂から殻の後縁部が茶色く染め分けられる「カネツケシジミ」のタイプが国内各地で見つかるようになり、カネツケシジミのタイプを含めて広義のタイワンシジミが、これまでのマシジミにはない表現型のシジミとして侵入・定着していると考えられている。ただ、マシジミとタイワンシジミの遺伝的区別が難しいうえ、国内のマシジミには遺伝的変異がほとんど見いだせないなど、マシジミ自体が古い時代の外来種である可能性もある。

他の外来貝類の放流では、ホタル保護活動に伴うタイワンシジミ（*Corbicula fluminea* O. F. Müller, 1774）（**図 6-8**）の分布拡大がある（西, 2005；安木, 2012）。神奈川県寒川町（さむかわまち）では、ホタルを復活させる目的で茅ヶ崎市からカワニナと共にタイワンシジミを採集し、旧目久尻川（めくじりがわ）などにホタル幼虫と共に放流していた例や、座間市ではカワニナと共に持ち込まれたタイワンシジミが生息し、この外来シジミを在来のマシジミ（*Corbicula leana* Prime, 1864）（**図 6-8**）と誤同定し、再放流するケースがあったという（園原・吉田, 2005）。実際、ネットで「ホタル　カワニナ　販売」などと検索すると、株式会社リバーファッション（サイト名：ホタルの光）、株式会社地球（サイト名：ホタル研究プロジェクトチーム）、ホタル屋さん、エトセトラアルファ、ホタルのささやき、など、たくさんの業者サイトがヒットする。

これらではゲンジやヘイケの販売だけでなく、カワニナやヒメタニシなどの貝類まで販売し、全国発送を行っている。様々な貝類がホタルの飼育セットと共に全国各地へ運ばれ、その中にはそれが元となって増殖され自然の中へ放流され、遺伝的多様性の撹乱や生物多様性の撹乱を引き起こす原因を作っている。

6.3 環境収容力と放流個体数の問題

二つ目に、環境収容力と放流個体数の問題が挙げられる。つまり、放流されるホタルや餌の巻貝の個体数が、その放流場所において適正な数かどうかという点である。

ネットの記事を見ると、例えば、高崎前橋経済新聞（2010）では「高崎の小学生が「カワニナ」1万匹を放流─高崎に戻れ、ホタル」、早良商工会Webサイト「豊かな自然に包まれた水と緑とホタルの里」では1996年と1998年に約1万匹放流を行っている。一宮平成ホタルの会Webサイト「これまでのあゆみ」では2004年に幼虫2万匹。2005年には1万匹の放流を行っている。山口ふるさと伝承総合センターWebサイト「ゲンジボタル飼育と放流の沿革」では、1987年から2007年まで少ない年で3500匹、多い年で3万9000匹、毎年1万数千匹のゲンジの放流を行っている。このような大量な放流行為が、その地域のホタル集団や、在来自然生態系にとって本当に良いことだろうか？

ホタルやその餌となる貝類は、生態系の中の食物連鎖において数のバランスを保っている。肉食性であるホタルは、生態ピラミッドの比較的上位

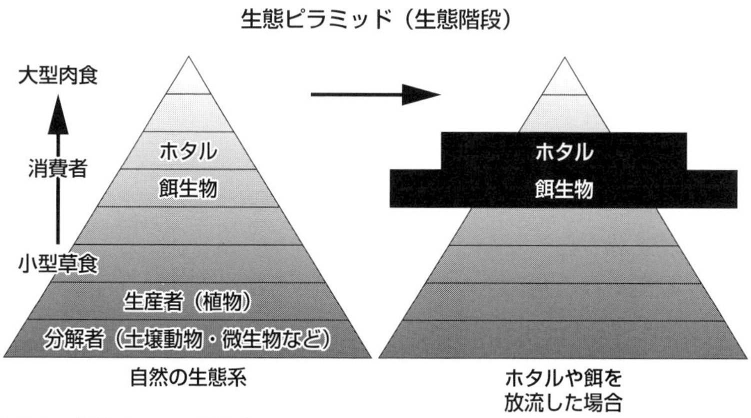

図6-9　生態ピラミッド模式図
左：自然の状態、右：ホタルや餌の貝類を放流した場合
自然状態では生態系上位の生物ほど個体数は少ない。ホタルや餌の巻貝を放流すると、生態ピラミッドは頭でっかちとなりバランスが崩れる。

を占める生物である（**図 6-9**）。自然の中に大量の、環境収容力を上回る過剰な幼虫を放流したら、カワニナなどの餌の巻貝の激減を招く恐れがある。では、餌の巻貝もたくさん撒けばよいのだろうか？　そうすれば、今度は巻貝が過密になる。

生物は過密になったとき、その集団は自らの密度を適正な状態に保つために数を減らす密度調節機構があることが知られている。餌をたくさん撒いたからといって、ホタルにとって都合が良くなる訳ではない（遊磨・後藤，2004）。ホタルや餌の貝類の過密状態は、ホタル以外の生物にとって生態系のバランスが崩れた異常環境を作り出している。

北海道旭川市周辺でも、現在わかっているだけで 20 地点以上ものヘイケ生息地がある（江口・斎藤，2002）。そのほとんどは丘陵地からの小沢や周辺の湿地である。人為的放流がない自然環境でヘイケが見られる場所でも、一度に見られる個体数は多くて数十個体であり、数千匹以上のホタルが乱舞するような場所は、本州より自然が残る北海道でも、釧路湿原や勇払(ゆうふつ)原野など、ごく限られた地域だけだ。人為的放流が行われている環境では、その膨大な放流数により、自然状態とは全くかけ離れた異常な生態系になっていると思われる。

6.4　様々なイメージアップに利用されるホタル

国土交通省や農林水産省などの政府機関（国土交通省，2010；農林水産省 Web サイト）、市町村など地方自治体、幼稚園小学校などの教育機関、ホタルの会などの環境保護団体、企業・ホテルや観光業者など、様々な団体が入り乱れて「ホタル事業」を行っている。

その目的も自然環境の保全、自然環境の復元、環境教育、水質向上などの河川美化、行政の予算獲得、開発行為の免罪符、まちおこしや観光資源、企業のイメージアップ、イベント・利益追求など、動機は様々である。事業が行われる環境も、もともとの自然の生息地、復元された自然環境、公園やホテルなどの庭園に設置された自然とはかけ離れた人工水路やビオトープ、屋外飼育など、こちらも様々である。

沼田町での外来種ゲンジを目玉商品にしたホタル祭りをはじめとした「まちおこし」や、庭園や露天風呂にホタルを放しイルミネーションとして利用するホテルや旅館など、「ホタル＝自然に優しい」というイメージを隠れ蓑に、「ホタルで人が集まり金が儲かればよい」という利益至上主義的発想が見え隠れする。また、工場敷地内や住宅地、分譲賃貸マンションなど、全く自然環境が喪失した場所でビオトープや人工水路などでホタルを放流し、自然環境に配慮する企業や町並みなどのイメージアップを図る地域もある。

ビオトープに名を借りた環境破壊もある。北見市常呂ではヘイケボタルが生息しない場所に幼虫を放流し、定着には水温が低いので川面を覆う樹木を伐採したと聞く（柳谷，私信）。旭川市西神楽ホタルの会と財団法人旭川市公園緑地協会では、西神楽公園内の自然の湿地を多自然型工法によりホタルのせせらぎ水路に改変、ホタル祭りに際し毎年数千匹のヘイケボタル放流を行うだけでなく、「会特製の幼虫大量飼育装置」で十数万匹を飼育し、恵庭、千歳、余市、新十津川、江別をはじめ道内各地にホタルの幼虫を提供して（国土交通省北海道開発局 Web サイト b）、北海道各地の地域個体群の遺伝的撹乱を助長している。

6.5　これからのホタルの保全に向けて

安易な飼育放流に共通するのは、ホタルだけでなく地域の生物相を見直す態度や、ホタルや生態系についての正しい知識を身に付ける努力が欠けていることだ。人工水路やビオトープをつくり、ホタルや巻貝さえ放流すれば自然環境は元に戻る、という考え方には奢りや傲慢さが見える。移植でホタルが光れば「環境保全」という発想は短絡的だ。ホタルは生態系の中の一つの構成要素にしか過ぎない。ほかの章でも述べられると思うが、餌付けや餌の放流をしたい人たちは、地域の生態系や他の生物を顧みず、ハクチョウやホタルのみを愛で、野生動物をペット扱いしていると言えるだろう。

旭川市の「突哨山と身近な自然を考える会」では、ホタルがわずかに生息していた乾燥化した湿地で、土嚢を積み少しだけ水かさを上げ湿地の環境を復元をした。最初この湿地でホタルを見つけた時はたった1、2匹が光っていただけだったが、十余年たった現在、数十匹のヘイケが乱舞するようになった。人間が余計な手を下さなくても、生息環境さえ整えることができれば、ホタルや貝の放流なしに自然の回復力で生物は復活するのだ。

ホタルなど生物を使い環境教育を行う際に重要なのは、放流ありきではなく、まず足下の生物相を調べることであり、もともと生息する生物の生息環境を保全することである。生態系の復元において、人間が手をかけることはわずかでよい。ホタルを使ったまちおこしはダメだと言っている訳ではない。自然に対して不遜にならず、謙虚であれということだ。ホタルだけでなく地域にもともと生息する生物に目を向け、それらが棲む足下の自然環境を大切にするべきということだ。ホタルや貝の放流については、すでに全国ホタルの会が指針（下記）を出しているので、充分に読んだうえで行動してほしい（全国ホタル研究会，2007）。

ホタル類等，生物集団の新規・追加移植および環境改変に関する指針

2007年6月30日

全国ホタル研究会

1. はじめに

さまざまな生き物が暮らす環境は，人の暮らしにも望ましいとの認識が定着している。このような世情の中，多くの種類の動植物の移植等が一層安易に行われている場合が少なくない。うち，生態系等に危害を及ぼす可能性の大きな外来生物に関しては，その移入・拡散を防止するために「特定外来生物による生態系等に係る被害の防止に関する法律」が平成16年に公布・施行されている。しかしながら，この外来生物法の枠組み以外の生物に関しては，生態系や地域の当該生物の遺伝子の構成等にどのような影響が及ぼされるか，あるいは移植等の事後にどのようなことが生じる恐れがあるのか，などの問題点が検討されないまま，環境教育あるいは環境保全等の名目により，生物移植が行われている事例も少なくない。このため本会においては，健全な環境および遺伝子集団の保全を担う立場から，少なくともホタル類に関連する事項について，生物集団の新規・追加移植および環境改変に関する指針を定めるものである。

2. 本指針の対象

ホタル類，およびカワニナ等のホタル類の餌となる生物類，ならびにそれら生物の生息場所

3. 本指針における具体的方針

3-1. ホタル類およびその餌生物等に関する事項

■ホタル類等の移植は，極力これを行わない。

〔解説〕ホタル類の幼虫は肉食性であり，生態系の食物連鎖における上位種であることから，餌生物群を激減させるなど，対象地域の生物群集の組成等に大きな影響を与える可能性がある。また，各生物の食性にかかわらず，生物集団の移植は対象地域の生物群集の組成等に影響を与える可能性がある。さらに，異質な集団の移植により，対象地域の集団の遺伝組成に重篤な影響を与える可能性がある。

■ホタル類およびその餌生物等の移植を行う場合は，下記の点を厳守し，移植計画を公表した上で実施し，事後の経過を公表する。なお移植は，移植後に自然定着することを前提とし，移植を行った後は少なくとも２年間は別途移植を行わずに経過を精査すべきである。

●追加移植の場合（当該種がある程度生息している場所へ新たな一群を加える場合），

1）移植する生物集団は，対象地域における当該種の既存集団より増殖したものを用いる。

2）対象地域における当該種の既存集団，および他の各種生物群に関する生態情報を収集し，とくに対象地域における当該種の適正個体数あるいは環境容量（当該種が住み得る最大個体数）を検討し，追加移植計画を立案する。

3）追加移植の後，当該種および他の各種生物群の個体数の動向をモニタリングする。

〔解説〕当該種が生息する場所へ新たな集団を加える場合，まず既存集団の遺伝的特性を保全するために，外部からの異質な遺伝集団の混入を避けなければならない。さらに，追加移植により餌や生息場所の不足が生じる可能性がある点も考慮しなければならない。

なお，移植計画とは，いつ，どのような質・量の集団を，どこへ，どのような理由から，どのようになるとの予想のもとに，誰の責任において移植し，その後どのようなモニタリングを行う予定なのかを明記するものである。

また，事前あるいは事後のモニタリングにおいては，当該種の個体数が降雨・気温等の気象条件に大きく左右されるばかりでなく，餌との量的関係（食う―食われる関係）などの要因にも起因することを考慮しておかね

ばならない。

●新規移植を行う場合（当該種が生息していない場所へ新たな一群を移植する場合），

1）移植する生物種は，下記の順番にて得た集団より増殖したものを用い，移植場所に移植群の由来を明示する。

(1) 対象地域と当該種の繁殖交流が可能な範囲より採取したもの【強く推奨】

(2) 対象地域のごく近隣より採取したもの【推奨】

(3) 対象地域と同じ水系（流域）内より採取したもの

(4) 対象地域と異なる水系（流域）より採取したもの【非推奨】

2）対象地域における各種生物群に関する生態情報を収集し，対象地域における当該種の生息環境，適正個体数あるいは環境容量（当該種が住み得る最大個体数）を検討し，新規移植計画を立案する。

3）新規移植の後，当該種および他の各種生物群の個体数の動向をモニタリングする。

〔解説〕当該種が生息していない場合，その場所の環境が当該種の生息に適していない可能性が高く，まずはこの点の改善を行うべきである（下記「ホタル類等の生息環境改変に関する事項」を参照）。

また，追加移植，新規移植かかわらず，カワニナ類等，外見上極似した近似種が多数いる場合は，種の確認を正確に行わなければならない。

●試験的移植ついて

事前調査が充分に行えない場合，あるいは調査結果が不明瞭であった場合などに，試験的に移植を試みる場合が考えられるが，その場合においても上記事項を遵守して行うべきである。

3-2. ホタル類等の生息環境改変に関する事項

ここには上記の生物集団移植以外の事項が含まれる。すなわち，例えば水域においては対象地域の水質を富栄養化・貧栄養化させたりする場合，樹木や草本などの植生条件を改変する場合（草刈時期の変更なども含む），河川岸や河床あるいは斜面地などの形状を改変する場合などである。

水生生物，陸上生物の場合にかかわらず，環境改変に際しては，対象地域のみならず，その周囲（あるいは上下流）への影響をも考慮し，広域的に地権や水利権，あるいは地域の各種条令・規制・事業等との整合性について充分な検討をしておかねばならない。

〔解説〕たとえば，カワニナ類のために野菜屑を河川等に付加することは，その場所と下流側を富栄養化することにつながる。また，対象地域の上流側にコイ等を放飼することも，その地域および周辺にさまざまな影響を与える可能性がある。

また，ホタル類にとって良いと考えられる改変は，対象地域のさまざまな環境や他の生物群に影響を及ぼす可能性があることも考慮しておくべきであり，その改変の趣旨ならびに必要性や影響性について関係者と充分な協議を要する。

4. 補記

上記の生物集団の移植等は，あくまで健全な環境の保全を目指すために行うためのボランティア活動によるものであり，有償による生物集団等の授受は本指針の趣旨に反する。

また，生物集団の移植あるいは環境改変を，環境保全活動あるいは環境教育等の事業の下に行う場合は，上記の事項について周知を計った上で行うべきである。

さらに，施設内等において飼育を行う場合も，上記の事項を念頭におき，飼育集団が野外へ散逸しないように周到な施設整備および管理を行うべきである。

加えて，過去に経歴不詳の生物集団を移植した場合は，一旦現存の当該種集団の駆除を行った上で，上記の事項に基づいて再生を目指すことが望まれる。

附記

2007 年 6 月 16 日　全国ホタル研究会総会において承認

2007 年 6 月 28 日　全国ホタル研究会役員会において修正案承認

（以上）

出典：全国ホタル研究会（2007）ホタル類等，生物集団の新規・追加移植および環境改変に関する指針.
http://www.geocities.jp/zenhoken/ZH_IshokuSisinAn2007v3-2.pdf
より転載。

引用文献

中国新聞（2013）ホタル復活へ幼虫 6000 匹放流．2013/11/12 掲載.
http://www1.chugoku-np.co.jp/News/Tn201311120162.html

独立行政法人国立環境研究所侵入生物データベース Web サイト.
http://www.nies.go.jp/biodiversity/invasive/DB/detail/70260.html

江口健二・斎藤和範（2002）旭川市及び近郊に生息するヘイケボタルの分布とホタルをめぐる諸問題．旭川市博物館だより みゅじあむ **17**：4-5.

岐阜県立岐山高等学校生物部（2013）第 15 回日本水大賞審査部会特別賞 カワニナを通して考える地域の生態系～ひとつふたつなどほのかにうちひかりて行くもをかし～.
http://www.japanriver.or.jp/taisyo/oubo_jyusyou/jyusyou_katudou/no15/no15_

pdf/gizan_hs.pdf
後藤好正（1988）ホタルの移動と地域固有性について．昆虫と自然 **33**（7）：26-30.
北海道新聞（2009）卯原内川にヘイケボタルの幼虫を放流．2009/6/17 掲載.
北國新聞（2012）ホタル舞う湯涌に 金沢、住民らがカワニナ放流．2012/10/23 掲載.
http://www.hokkoku.co.jp/subpage/H20121023104.htm
一宮平成ホタルの会 Web サイト．これまでのあゆみ.
http://www.hotaru138.com/information/activities.php
石垣経済新聞（2012）石垣島で自然が織り成すエレクトリカルパレード—ホタル．2012/04/20 掲載.
http://ishigaki.keizai.biz/headline/903/
木村正雄・酒井田　誠・佐野晶子（1996）中部地方のカワニナ集団における遺伝的変異性．岐阜大学農研報 **61**：1-7.
小林敬典（1986）日本産カワニナ属 4 種の核型．貝類学雑誌 **45**（2）：127-137.
国土交通省北海道開発局 Web サイト a.
http://www.hkd.mlit.go.jp/zigyoka/z_nogyo/wagamura/contest/04/dantai/028.html
国土交通省北海道開発局 Web サイト b.
http://www.hkd.mlit.go.jp/zigyoka/z_nogyo/wagamura/contest/01/scene/k_15/
国土交通省（2010）都市の緑地等における生物多様性保全の取組事例．都市における生物多様性保全の推進に関する基礎調査報告書.
釧路新聞（2006）ホタル観察会 釧路町達古武オートキャンプ場木道 NPO 法人トラストサルン釧路．2006/08/04 掲載.
http://www.news-kushiro.jp/ibent/ibent.cgi?id=20060804083338
宮下　衛（1995）ホタルと自然保護．全国ホタル研究会誌 **28**：39-43.
NHK 北海道クローズアップ a（2013）新たな脅威“国内外来種”（2）国内外来種で地域づくり．2013 年 8 月 30 日放送.
http://cgi4.nhk.or.jp/eco-channel/jp/movie/play.cgi?did=D0013772660_00000（2016 年 7 月 20 日確認）
NHK 北海道クローズアップ b（2013）新たな脅威“国内外来種”（1）外来種の生態系への影響．2013 年 8 月 30 日放送.
http://cgi4.nhk.or.jp/eco-channel/jp/movie/play.cgi?did=D0013772659_00000（2016 年 7 月 20 日確認）
日本ホタルの会（2005）北海道で放流されているゲンジボタルとその問題．ホタルのニュースレター **33**.
日本ホタルの会 Web サイト．日本産ホタル科全図鑑．日本産ホタル科の全リスト.
http://www.nihon-hotaru.com/Question/zukan.html
日本経済新聞（2013）蛍で町おこしピンチ　北海道、ゲンジボタル規制対象に？．2013/8/15 掲載.

http://www.nikkei.com/article/DGXNASDG1501D_V10C13A8CR0000/
日本産カワニナ科図鑑 Web サイト.
https://www.tansuigyo.net/a_biwae/
西　栄二郎（2005）多摩川中流域におけるタイワンシジミの分布．神奈川自然誌資料 **26**：109-110.
農林水産省 Web サイト．生きものに配慮した生産基盤整備によるホタル保全．トピックス～環境問題と食料・農業・農村～（5）環境保全に向けた農村分野での取組.
http://www.maff.go.jp/j/wpaper/w_maff/h22_h/trend/part1/topics/t5_01.html
Ohba, N.（1983）Studies on the communication system of Japanese fireflies. *Sci. Rept. Yokosuka. City mus.* **30**：1-62, pls. 1-6.
Ohba, N.（1984）Synchronous flashing in the Japanese firefry *Lociola cruciatal* (Coleoptera: Lampyridae). *Sci. Rept. Yokosuka City Mus.* **32**：23-32.
大場信義（1986）『ホタルのコミュニケーション』．東海大学出版会.
大場信義（1988）『ゲンジボタル』．文一総合出版.
大場信義（1991）ゲンジボタルの遺伝子東西で異なる．遺伝 **45**（10）：8-9.
大場信義（2002）ゲンジボタルの外部形態と発光パターンの地理的変異．全国ホタル研究会誌 **35**：19-22.
尾庭きよ子（1990）貝類における地域集団の遺伝的分化と種分化．東北大学博士論文.
http://ir.library.tohoku.ac.jp/re/bitstream/10097/17036/1/A2H020399.pdf
琉球新報（2013）ホタル、幻想的な光 大宜味村喜如嘉．2013/05/21 掲載.
http://ryukyushimpo.jp/news/storyid-206878-storytopic-5.html
佐賀新聞（2012）ホタルの幼虫 1 万 2000 匹を放流 鹿島市の古枝小．2012/06/30 掲載.
http://www.saga-s.co.jp/news/saga.0.2236499.article.html
早良商工会 Web サイト．豊かな自然に包まれた水と緑とホタルの里.
http://www.sawara-sci.com
滋賀県 Web サイト「ふるさと滋賀の野生動植物との共生に関する条例」に基づく「指定希少野生動植物種」および「指定外来種」の追加指定に関する答申について.
http://www.pref.shiga.lg.jp/d/shizenkankyo/kyoseijourei.html#kisyo_gairai
四国新聞（2013）元気に育って 園児ら土器川にホタル幼虫放流．2013/02/17 掲載.
http://www.shikoku-np.co.jp/kagawa_news/locality/20130217000131
園原哲司・吉田直史（2005）相模川水系におけるタイワンシジミの出現状況と神奈川県内のマシジミの生息状況．神奈川自然誌資料 **26**：103-108.
杉山高大・長野紗弓・神谷恭司（2012）カワニナを通して考える地域の生態系．日本動物学会第 83 回大阪大会．高校生によるポスター要旨.
鈴木浩文・佐藤安志・大場信義（2000）ミトコンドリア DNA からみたゲンジボタル集団の遺伝的な変異と分化．全国ほたる研究会誌 **33**：30-34.
鈴木浩文・東京ホタル会議（2001）ホタルの保護・復元における移植の三原則―東京都におけるゲンジボタルの遺伝子調査の結果を踏まえて―．第 34 回全国ホタル研究

会誌 **34**：5-9.
鈴木浩文（2004）ホタルの系統と進化―ミトコンドリアDNAからのアプローチ―．昆虫と自然 **39**（8）：14-18.
高崎前橋経済新聞（2010）高崎の小学生が「カワニナ」1万匹を放流―高崎に戻れ、ホタル．2010/05/12掲載．
http://takasaki.keizai.biz/headline/1128/
武部　寛・吉川貴浩・井出幸介・窪田康男・草桶秀夫（2000）遺伝子から見たゲンジボタルの地理的分布．全国ホタル研究会誌 **33**：27-29.
寺島　彰（1980）ブルーギル（川那部浩哉・水野信彦 編）『日本の淡水生物』，東海大学出版会，pp.63-70.
東京にそだつホタルWebサイト．ホタル百科事典．ホタルの保護5-3.
http://www.tokyo-hotaru.com/jiten/example.html
苫小牧民報(2009)厚真こっちの水は甘いぞ　歌ってホタルの幼虫放流．2009/06/20掲載．
http://www.tomamin.co.jp/2009s/s09062001.html
上島　励（1997）カワニナについて．インセクタリゥム **34**（5）:19-23, 東京動物園協会.
浦部美佐子（2007）本邦におけるコモチカワツボの現状と課題．陸水学雑誌 **68**：491-496.
わかやま新報（2013）粉河の児童ら、地元の川にホタルの幼虫放流．2013/05/15掲載．
http://www.wakayamashimpo.co.jp/2013/05/20130515_25424.html
山形新聞（2013）寒河江市醍醐小児童がホタルの幼虫を放流「成長楽しみ」．2013/05/15掲載．
http://www.yamagata-np.jp/news/201305/15/kj_2013051500317.php
山口ふるさと伝承総合センターWebサイト．ゲンジボタル飼育と放流の沿革．
http://y-densho.sblo.jp/category/1899865-2.html
安木新一郎(2012)京都府木津川市における淡水性シジミの分布．国際研究論叢 **25**(3)：235-238.
読売新聞(2007)外来巻貝増殖ホタル復活の副産物神奈川県で確認在来種カワニナ駆逐．2007/02/06掲載．
http://www.k-erc.pref.kanagawa.jp/center/shinbun/20070206yomiuricolor.pdf
吉川貴浩・井出幸介・窪田康男・草桶秀夫（2001）遺伝子から見たヘイケボタルの遺伝的集団．全国ホタル研究会誌 **34**：20-22.
遊磨正秀・後藤好正（2004）ホタル放流のアセスメントへ向けて．全国ホタル研究会誌 **37**：13-16.
全国ホタル研究会（2007）ホタル類等，生物集団の新規・追加移植および環境改変に関する指針．
http://www.geocities.jp/zenhoken/ZH_IshokuSisinAn2007v3-2.pdf
全国ホタル研究会編集委員会(2008)滋賀県でもコモチカワツボ(紹介)．ホタル情報館．ホタル情報交換 **30**：23.

第Ⅲ部

餌付けによる疾病リスク

第7章

キタキツネの餌付けとエキノコックス症発生リスク

塚田英晴

7.1　はじめに

北海道へ旅行に出かけて、こんな経験をしたことがないだろうか？　道路脇にキタキツネの姿を見かけ、写真を撮ろうとして車を止めた。すると、キタキツネのほうから近づいてくる。良い写真を撮ろうと思い、持っていた菓子を与えると食べてくれた。これ幸いに、画面いっぱいのキタキツネの姿を写真に撮った。ちょうど良い旅の記念となった……。

道路に出没するキタキツネの姿は、北海道各地で目にすることができる（**図 7-1**）。「観光ギツネ」とか「おねだりギツネ」などと呼ばれている。こうした観光ギツネへの給餌は、多くの観光客にとって偶発的なものだろう。「餌付け」と言えるほど意図的ではなく、たまたまキタキツネを道路

図 7-1　観光ギツネと記念写真を撮る観光客

で見かけたので、つい餌を与えてしまった程度の行為だろう。観光客は自分のした行為がもたらす帰結など、気にもとめていないに違いない。しかし、たとえ偶発的な給餌でも、キタキツネ自身や我々にとって全く影響なしに済まされるわけではない。

では、どのような影響が及び、いかなる問題が発生すると考えられるのだろうか？　本章では､こうした問いに対する筆者なりの考えを提示する。北海道で観光ギツネに出会ったとき、読者の皆さんが彼らとどう接するべきか、考える手がかりにしてほしい。

7.2　キタキツネの餌付けの全道分布

まずはじめに、キタキツネの餌付けが北海道でどれほど一般的なのかを眺めてみよう。若干古いデータになるが、研究室の後輩の渡辺圭君がまとめたアンケート調査の結果を紹介する（渡辺, 1996）。この調査は、島嶼部を除く全道204市町村の役場(市町村合併により現在では全179市町村)、旅館、民宿（計546件）を対象に、1994～1995年に実施された。キタキツネの餌付けの有無とその年代、さらに、人馴れしたキタキツネの目撃有無と出没年代について質問している。369件（67.6%）から回答が得られ、キタキツネの餌付けは全支庁、77市町村で確認された（**図7-2**）。十勝、桧山（ひやま）、空知（そらち）支庁で空白が目立つものの、キタキツネの餌付けはほぼ全道的な現象であった。

餌付けを初めて確認した年代を見てみると､1970年代まではニセコ町、登別（のぼりべつ）市、歌志内（うたしない）市、名寄（なよろ）市、斜里（しゃり）町、中標津（なかしべつ）町などの一部の地域に限られていた。しかし、1980年代以降に急増し、1990年代に入ると、ほぼ全道に広がった。また、餌付けの拡大と呼応する形で、人馴れしたキタキツネを確認した市町村も80年代以降に増大していた。すなわち、現在のような全道的なキタキツネの餌付けは、さほど昔からのものではなく、最近30～40年あまりの間に一般的になった現象であった。さらに、餌付けと同時に人馴れしたキタキツネも全道に広がっていったと考えられる。

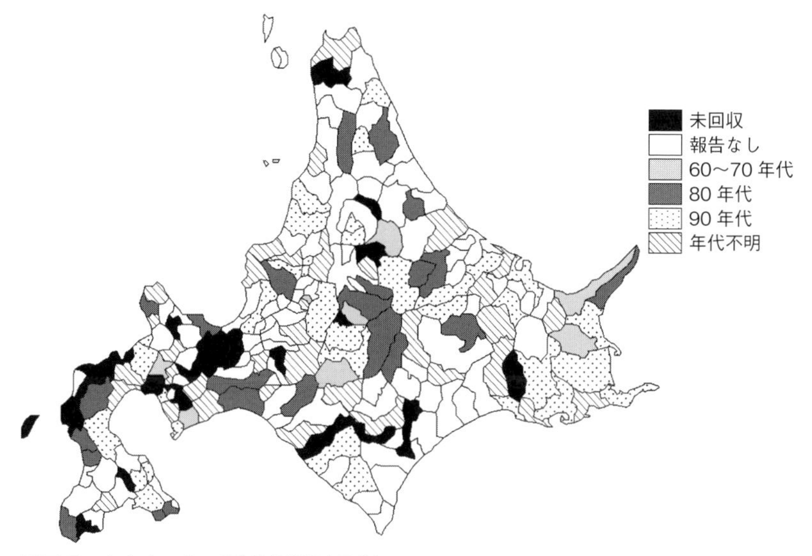

図 7-2 キタキツネの餌付け確認市町村
渡辺（1996）を改変。

7.3 餌付けが観光ギツネに及ぼす影響

こうした餌付けは、キタキツネの生活にどのような変化をもたらしたのだろうか？　こちらも少々古いデータになるが、筆者が知床国立公園で行った一連の研究結果を紹介しよう（塚田，2000）。まずは、キタキツネの行動域に及ぼす影響から。数頭の観光ギツネに電波発信機を装着し、その行動を 1993 ～ 1994 年にかけて追跡した。その結果、観光客の動向がキタキツネの行動パターンにも大きく影響することが明らかとなった。キタキツネは通常、“なわばり”と呼ばれる排他的な行動域の中で暮らしているが、観光ギツネたちはこうしたなわばりを離れて観光客からの餌をもらいに出かけていたのである。

図 7-3 に示したのは、そんな観光ギツネの行動の一例である。知床国立公園の斜里側は、海岸に沿って伸びる道路が 1 本しかなく、冬期には積雪のために閉鎖される。そのため、観光客の移動範囲も、道路の閉鎖状況に大きく影響される。4 月下旬～ 5 月上旬、道路の閉鎖が解除されるが、

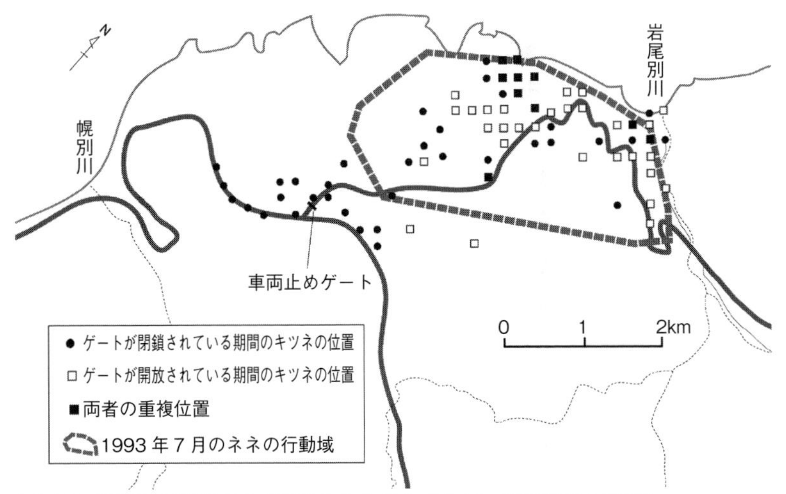

図 7-3　道路閉鎖前後での成獣雌キタキツネ（ネネ）の行動範囲の変化
塚田（2000）を改変。

その前後で、キタキツネの行動範囲は大きく変化した。道路が閉鎖されていた時期、キタキツネは車両止めゲートの南西側、すなわち観光客が自由に出入りできる道路周辺を利用していた（**図 7-3** の●地点）。日中には道路に出没して、観光客から給餌されることがたびたび確認された。しかし、閉鎖が解除されて観光客が自由に出入りできるようになると、キタキツネの行動範囲は点線で囲まれた7月の行動域内、すなわち自分のなわばりにおさまるように変化した（**図 7-3** の□の地点）。

なわばりを離れることは、キタキツネにとって他のキタキツネのなわばりを侵犯する行為を意味する。当然、侵犯されたなわばりの主が黙っていないので、こうした行動は、あったとしても比較的希な行動だと考えられてきた。しかし、知床の観光ギツネは、こうした常識を裏切るような行動を示したと言える。

観光ギツネはさらにこれ以上、大きくなわばりから離れる“市街地への遠征”といった行動も示した。“市街地への遠征”とはこんな行動である。夏にはそれぞれなわばりを持って暮らしていたキタキツネたちが、道路が

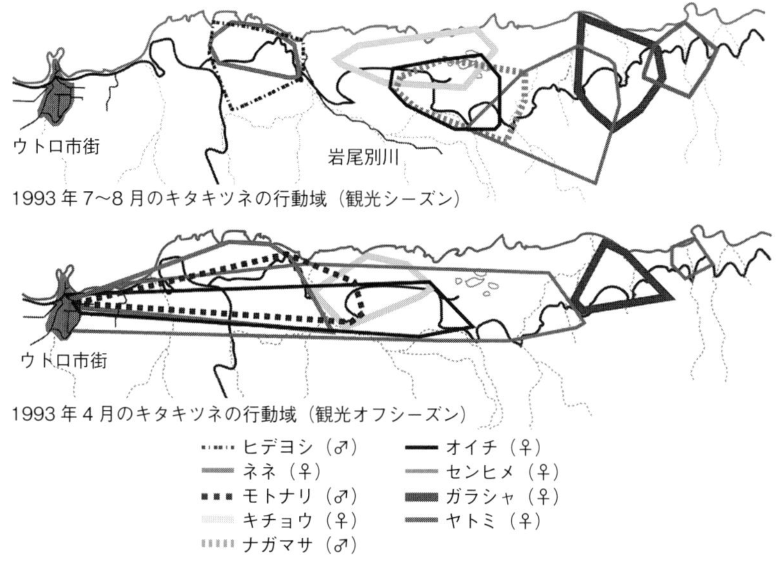

図 7-4　観光オフシーズンに市街地へ遠征するキタキツネ
図中の実線はメスの行動域を、破線はオスの行動域を示す。
塚田（2000）を改変。

閉鎖されて観光客が訪れない冬になると、自分のなわばりを離れて数 km 離れたウトロの市街地までやってくる。そして、数日後に自分のなわばりに戻っていくといった行動である（**図 7-4**）。

これらのキタキツネが市街地で何をしていたのか、詳細は明らかでないが、一部のキタキツネはホテルの玄関先で観光客や従業員からの給餌を待つといった行動が観察された。また別のキタキツネでは、人間の残飯をあさる行動が観察された。このように、観光ギツネは、観光客からの餌が利用できる地域の時空間的な変化に対応して、行動範囲を柔軟に調整させていたと考えられた。

次に、キタキツネの食性に及ぼす餌付けの影響についても見てみよう。観光ギツネのなわばりを横断する道路沿いで糞を採集し、その内容物を分析した。その結果、ネズミ類、昆虫類、果実類といった自然界で得られるものがキタキツネの食べ物の大半を占めていた（**図 7-5**）。一方、観光客由来の人為物は、出現頻度で 10.4%、乾重量で 4.3%ほどの割合しかなく、

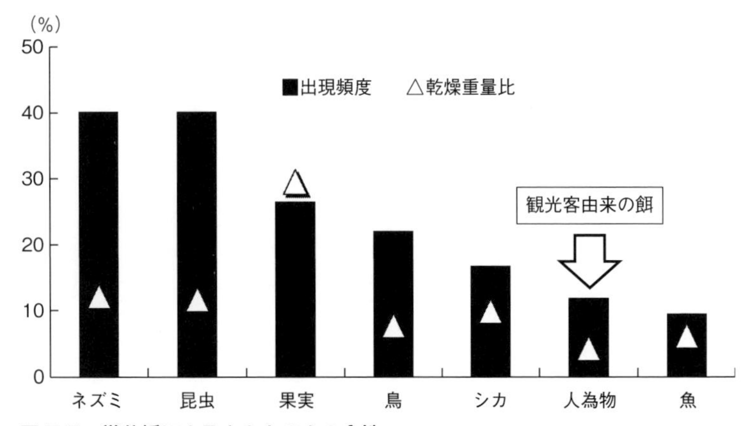

図 7-5 糞分析によるキタキツネの食性
全 736 個の糞分析結果による。塚田(2000)を改変。

食性全体から見た人為物への依存度は高くなかった。

さらに、観光ギツネの最大の特徴とも言える“餌ねだり行動”、すなわち日中に道路に出没して観光客からの給餌を待つ行動についても見てみよう。はじめに、個体ごとの“人馴れ”の程度をどこまで近づくと逃げ出すかを基準に得点化し、個体ごとの餌ねだり行動の頻度との対応関係について調べてみた。その結果、“人馴れ”の進んだ(近づいてもなかなか逃げない)個体がより高頻度で餌ねだりをしていたことが、餌ねだり行動の頻度が高かった6月については明らかとなった。ここまでは、まあ、誰もが「なるほど」と納得のいく結果だろう。

続いて、餌ねだり行動の季節変化についても調べてみた。1993 ~ 1994 年の観光シーズン(6 ~ 10 月)に、観光客をまねて公園内の縦断道路を車で毎月 12 往復し、道路に出没している観光ギツネの頭数とすれ違う観光客の車の台数を数えて月ごとに比較した。その結果、観光客の車の台数が 8 月にピークとなったのに対し、餌ねだり行動の発生頻度は、シーズン初めの 6 月以降、観光シーズンの終わりまで一貫して減少する傾向を示した(**図 7-6**)。キタキツネの餌ねだり行動は、観光客の餌がより簡単に、しかもたくさん得られる時期に合わせて行われているわけではなかった。つまり、観光客数とは明らかに異なる、“キタキツネの都合”によって、

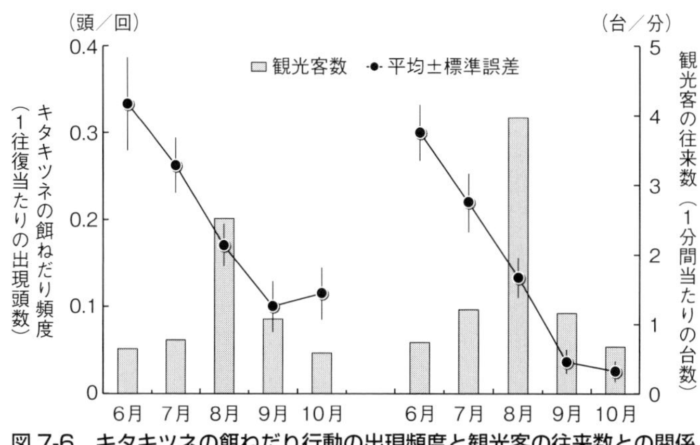

図 7-6　キタキツネの餌ねだり行動の出現頻度と観光客の往来数との関係
塚田（2000）を改変。

こうした特徴的な月変動を示したのだと言える。

では、どういった“キタキツネの都合”が考えられるのか？　キタキツネの食性全体の傾向を思い出せば理解しやすいだろう。キタキツネにとっては、ネズミ類、昆虫類、果実類といった自然界で得られる餌が重要であった。自然界の餌資源の量や利用のしやすさは季節的に変動し、特に冬期から春先を中心に量的に不足する傾向にある。そのため、こうした餌不足を補うために、キタキツネは“餌ねだり行動”や、“市街地への遠征”をしていたと考えられる。逆に観光シーズンが進むにつれて、昆虫や果実といった自然界の餌が豊富に利用できるようになり、わざわざ“餌ねだり行動”をする必要性が薄れていったのだろう。

以上見てきたように、観光客による餌付けは、“観光ギツネ”という、野性味あふれるキタキツネとは一線を画す“人馴れ”したキタキツネを増やすことに貢献したと考えられる。そして、餌付けにより、観光ギツネの行動は、観光客からの餌を含め人為的な餌資源を利用するために柔軟に変化したが、そうした餌資源への依存自体は、さほど高くはなかった。しかし、人為的な餌資源への依存度が高くなくても、人為的な餌資源をキタキツネが積極的に利用するという形で餌付けが影響していたことについては注目する必要がある。この点について、さらに詳しく見てみることにしよう。

7.4　キタキツネとエキノコックス症

北海道に生息するキタキツネは、本州に生息するホンドギツネとは大きく異なる特徴を持っている。その特徴とは、“エキノコックス症を媒介するおそれがある”といった点である。エキノコックス症とは、多包条虫という寄生虫が人体に寄生することで発症する病気で、キタキツネの糞といっしょに野外に排出された多包条虫の卵を人間が経口摂取することで感染する。感染ルートの詳細は不明だが、虫卵で汚染された生水や生の食べ物を摂取することで感染すると考えられている。感染から発症までに5～10年ほどかかるため、感染経路の特定は困難である。主に肝臓に寄生し、肝臓内で増大することにより、各種肝機能障害を引き起こす。無処置の場合、致死率は10年で90%以上と極めて高く、根治には外科的切除が必要である。がんと同様に早期治療と予防が重要な病気である。

多包条虫は成虫と幼虫で寄生する動物種が異なり、成虫は主にキタキツネに、幼虫はタイリクヤチネズミなどの野ネズミに寄生する。多包条虫に感染した野ネズミをキタキツネが捕食する、食う—食われる関係を通じて、この寄生虫の一生が初めて完結する。日本では、多包条虫は北海道のみに分布する。

エキノコックス症の患者は1999～2011年までに北海道で196名、全国で206名、累積で報告されている（2003-2011年：「IDWR感染症週報」および1999-2002年：「北海道感染情報センター」による）。北海道では、平均すると毎年14名程度の新規患者が確認されている。また、北海道により実施されたエキノコックス症媒介動物疫学調査によれば、2010年度のキタキツネの多包条虫感染率は21.9%（389頭剖検）、過去10年間で見ると37.3%（3455頭剖検）である。およそ4割程度のキタキツネが多包条虫に感染していると言えるだろう（**図7-7**）。

以上のようなキタキツネの特徴を考慮すると、観光地でのキタキツネの餌付けは、多包条虫に感染したキタキツネの糞で観光地を汚染する行為と

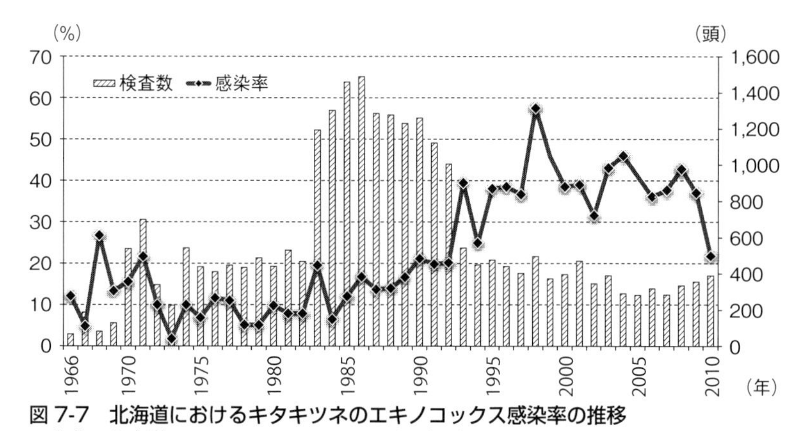

図 7-7　北海道におけるキタキツネのエキノコックス感染率の推移
出典：北海道におけるエキノコックス症の経緯
http://www.pref.hokkaido.lg.jp/NR/rdonlyres/D1DBF766-4DF0-47C9-9988-7CBFEB74C1F2/0/H21ekisenmonsiryou1.pdf
および「食品・生活衛生行政概要」平成 21 年度、平成 22 年度（北海道）

言えるだろう。さらに、これまで述べてきた餌付けがキタキツネに及ぼす影響を重ね合わせると、観光地近隣の人間の居住地へ多包条虫に感染したキタキツネを引き寄せる行為とも言える。すなわち、観光客によるキタキツネの餌付けは、多包条虫に感染したキタキツネやその生息環境との接触を通じて、観光客自身がエキノコックス症に感染する危険性を高めるだけでなく、人馴れしたキタキツネを増やすことで、地元住民がエキノコックス症に感染する危険性をも高める行為とみなすことができる。こうした点から、観光客によるキタキツネの餌付けは、自分および他人の健康に害を及ぼす危険性のある行為であり、無配慮に行うべきものではないと言えるだろう。

7.5　都市ギツネ―餌付け問題の新局面

キタキツネの餌付けをめぐる問題は、近年、新たな段階を迎えつつある。というのも、“観光ギツネ”ならぬ“都市ギツネ”と呼ばれるキツネ達が、無視できない存在となってきたからである。都市ギツネとは、市街地に生息するキツネのことである。札幌市では、1980 年代後半から、市街地の

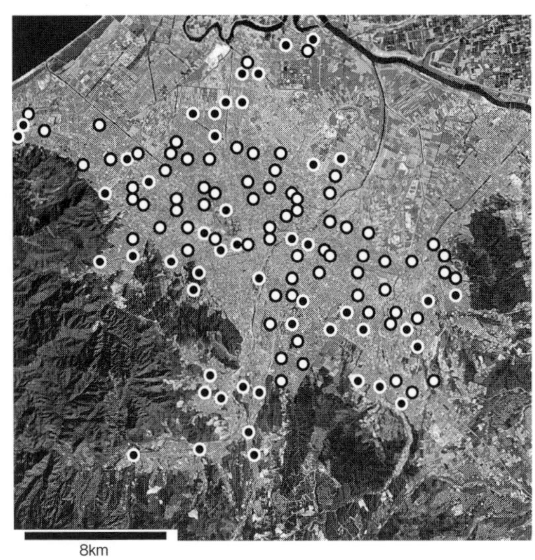

図 7-8　札幌市の市街地においてキタキツネの足跡が確認された公園緑地の分布
Tsukada *et al.*（2000）改変。

中心地域でキタキツネの姿を見かけるようになり、1990年代後半には、市街地全域に分布する130カ所の公園緑地の4割弱（38.5%）でキタキツネの生息が確認されるようになった（**図 7-8**）。その後、疥癬症（ヒゼンダニが寄生して発症する皮膚疾患で、重症化すれば死に至る）の発生により、市街地に生息するキタキツネは一時的に減少したと考えられたが（浦口，2008）、2012年現在、交通事故死体数や苦情件数は1990年代後半の水準に回復しつつある（札幌市保健福祉局保健所食の安全推進課食品保健係の資料による）。都市ギツネは、確実に増えているのである。

これら都市ギツネの食性を調べるため、1998年に北海道立衛生研究所の浦口宏二さんといっしょに市街地で交通事故死した75頭のキタキツネの胃内容を分析した。その結果、残飯が餌品目全体の実に37%を占めることが明らかとなった（浦口・高橋，1999）。この割合は、餌ねだりをしていた知床のキタキツネと比べてかなり高く（**図 7-5** 参照）、人間由来の餌に大きく依存した生活を送っていることがうかがわれた。さらに、1997年に市街地で確認した19カ所のキタキツネの巣穴から拾った糞を分析したところ、11 カ所（57.9%）で多包条虫の感染が確認された（Tsukada *et al.,* 2000）。すなわち、都市ギツネは、餌の面では観光ギツネ以上に人間に依存し、平均以上の高い割合で多包条虫に感染し、都市住民と同所的に生活していたと言える。

このような都市ギツネの存在は、餌付けをめぐるキタキツネの問題をさらに複雑なものにしているようだ。というのも、こうした市街地では、観光客のようないわば“部外者”が、エキノコックス症に関する知識を持たずに無邪気に餌付けを行っているのとは状況が異なり、むしろエキノコックス症に関する知識をある程度持った住民自身によって、意識的にキタキツネへの餌付けが行われていることのほうが多いと考えられるからである。またその一方で、自分の住居の近くにキタキツネが近づいたり、場合によっては営巣したりすることを快く思わない住民も存在し、実際、そうした不満の多くは、保健所に寄せられる苦情件数に反映されている。

ところで、居住地で餌付けをする行為そのものは、その行為者や地域住民にどのように受け止められているのだろうか？　札幌市の中心から 8 km ほど南下した、真駒内柏丘（まこまないかしわおか）地区での事例をもとに考えてみよう。ここでも、先述した渡辺君の研究成果を紹介する。渡辺（1996）は、この地区の住民が野生動物に対してどのような態度を示し、エキノコックス症やキタキツネの餌付けをどのように受け止めているかを調べるため、無作為抽出した 200 件の戸建て家屋の住民を対象にアンケート調査を実施した。その結果、108 件（54%）から回答が得られ、回答者全員が、同地区にキタキツネが生息していることを知っていた。キタキツネに対しては、エキノコックス症を心配する回答が最も多く、餌付けに対しては全般的に否定的な態度を示した。

一方で興味深いことに、エキノコックス症を心配する回答と、キタキツネや野生動物一般に対する態度や価値とは独立した関係にあった。つまり、エキノコックス症を心配しても、キタキツネが嫌いになるといった傾向は認められなかったのである。この結果から、エキノコックス症に関する知識は、キタキツネそのものに対する人々の態度や働きかけには、さほど影響を与えないことがうかがわれた。

7.6 餌付けをする人たちの特徴

こうしたエキノコックス症に関する知識と実際の餌付け行動との関係について、さらに興味深い結果が得られている（渡邊・塚田, 1995）。知床国立公園に訪れた観光バスの添乗員および乗務員に対してアンケート調査を実施したところ、実際のキタキツネへの給餌の有無とエキノコックス症に関する知識の有無（すなわち、病気の説明を行ったか否か）との間に関連性は認められなかった。キタキツネへの給餌の有無との間で関連性が認められたのは、“餌をやらない”ように直接注意した場合だけであった。また、知床国立公園で実際に観光客による給餌を観察したところ、車両ナンバーから道外から来たと判断された観光客では、手渡しでの給餌の割合が道内からの観光客と比べて統計的に有意に高く（39.8%, n = 80）、逆に道内からの観光客の多くは、手渡しではなく車の中から餌を投げ与える割合が高かった（88.6%, n = 35）。つまり、エキノコックス症の知識は、餌付けをするかしないかではなく、給餌方法の違い（自分が病気に感染するリスクを避ける方法）に影響していたことがうかがわれた。

そもそも、キタキツネの餌付け行為はどのような考え、もしくは態度を持った人によって行われていたのだろうか？ 札幌市真駒内での聞き取り調査からは、地域住民のほとんどが餌付けに否定的な態度である中で、餌付けを行っている一部の人たちが、本人たちにとって不遇に映るキタキツネや、（同所的に現れる）タヌキの「世話」のために周囲から批判を受けてでも餌付けを続ける強い意思がうかがわれた。一方、知床国立公園を訪れた観光客では、給餌をしていた人に認められる特徴として、女性や家族連れが多い傾向が見られ、さらに野生動物に対する態度としては、種としてではなく個体として動物をとらえる傾向、およびキタキツネに好ましいイメージを持っている傾向が認められた（無作為抽出した599人を対象とする質問紙調査による）。逆に、給餌をしなかった人に認められる特徴としては、動物に対する嫌悪感、生態学的態度、野生動物としてキタキツネをとらえる態度などを持つ傾向が認められた。つまり、同じ目の前にいるキタキツネに対しても、給餌をする人としない人では、前者は個体ととらえ、後者は野生動物の種としてとらえるといった、同じ動物のとらえ方自体が異なっているようなのである。

こうした態度が個人の中でどのように形成されてきたかについては明らかではない。しかし、少なくともキタキツネに餌付けをしてしまう人々の特徴や社会的背景をきちんと把握し、こうした人々に届くメッセージを丁寧につくり上げない限り、餌付けを行う人たちの行動を変えることはなかなか難しいだろう。例えば、観光客には直接手渡しで餌を与えることの危険性を伝え、その一方で、エキノコックス症の知識を持ち手渡しでは給餌をしない人々には、車の中から餌を投げ与える行為でも間接的にエキノコックス症に感染するリスクを高めていることを理解してもらうなど、餌付けを行う人々の様々な違いに応じた意識改革を行い、きめ細かに対応していく必要があると思われる。こうしたケースバイケースの対策をとらずに、ただ闇雲にエキノコックス症の知識を普及し、餌付けの問題を声高に主張したとしても、徒労に終わることが予想される。

7.7 キタキツネの餌付けがなぜ問題か？

最後に、キタキツネの餌付けがなぜ問題なのか、もう一度振り返ってみよう。そもそもキタキツネは野生動物であり、人間に依存しなくても自活可能である。そのため、本来のキタキツネは、人間とは距離をおいて生息していたはずである。もちろん、キツネは古くから里山の動物としても認知されており、人間の生活圏とある程度重複しながら生息する動物だったことも事実だろう。

一方、最近30～40年あまりの間に急速に広まったと考えられるのが、観光客による給餌といった新たな接触形態である。餌ねだり行動をはじめとした人間由来の餌を積極的に利用する行動様式も、キタキツネの間で同時に拡大していったと考えられる。その結果、キタキツネと人間の生活圏は、都市ギツネに代表されるように、昔と比べて大幅に重複するようになった。それと同時に、多包条虫に感染したキツネと人間とが、生活空間の共有を通じて、間接的に接触する確率も増加してきたと想像される。

すなわち、キタキツネの餌付けは、人間と生活圏を重複するキタキツネの割合を増やし、結果として、エキノコックス症の感染リスクを高める危険性がある行為と言えるだろう。こうした問題があるため、キタキツネの餌付けは、個人的享楽としての価値があるとはいえ、無制限に認められるものではない。むしろ、制限されるべき行為であるだろう。これはいわば、喫煙が、他人の健康を害する危険性があるので、その自由を個々人には認めつつも一定の制限が加えられるべきものと判断されるのと同じ論理である。

さらに餌付けの問題はエキノコックス症だけにとどまらず、交通事故のリスクも高めてしまう。私が知床国立公園で観光ギツネの研究をしていた当時から、道路上に出没する観光ギツネが交通渋滞を引き起こすことは日常茶飯事であった。大きな事故につながらなければよいが……と常々心配していたが、そうした危惧がついに現実のものとなってしまった。観光ギツネの写真を撮ろうとした観光客が停めていた自分の車にひかれて死亡するという事故が起こってしまったのである（北海道新聞 2012 年 7 月 7 日朝刊記事による）。

キタキツネの餌付けは、野生の動物を目の前で観察し、彼らと交流できた気にさせてくれる楽しい行為ではある。でもその反面、上述した悲しい事故をも引き起こす。このような危険性を私たちは十分に理解する必要がある。

野生動物とふれあう方法は、餌付けだけが唯一のかたちではない。例えば、一定のルールの下で管理され、人の存在を気にしない野生動物と接するかたちもあるだろう。こうした場が供給されれば、安易な餌付けを行う必然性が薄められるかもしれない。アラスカで実践されているヒグマのサンクチュアリなどは、そんなお手本の一つだろう。人間にとっても野生動物にとっても快適な、両者の接触の新たなかたちを模索し、餌付けによって生じる様々な問題を解決するための工夫をこれからも考えてゆきたい。

引用文献

塚田英晴（2000）キタキツネ.（知床博物館 編）『知床のほ乳類 1』. 北海道新聞社.

pp.74-129.

Tsukada, H., Morishima, Y., Nonaka, N., Oku Y. and Kamiya M.（2000）Preliminary study of the role of red foxes in *Echinococcus multilocularis* transmission in the urban area of Sapporo, Japan. *Parasitology* **120**: 423-428.

浦口宏二（2008）病気と生態―キタキツネ.（高槻成紀・山極寿一 編）『日本の哺乳類学 2　中型哺乳類・霊長類』. 東京大学出版会, pp.149-171.

浦口宏二・高橋健一（1999）北海道におけるキタキツネの生態.（北海道立衛生研究所創立 50 周年記念誌編集委員会 編）『北海道のエキノコックス―創立 50 周年記念学術誌』. 北海道立衛生研究所, pp.39-48.

渡邊　圭・塚田英晴（1995）知床国立公園におけるキタキツネの餌づけの歴史的変遷及び餌づけの問題に対する観光業者の意識に関する調査. 知床博物館研究報告 **16**: 11-24.

渡辺　圭（1996）キタキツネと人間の共存に関する研究. 北海道大学大学院文学研究科修士論文, 北海道大学, 128pp.

第8章

白鳥飛来地の「観光餌付け」と鳥インフルエンザの危機管理

小泉伸夫

8.1　はじめに

日本国内で本格的な白鳥の餌付けが始まったのは、1950年代の瓢湖（ひょうこ）（現・新潟県阿賀野市（あがの））と言われている。当時は、野鳥に給餌を行い、人の近くに野鳥を呼び寄せる活動自体が珍しいこともあり、その後、学校教育等にも取り上げられ、「野鳥愛護活動」あるいは道徳教育的なものとして広く知られるようになった。瓢湖での餌付けの成功以降、各地でハクチョウ類への餌付けが行われるようになり、給餌活動は「地域おこし」の一環として、地域活性化、観光誘致、さらには学校の地域学習、道徳教育や環境教育等への展開が見られるようになった。

それに伴い、公的あるいは私的な給餌場の整備、餌の寄贈、寄付金、観光客向けの餌の販売等による餌の確保などが行われ、白鳥愛護団体（あるいは愛好団体）が作られた地域もある。その結果、白鳥と人との接点は拡大し、ハクチョウ類は人の身近な場所で越冬する野鳥種となった。

しかし、2004年に国内では79年ぶりとなる、ニワトリでの高病原性鳥インフルエンザの発生や、2008年春、秋田県、青森県、北海道でオオハクチョウにおける高病原性鳥インフルエンザ（H5N1型）の感染が確認されて以降、ハクチョウ類への給餌をめぐる状況は一変した（Uchida *et al.*, 2008）。海外では、20世紀末よりH5N1型ウイルスによる人の感染・死亡例の報告があったこともあり（Shortridge *et al.*, 1998；厚生労働省Webサイト）、このウイルスが野鳥から人に感染することへの不安が国内で一気に高まり、白鳥越冬地の管理体制にも大きな影響を与えることとなった。

本章では、主として2008年以降の、白鳥飛来地における給餌、衛生管理体制の見直しと、その影響について俯瞰してみる。

8.2　白鳥の鳥インフルエンザ感染確認以前の白鳥飛来地

ニワトリに致死性の高いH5N1型の高病原性鳥インフルエンザが日本国内で初めて確認されたのは、2004年のことである。この年の1月から3月にかけて、山口県、大分県、京都府で、飼育下の家きん（にわとり）の死亡例が確認され、ハシブトガラスの感染例も確認された。

鳥インフルエンザウイルスの本来の宿主はカモ類とされているが（Hill *et al.*, 2012）、この時点では国内の野生のカモ類、アヒルなどの飼育下のカモ科鳥類には感染例は認められていない。しかし、市民の間では鳥類全般が危険視される事例も少なからずあり、その年の春には鳥インフルエンザの感染を恐れてツバメの巣を落とすといったことも見られたが、鳥インフルエンザによる風評被害は、主に鶏卵や食鳥肉に対するものだった。

その次の越冬シーズンである2004～2005年の冬季以降の数年間も、白鳥飛来地には大きな変化はなく、各地で給餌が継続されていた。

各地の給餌形態としては、組織的な給餌が主体となった地域と個人による給餌が主体の地域があり、多くの場合、双方が混在していた。組織的給餌としては、白鳥愛好者団体が組織される事例、観光協会や行政がバックアップする事例、学校等の「愛鳥教育活動」としての取り組みが行われる事例などがあり、餌や活動資金の募集や、「白鳥の里親」等の名目で観光客の集客も兼ねた活動をしている地域もあった（**図8-1～8-3**）。

その活動内容としては、給餌のほか、給餌場所の環境整備、飛来数のカウント、来訪者向けの展示とその説明、餌の販売、観察指導、「白鳥」をテーマにした観光イベントの実施といったものがあった。場所によっては、近隣の白鳥飛来地と飛来数を争うような傾向も見られ、白鳥飛来数をめぐって給餌量をエスカレートさせる一因ともなっていたようである。多くの場合、白鳥飛来地を冬季の観光の目玉にするような方向で、地域に根差した活動として、給餌が定着していったことが想像される。

図 8-1　福島県内の白鳥飛来地の様子
白鳥のみならずカモ類も多く集まり、来訪者の手から餌を食べる個体もいた（2008 年 1 月撮影）。

図 8-2　白鳥飛来地を示す看板
これは公的に設置されたもの（2008 年 1 月撮影）。

図 8-3　募金活動の案内
募金をすると、その地域の宿泊施設等への優待などのサービスも提供されていた（2008 年 1 月撮影）。

白鳥への給餌が行われている場所は、もともとはハクチョウ類やカモ類が毎年、越冬する場所だったことが多いが、たまたま白鳥が飛来したことがきっかけで餌付けが行われ始め、次第に飛来数と給餌量を増していった場所もある。また、給餌によって、ハクチョウ類以外のカモ科鳥類を含めた越冬個体数が著しく増加したものと思われる場所は多い。

8.3　給餌から一転、餌付け自粛へ

2004年に致死性の高原性鳥インフルエンザが発見されたとはいえ、後述する2007～2008年の越冬シーズンまでは、各地でさかんに白鳥への給餌は行われていた。しかし、ごく一部ではあるが、給餌の自粛を呼びかける自治体もあった。

秋田県内では、2007年冬季より、「白鳥への餌やり禁止」を呼び掛けている地域がある。その背景には、地域の特産品である比内（ひない）地鶏の鳥インフルエンザ感染リスクの軽減や風評被害の予防といった目的があったものと思われる（**図8-4**、**図8-5**）。また、白鳥飛来地ではないが、同時期に東京都内でも、カモ類の過剰な栄養摂取を理由にした「給餌禁止」の掲示が行われている（**図8-6**）。

そのような折、2008年の4月から5月にかけて、秋田県、青森県、北海道でオオハクチョウの衰弱・死亡個体から高病原性鳥インフルエンザウイルス（H5N1型）の感染が確認され、それ以降、これら地域の白鳥飛来地の状況は一変した。

東北各県では、2008～2009年の越冬シーズンより、行政が給餌の自粛を呼びかけ、それに基づいて給餌活動の休止や衛生対策の見直しをする白鳥飛来地が相次いだ。給餌自粛の目的としては、鳥インフルエンザの発生予防、風評被害の抑制、観光客や近隣住民の不安への対応等が挙げられていた。また、2008～2009年の越冬シーズン以降、給餌の禁止や抑制以外の衛生対策として、消毒槽の設置、来訪者の手足の洗浄、消毒指導、水路の掘削やフェンス、立入禁止区域の設定等による人と鳥の物理的な隔離、鳥の糞の落ちる地面の消毒といった対策が、単独または複数の組み合わせ

図 8-4 餌付け自粛要請前の「白鳥広場」
（秋田県内：2007 年 1 月撮影）

図 8-5 給餌禁止を呼びかける看板
（秋田県内。図 8-4 と同じ地点で 2008 年 1 月撮影）

図 8-6 餌やり自粛を求める掲示
（東京都内：2008 年 1 月撮影）

で実施されている（**図8-7、図8-8**）。さらに、給餌のための寄付の募集休止や自粛などもあり、それまで給餌をしていた愛好家団体は、一転して活動を縮小、休止したり、観光客に衛生指導をする立場となった事例もある。また、観光イベントの休止や観光客の減少もあり、白鳥の飛来や白鳥への給餌が観光誘致に大きな役割を担っていたことも再認識させられる結果となった。

とはいえども、東北地方以外の本州内の白鳥飛来地では、大部分の場所で給餌は継続されていることも事実である。

図8-7　消毒槽の例（福島県内：2009年1月撮影）

図8-8　衛生対策のため、水路の掘削、フェンスの設置等による人と白鳥の隔離が行われた例
（福島県内：2009年1月撮影）

8.4　白鳥飛来数の変化

筆者は、いくつかの白鳥飛来地における2008年以降の鳥インフルエンザ対応策と、現地の環境変化について、ニュース記事検索、現地調査等により追跡調査を行った。その結果、東北地方を中心に各地で様々な対策が講じられ、白鳥飛来地の環境や白鳥飛来数にも大きな変化が認められた場所があった。しかし一方で、給餌活動に全く変化のない地域も見られた。

いくつかの事例を紹介する。

餌付けの規制が行われた青森県内、埼玉県内（2008～2009年冬季より餌付け規制を実施）、および秋田県内にある白鳥飛来地（2007～2008年冬季より餌付け規制を実施）での白鳥飛来数の推移を、環境省のガンカモ調査のデータから見てみると、給餌活動の抑制を契機として、飛来数を大幅に減少させていることがわかる（**図8-9**）。一方、給餌制限の行われなかった白鳥飛来地においては、このような目立った変化は表れていない（**図8-10**）。

しかし、東北地域、全国といった、より広域で白鳥飛来数の推移を見た場合、年ごとの飛来数の上下は大きいものの、給餌を規制した白鳥飛来地のような顕著な個体数の減少傾向は見られない。特に積雪地帯である東北地方では、積雪量の影響も受けるため、調査年ごとの飛来数には大きな変化が想定され、また、2012年以降の調査では震災の影響と、原発事故に伴う調査地点の減少も考えられたが、地域全体としては、給餌量の減少に起因すると思われるような、劇的な飛来数の減少は見られていない。

このことから、給餌を規制、自粛した給餌地点での白鳥飛来数に大きな変化はあるものの、地域全体、国全体としては、白鳥飛来数には、給餌を休止した地点ほどの大きな変化がない、と言える。

8.5　適正な個体数、適正な管理とは何か？

餌付けの禁止や自粛により、これまで「白鳥越冬地」として知られていた場所では、白鳥飛来体数が激減した場所も少なくない。現地での聞き取

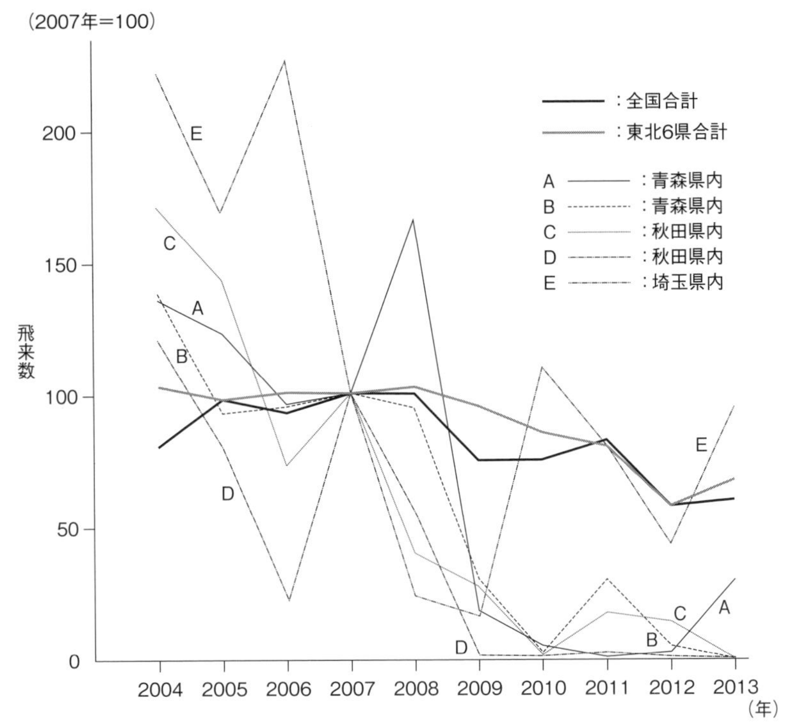

図 8-9　給餌制限の行われた白鳥飛来地ハクチョウ類飛来数の変化
環境省自然環境局生物多様性センター「ガンカモ類の生息調査」(環境省自然環境局生物多様性センターWebサイト)をもとに作図。2007年の飛来数を100として比較。A、B地点およびD、E地点は2008～2009年冬季より、C地点は2007～2008年冬季より、給餌が制限されている。

りでは、冬季の給餌によって、白鳥の越冬個体数を支えてきた一面もあるとの主張もある。

しかし、冬季の餌の量は生息個体数の制限要因でもある。これまで、越冬個体に給餌することによって冬季の死亡率を減らし、越冬可能な個体数を増やしたことは、十分に推測できる。そして、越冬個体数の増加が繁殖地での個体密度の上昇を招く可能性も否定できないが、繁殖地の環境や衛生条件についての情報は十分ではない。鳥インフルエンザなどの病原体が繁殖地を介して、国境を越えた広域に拡散する可能性も否定できない現状では、カモ科鳥類と人がむやみに接触することによるリスクを考慮すべき

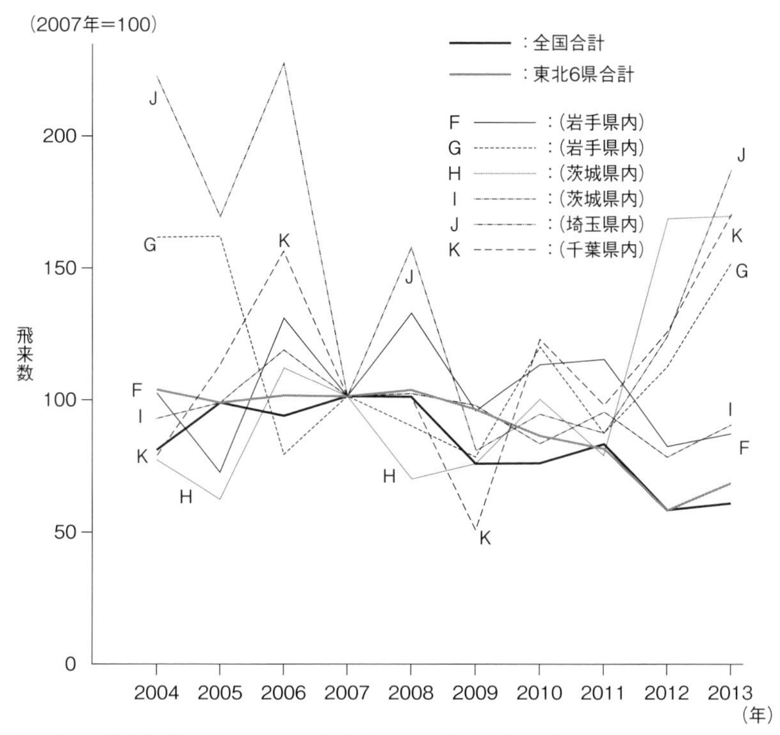

図 8-10 給餌制限の行われなかった場所での白鳥飛来数の例
環境省自然環境局生物多様性センター「ガンカモ類の生息調査」(環境省自然環境局生物多様性センター Web サイト)をもとに作図。2007 年の飛来数を 100 として比較。H、I、K 地点は組織的な給餌が主体、その他の地点は個人による給餌が主体となっている。

と思われる。また、餌付けの行われる場所に、越冬個体が集中している可能性もある。

環境省のガンカモ調査の結果を見る限り、ハクチョウ類の飛来数は、餌付けの自粛により、給餌地点では局所的には個体数が激減したものの、広域では、飛来数の合計に、明らかな傾向は見られない。つまり、給餌の有無による個体数への影響は、局所的には認められても、地域全体、国全体としては劇的な影響は見られないと言えそうだ。給餌の抑制によって飛来数を大きく減らした地点は、安易に栄養の手に入る給餌場所に個体が集中していた結果であることが推測され、結果的には給餌の抑制により、本来の自然環境に戻った、とも考えられる。

さらに、局所的な個体密度の高さは、個体間での病原体の伝播にも影響すると考えられ、給餌によって、自然の状態ではあり得ない個体密度になっていた場所では、餌付けの自粛が感染リスクの軽減にも一役買っている可能性も考えられる。

8.6　観光餌付けと鳥インフルエンザの危機管理

鳥インフルエンザ対策を理由に給餌を抑制するといった緊急対応がなされた東北地方の多くの白鳥飛来地では、結果的に、感染例がない……言い換えれば、地域住民には実感が伴わない状況で、事実上の「予防的な給餌禁止措置」がとられたことになった。それまで白鳥に給餌をしてきた人達や給餌によって観光開発をしてきた人達にとっては、なぜ、給餌を自粛しなくてはならないかという疑問に対し十分な説明がなく、納得のゆく措置ではなかったと思われる。また、現実的には、個人の手によるカモ類やハクチョウ類への給餌を禁止するような法的根拠はなく、給餌の自粛はあくまでも「要請」であり、すべての地域住民や観光客に「給餌禁止」への理解を求め、周知徹底させることは、現時点では困難であろう。

実際に、給餌禁止が呼びかけられ始めた時期に比べ、時間の経過とともに危機意識も薄れ､衛生対策や給餌規制は声高に叫ばれなくなりつつあり、餌付け禁止を呼びかける立札の撤去された場所や、当初は消毒槽や消毒マットを設置したものの、その後、次第に設置されなくなった場所も散見される。給餌が完全になくなっていない地点、実質的に給餌を再開した地点も少なくない。また、東北、北海道以外の地域では、2009年時点では、鳥インフルエンザ感染予防を目的とした給餌の自粛要請そのものが行われていない場所も多く、給餌に対する意識には地域差もあることが予想される。「白鳥への餌付け禁止」が提起されて数年経過した現在、より的確、かつ適正と思われる、白鳥飛来地の衛生管理、栄養管理についての検討を行い、各地域の現状に見合った、十分な理解と合意を得るべき時期に来ているのではないかと思われる。

鳥インフルエンザウイルスは、一般的には人には感染しにくいが、海外では感染・死亡例がある。また、こうした野生鳥獣から人や家畜に感染が広がる恐れのある「人獣共通感染症」は、鳥インフルエンザだけではない。人間社会と野鳥との間にある、様々なリスクの存在を認識し、人と家きん、野鳥の衛生管理や、給餌に頼らない野鳥の越冬環境作り、さらには繁殖地も含めた生態系の適正なコントロールなど、様々な角度からの検討と合意形成に基づく実践が、今後の白鳥越冬地の維持管理に求められるのではないだろうか。

8.7 鳥インフルエンザを理由とした餌付け自粛のその後

「鳥インフルエンザ感染予防」を目的に掲げた餌付け自粛の呼びかけから数年経過した現在、「餌付け自粛」は次第に鳥インフルエンザの記憶と共に風化しているかのように見える。餌付けをやめたことにより白鳥の飛来がなくなり、「白鳥飛来地」そのものが消滅した場所もあるが、衛生管理を強化のうえ、給餌活動を再開した場所、個人による餌付けに対して以前ほど厳しく自粛を呼びかけなくなった場所なども少なくない。全体として餌付けが復活する方向にある様子がうかがえる。実際、白鳥飛来地の地元の声として、「白鳥がいないのは寂しい」、「冬場の観光客の集客に影響する」といったことも聞かれており、無条件で一律に餌付けを全面的に禁止することは不可能ではないかと思わせる状況もある。餌付けを含めた白鳥の越冬環境の管理に対する考えには、地域による温度差も感じられる。

しかし一方で、白鳥飛来地によっては、鳥インフルエンザを契機として餌付けを自粛して以降、採餌環境の整備により自然の餌を増やす取り組み、給餌量の抑制～廃止など、持続的に利用可能な越冬環境の造成を目指し、「鳥インフルエンザ予防」以外の理由も挙げた餌付け自粛の呼びかけが行われるなど、新たな試みを進めている場所もある。

白鳥への餌付けは、冬季の観光を支え、愛鳥精神を養い、「人と野鳥のふれあい」をアピールするといったメリットから、多くの場所で餌付けを起点とした「地域おこし」が行われてきた。その推進の流れの中で、鳥インフルエンザ問題は結果的に、餌付けによって（いわば人の都合で）形成されてきた「白鳥飛来地」に対する、反省と見直しを促す契機を与えてくれた。そこから何を学び、どう考え、どんな行動を起こしてゆくのか。白鳥への餌付けを禁止する明確な法令のほとんど整備されていない現在においては、それぞれの白鳥飛来地の舵取りを担ってきた関係者に任されてしまう部分も少なくない。餌付けを抑制することは、「鳥インフルエンザ感染予防」だけが目的ではなく、白鳥の越冬環境を良好に保つことや、人の手による白鳥の生態への影響を抑制するなど、様々な理由があるとの認識に立ち、より良い「人と白鳥の関係」作りを目指した、新たな取り組みが進められることを願ってやまない。

引用文献

Hill, N. J., Takwkawa, J. Y., Ackerman, J. T., Hobson, K. A., Herring, G., Cardona, C. J., Runstadler, J. A. and Boyce, W. M. (2012) Migration strategy affects avian influenza dynamics in mallards (*Anas platyrhynchos*). *Molecular Ecology* **21**: 5986-5999.

環境省自然環境局生物多様性センター Web サイト 「ガンカモ類の生息調査」
http://www.biodic.go.jp/gankamo/gankamo_top.html

厚生労働省 Web サイト 「鳥インフルエンザ（H5N1）について」
http://www.mhlw.go.jp/bunya/kenkou/kekkaku-kansenshou02/index.html

Shortridge, K. F., Zhou, N. N., Guan, Y., Gao, P., Ito, T., Kawaoka, Y., Kodihalli, S., Krauss, S., Markwell, D., Murti, K. G., Norwood, M., Senne, D., Sims, L., Takada, A. and Webster, R. G. (1998) Characterization of Avian H5N1 Influenza Viruses from Poultry in Hong Kong. *Virology* **252**: 331-342.

Uchida, Y., Mase, M., Yoneda, K., Kimura, A., Obara, T., Kumagai, S., Saito, T. Comments to Author , Yamamoto, Y., Nakamura, K., Tsukamoto, K. and Yamaguchi, S. (2008) Highly Pathogenic Avian Influenza Virus (H5N1) Isolated from Whooper Swans, Japan. *Emarging Infectious Diseases* **14**: 1427-1429.

第9章

出水のツル類の給餌活動と疫病リスク

葉山政治

世界のナベヅルの9割、マナヅルの5割が飛来し、1万羽以上のツルが越冬する鹿児島県出水（いずみ）平野では、かねてから重篤な伝染病が発生した際には、個体群そのものの存続が危険にさらされると指摘されてきた。そのようななか、2010年から2011年にかけての越冬期に、出水で死亡したナベヅルから高病性鳥インフルエンザウイルスが検出された。また、2014年から2015年にかけての越冬期にも、死亡したマナヅル、ナベヅルからウイルスが検出された。いずれの際にも大量死には至らなかったが、今後同様な事態が起きたとき、どうなるかわからない。

この鳥インフルエンザ発生の際、関係者が心配したのは、出水平野には多数のツル類が集中して暮らしているため、個体間の接触機会が極端に高く、急速に感染が広まるのではないか、ということであった。継続した大量の給餌が行われると、ガンカモ類やツル類のように群れて越冬する鳥類では、自然状態ではありえない個体数の集中が生じる。このため個体密度が増加し個体間の距離が小さくなり、感染の機会が増える。また、集まった個体の中に感染個体が含まれる確率も高くなる。一方で密度増加によるストレスも増加し、免疫力の低下が引き起こされる。越冬期を通して採餌場所が固定化されることは、その場所に糞便が集中、蓄積されるため、糞便を介しての感染機会も増加し、感染症への感染リスクが高くなる。

9.1　出水平野のツル類

出水平野では、日本で記録のあるツル科の7種すべての越冬記録があるが、主要な種はナベヅル（*Grus monacha*）、マナヅル（*G. vipio*）の2種である（**図9-1**）（以下、ツル類との表記はナベヅル、マナヅルを指す）。

ナベヅルはロシア東部および中国東北部で繁殖し、冬期には韓国南部や中国および日本に飛来する。全世界の個体数は約1万1500羽（2006年）と推定されており、日本、中国、韓国で越冬するが（IUCN, 2012）、そのほとんどは出水平野に集中し、鹿児島県ツル保護会のカウントによると、全個体数の80%以上に当たる約1万羽が出水で越冬している。

マナヅルには、ロシア、モンゴル、中国の国境付近で繁殖する個体群（西部個体群）と、ロシア、中国のアムール川、ウスリー川流域で繁殖する個体群（東部個体群）がある。西部個体群は揚子江（ようすこう）流域で越冬し、東部個体群は韓国の非武装地帯周辺および出水で越冬する。全世界の個体数は5500羽から6500羽と推定されており、出水での越冬数は、約3000羽で、全世界の個体数の50%が出水平野で越冬していることになる。

両種ともに、IUCNのレッドリストカテゴリーでVU（絶滅危惧Ⅱ類）、環境省の第4次レッドリストでも絶滅危惧Ⅱ類に分類されている。すなわち、「絶滅の危険が増大している種。現在の状態をもたらした圧迫要因が

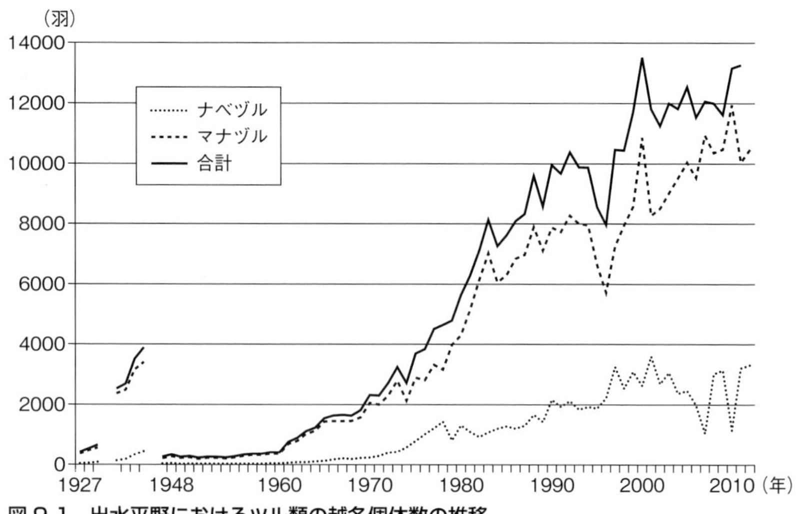

図9-1　出水平野におけるツル類の越冬個体数の推移

引き続いて作用する場合、近い将来「絶滅危惧Ⅰ類」のランクに移行することが確実と考えられるもの」とされている（IUCN, 2001；環境省, 2012；環境省, 2013）。また、両種に対する脅威として、中国, 韓国における越冬地での開発による環境変化と出水での疾病などの発生が挙げられている（環境省編, 2014）。

9.2　保護と農業被害対策の両面からの給餌

ところで、なぜ、出水平野にこれほど多くのツル類が集中して越冬するようになったのだろうか。

出水平野でツル類が観察された最初の記録は1694年であり、当時、薩摩藩の干拓事業で生息に適した場所が造成されていたことや、江戸幕府がツル類の保護を呼びかけ､それにならった薩摩藩も保護を命じていたため、古くからツル類が飛来し、保護されていたようである（出水市郷土誌編集委員会, 2004）。

その後の出水でのツル類への保護対策としては、『出水郷土誌』（2004）によると1916年に阿久根（あくね）地区、翌年に荒崎（あらさき）地区、荘（しょう）地区に禁猟区が設けられ､1927年には440羽のツル類の飛来が確認されている。1921年に「鹿児島県のツル」として天然記念物に指定され、国から飼料費が交付され、公的な給餌が開始され始めた。当時のツル類の飛来地であった荒崎地区は湿田で、裏作もほとんど行われておらず、ツル類の越冬地としての好条件を備えていたようである。また、ツル類を見に来る観光客も多く、客馬車の運行が行われ、地域の人々による給餌も行われていたようだ。越冬地としての自然条件を備えているところに､給餌という人的要因が重なり､徐々にツル類が集まり出したと考えられる。

一方で、ツル類の数が増えるに従って、農業被害の問題が顕在化してきた。1929年には、鹿児島県議会で「ツルが大事か、人が大事か」という発言も出てくるようになった。1936年には文部省による農業被害調査が行われ、その結果、飼料代が補助金として支払われるようになったことからも、ツル類への給餌は、ツル類を保護していくためのものであると同時に、農業被害対策の要素を持つようになったと考えられる。第二次世界大戦前には約4000羽程度であったツル類の越冬数が、戦争の影響により終戦直後の1947年には275羽まで減少していたが、1952年に「鹿児島県のツルおよびその渡来地」が特別天然記念物に指定され、組織的な給餌が再開された結果、1963年には1000羽を超えるようになった。ツル類の越冬地である干拓地では、乾田化が進み1965年に出水地域が裏作奨励地域に指定され、ツル類の保護と農業との軋轢が大きくなってきた。1976年の文化庁による「天然記念物緊急調査」では、推定農業被害総額1000万円との試算が出ている。そして1979年からは、文化庁による国庫補助の事業名称が「天然記念物保護増殖事業」から「天然記念物食害対策事業」に変更された。このことはつまり、給餌事業が、ツルという大型の鳥類が集結して越冬するという状態と農業の共存のために行われていることを象徴していると思われる。

9.3　保護区域等の設定

給餌のほかにも出水平野では、ツル類の安全な生息地の確保のための地域指定も行われている(**図9-2**)。前出の1917年の禁猟区の設定に始まり、1952年の特別天然記念物の指定地域によって、254.3 haが開発等の規制を受けるようになった。また、1987年には環境庁による国設鳥獣保護区842 haが設置され、1997年以降はその中に特別保護地区54 haも設定された。こうした保護のための地域指定のほかに、1972年に餌まき用の水田として11 haが借り上げられ、1957年には50 haに拡大されている。この場所は「休遊地」と呼ばれ、ツル類を驚かさないように周囲は遮蔽の布で囲われていて、人の侵入や夜間の車等のライトが差し込まないようになっている。また、東干拓にある国指定鳥獣保護区特別地区の周辺も、同様の対策が講じられている。これらの保護区は、ツル類が安心して越冬できる場所を提供すると同時に、保護区域内にツル類を集約することによって広域での農業被害を抑制することを意図していると考えられる。

給餌と保護区等の設置や、1983年に結成された鹿児島県ツル保護会に

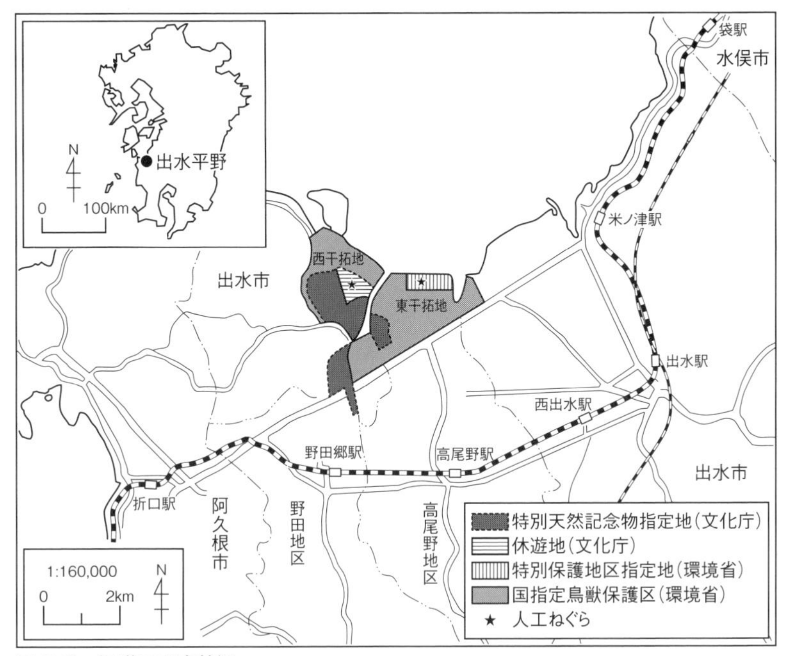

図 9-2 保護区設定状況
出典：出水市教育委員会（2012）平成 24 年度長期的ツル保護対策調査業務委託報告書，p.2

よる保護・普及活動によって、現在は 1992 年以降連続して 1 万羽以上のツル類の飛来、越冬が継続している。干拓地は住居などがなく、人の活動が昼間の農耕に限定されるため、人による撹乱の少ない農耕地である。つまり、ツル類にとって越冬のための好環境が整っており、そのような場所で給餌と地域の人々による保護活動が行われたことによって、現在のツル類の集中が起きたと考えられる（**図 9-3**）。さらに、継続的な給餌により、越冬個体の栄養状態が良くなり、越冬期や渡りの時期の死亡率の減少や、繁殖率の向上にも貢献していると考えられる。

9.4 個体集中によるリスク

しかし、個体群のほとんどの個体が 1 カ所に集中することは、自然災害

図 9-3　ツル類の集中状況
約 1 万羽が出水平野で越冬し、このような過度な集中は様々なリスクを増大させる。

や事故、感染症などが起きた際に絶滅に近い重大なダメージにつながる。この状況に対して、最初に警鐘を鳴らしたのは国際水禽調査局（IWRB）であった。1981 年に「人工飼育（給餌）で多数のツルが不自然に 1 カ所に集中するのは危険。広範な生息地の保護が必要」と鹿児島県知事に勧告を出している。

集団越冬している絶滅危惧種の野鳥の大量死としては、2002 年 12 月から 2003 年 1 月にかけてクロツラヘラサギの最大の越冬地である台湾において 73 羽のクロツラヘラサギがボツリヌス菌による中毒死が発生した例や、2000 年 10 月に韓国の瑞山（ソサン）市でパスツレラ菌（通称：鳥コレラ）による感染により、1 週間で 1 万個体を超えるトモエガモが死亡した例がある。いずれも多くの個体が集中して越冬している場所での大量死である。また、1978 年に国際ツル財団で飼育下のツル 58 羽中 22 羽がヘルペスウイルスによる感染により死亡し、コロラド州では野生のカナダヅル 50 羽が鳥コレラで死亡したことがある。

出水でのツル類の平均的な死亡数は、2009 年から 2011 年のデータによると、ナベヅルで1年当たり27例、マナヅルで1年当たり10例となっている。死亡要因としては、自然的要因（感染症、栄養不良等）が63%、人為的要因（電線衝突、事故等）が24%であり、なかでも肝炎やコクシジウム症などの感染症によるものが多く、特に11月から1月中旬に多くなっている（原口・吉野, 2012）。この時期は、ツル類の飛来数が増加しかつ給餌が開始され、自然状態ではありえない個体数が集中し、感染の機会が増加する時期である。

こうした通常の死亡に加えて、2010年12月から2011年2月には、ナベヅルから高病原性鳥インフルエンザH5N1が検出され、7羽が死亡した（**図9-4**）。また、2010年10月から2011年5月にかけて全国21都道府県で高病原性鳥インフルエンザの発生が確認され、9県では養鶏場のニワトリに発生、野鳥では16都道府県で確認と、全国の広い地域に及んだ。出水市でも養鶏農家での発生があり、防疫のため約8600羽が殺処分された（農林水産省, 2011）。当初、ツル類が集中状態にある場所での発生であることから、ツル類の大量死や周辺の養鶏業などの産業への悪影響も懸念されたが、幸いなことにナベヅル7羽の死亡のみで、マナヅルへの感染は確認されなかった。持続的な感染拡大がなかったことから、今回のウイルス

図9-4　鳥インフルエンザで死亡したナベヅル

の株はツル類の感受性があまり高くなかった可能性もある。しかし、鳥インフルエンザは変異しやすく、次にウイルスが侵入した際に小規模な感染で終息する保証はないと考えられる。

特に様々な感染症があるなかでも、鳥インフルエンザはカモ類が自然宿主と考えられていて、ツル類への給餌はそのカモ類をツル類の生息地に誘引している。実際に出水の休遊地を見ていると、まかれた餌をカモ類がツル類と一緒に食べる光景を目にする（**図9-5**）。また、カモ類は、休息時にツル類のねぐらである水張り水田を利用している。鳥インフルエンザは水を通しての感染が最も疑われるため、まさに危険な状況と言える。出水では現在、荒崎と東干拓に併せて約5 haの水を張った水田がねぐらとして供用されている。干拓事業が完成する前は数カ所の湿田にねぐらをとっていたツル類が、干拓事業完了に伴い人工ねぐらに集中している状況で、ねぐらも過密な状態となっている。

最初のナベヅルからのウイルス検出を受けて、出水市、鹿児島県、国等の関係機関では、ウイルスの拡散を防ぐために以下のような対応策がとら

図9-5　カモ類とツル類が一緒に餌を食べる様子
出水の休遊地には、鳥インフルエンザの自然宿主と考えられているカモ類も集まってくる。

れた（環境省, 2011）（**図 9-6**）。

①衰弱個体・死亡個体の早期発見・回収のための監視活動

②保護回収個体間での感染を防ぐため収容ケージの改良

③給餌場における個体の過度の接触を緩和するため、餌をまく範囲の拡大

④感染の恐れのある個体が鳥インフルエンザの感染地域から移動しないように給餌量の増加

⑤ねぐらでの感染を防ぐため、ねぐらの拡大と排水ポンプの常時稼働

⑥車両の通行制限や消毒、ツル観察センターの閉鎖などの防疫措置

⑦糞便や環境中でのウイルス検査

図 9-6　鳥インフルエンザ対策
上：通行制限のほか、通行車両は消毒される。
下：農道も定期的に消毒薬が散布された。

とられた対策のうち、①、③と⑤の対策は、ツル類の個体間の接触による感染拡大を防止するための措置で、④と⑥はウイルス拡散に対する防疫措置と考えられる。人為的なウイルス拡散防止は、養鶏業への感染拡大を防ぐことはもとより、ペットを含めた飼育個体への感染防止策として重要である。特に防疫上の要請から、感染個体をほかに飛散させないために、集中の一因である給餌をより強化しなければならないという皮肉な事態となってしまった。

9.5　絶滅危惧鳥類の絶滅リスクを下げる対策と餌付け対策はどうあるべきか

ツル類の感染症による絶滅リスクを下げるためには、出水以外の場所に越冬地を確保することが重要であり、現在、環境省を中心として取り組みが行われている。また、出水の現地でもツル類の感染症による大量死のリスクを下げるためには、その生息密度を適正な状態に引き下げる取り組みが必要と考えられる。そのためには、給餌の方法や給餌量のコントロールやねぐらの確保が必要と考えられる。

出水でもツル類は完全に給餌に依存しているわけではなく、給餌の行われている時間帯に、休遊地の外の農地において家族単位で採餌しているものもいる。また給餌に依存していると考えられる個体でも、必要とする餌量の２分の１から３分の２程度を依存している状態である（鹿児島県教育委員会, 2003)。出水地方の農地環境は、ツル類への給餌を制限しても、ある程度支えることができる豊かさを持っていると考えられる。農業被害の問題といかに折り合いをつけていくかの工夫を行いつつ、ツル類に安全な越冬環境を提供することが必要であると考える。

絶滅危惧種の個体群保護のための手法の一つとして、給餌が行われることがある。餌不足が生存率の低下要因として特定されている場合や、繁殖失敗の原因が餌不足にある場合は妥当と考えられる。マナヅルやナベヅルという比較的温暖な西日本を中心として越冬する種の場合はどうだろうか。新規飛来地への定着を促進する際に、給餌という手法をとるという選択肢も出てくる場合が考えられる。しかし、ツル類の越冬期における採餌環境は農地であり、餌は広い農地に比較的均一に散在している資源であるため、行動圏を広げることによってツル類は必要とする餌量を確保できると考えられる。2015年冬に愛媛県西予(せいよ)市で越冬したナベヅルの約60羽の群れは、越冬後期には利用する水田を広げることによって無事越冬することができた。

アジアの各国で鳥インフルエンザの発症が常態化している現在では（農林水産省Webサイト）、ツル類やハクチョウ類のように群れをつくって越冬する種への給餌は、個体密度を増加させるとともに、カモ類を集めることによる感染リスクを高めることになってしまう。ツル類の新越冬地形成には、越冬に利用する農地の環境改善などにより給餌なしでも越冬できる環境づくりや、環境収容力に見合った個体数を目標値として設定して行うことが重要である。

出水で終戦後の約200羽から1万羽を超えるまでには、50年近い年数がかかっている。新越冬地形成にもそれなりの年月がかかると思われるが、感染症の発生リスクや農業被害の発生に配慮しながらの取り組みが重要である。

引用文献

原口優子・吉野智生（2012）出水におけるツル類の死亡数と死亡原因．日本鳥学会2012年度大会要旨集．p.118.

IUCN（2001）IUCN Red List Categories and Criteria: Version 3.1. IUCN Species Survival Commission. Gland, Switzerland and Cambridge, U.K.

IUCNレッドリスト（2012）http://www.iucnredlist.org/

出水市郷土誌編集委員会 編（2004）特別編 ツル『出水郷土誌 下巻』．出水市．pp.1077-1150.

鹿児島県教育委員会（2003）平成14年度　長期的ツル保護環境調査時事業報告書．p.14.

環境省（2011）平成22-23年シーズンの野鳥における高病原性鳥インフルエンザの発生に関する考察（平成23年9月8日　中央環境審議会　野生生物部会　資料）．http://www.env.go.jp/nature/dobutsu/bird_flu/attach/mat20110908.pdf

環境省（2011）平成23年度国指定出水・高尾野鳥獣保護区におけるツル類の分散化及び高病原性鳥インフルエンザ対策事業報告書．p.6.

環境省（2012）【鳥類】環境省第4次レッドリスト.

環境省（2013）環境省レッドリストカテゴリーと判定基準.

環境省 編（2014）Red Data Book 2014　2 鳥類.

環境省 Web サイト．アジアにおける高病原性および低病原性鳥インフルエンザの発生状況

http://www.maff.go.jp/j/syouan/douei/tori/pdf/asia_ai.pdf

日本野鳥の会,「野鳥」(2003年5月), 38p.

農林水産省（2011）鹿児島県における高病原性鳥インフルエンザの疑似患畜の確認について.

http://www.maff.go.jp/j/press/syouan/douei/110126_1.html

尾崎清明（2011）ナベヅル・マナヅルの越冬地分散．私たちの自然 **572**: 2-4.

田尻（山本）浩伸・竹田伸一・上橋　修・森川博一・大河原恭介（2005）トモエガモの採食行動と食物選好性実験. *Bird Research* **1**: 33-41.

第10章

餌付けがもたらす感染症伝播
――スズメの集団死の事例から

福井大祐・浅川満彦

2005～2006年の冬、北海道道央地方を中心に、「スズメの集団死」が大きな話題となった。ことの発端は、2005年末頃より2006年春にかけて「スズメが集団死している」という報告が相次いだことであり、死亡個体数も1,500羽に達した。その翌年、2年後の冬にはこのような報告例はなかったが、3年後の2008年～2009年の冬に、再び集団死が報告された。本稿では、この「スズメ集団死」について、2005年末から2006年初頭までの前期と、2008年末から2009年初頭までの後期とに分け、前期を浅川、後期を福井がそれぞれ記述した。

10.1　チームでスズメの死因解明へ

2006年4月6日、北海道庁上川(かみかわ)支庁（当時。現・上川総合振興局）の担当者から、酪農学園大学野生動物医学センター（以下、WAMC）に、9個体のスズメ死体が送付され、冷凍庫に保存した。その5日後、複数の新聞社やテレビ会社から、スズメ大量死の死因分析の結果の問い合わせの電話が続いた。2005年から2006年にかけて、北海道道央地方を中心にスズメがたくさん死んでいることは全国的なニュースになっていたが、その原因は不明だった。スズメの死体がWAMCに送付されたことを知ったマスコミが、浅川が死因解明に乗り出したと誤解したのだろう。

浅川は寄生虫病学が専門であり、死因解明は守備範囲外である。そこで、急遽、研究チームを次のように組織した（敬称略）。本検査体制の連絡調整・予算確保およびウイルス簡易検査は浅川、計測・剖検および寄生虫学検査は吉野智生（当時、浅川が指導する大学院生博士課程2年。現・釧路動物園）、病理検査は岡本実（当時、酪農学園大学講師。現・准教授）、ウエストナイルウイルスの培養細胞による分離検査は前田秋彦（当時、北海道大学助教授。現・京都産業大学教授）、ウエストナイルウイルスのリアルタイムPCR検査は大沼学（国立環境研究所主任研究員）、鳥インフルエンザおよびニューカッスル病ウイルス検査は萩原克郎（当時、酪農学園大学助教授。現・教授）、細菌検査は菊池直哉（酪農学園大学教授）、毒性検査は寺岡宏樹（当時、酪農学園大学助教授。現・教授）。

スズメが到着して1カ月後の5月10日段階で得られた検査結果は、以下のようなものであった。詳細は、浅川（2006）を参照していただきたいが、概して、届いた死体は乾燥、あるいは溶解など死後変化が著しく、外見は正常に見えても、内部はドロドロに解けた塩辛状か、カラカラに乾燥したスルメ状となっており、所見を得ることは困難であった（**図10-1**）。また、剖検従事者や施設の感染・汚染防止を最優先するため、まずウエストナイルウイルスと鳥インフルエンザの簡易検査を行い、陰性を確認する必要があった。ところが実は、ウエストナイルウイルスの簡易検査で、陽性を示す位置にバンド（線）が出たものが2個体もあり（**図10-2**）、相当慌てた。

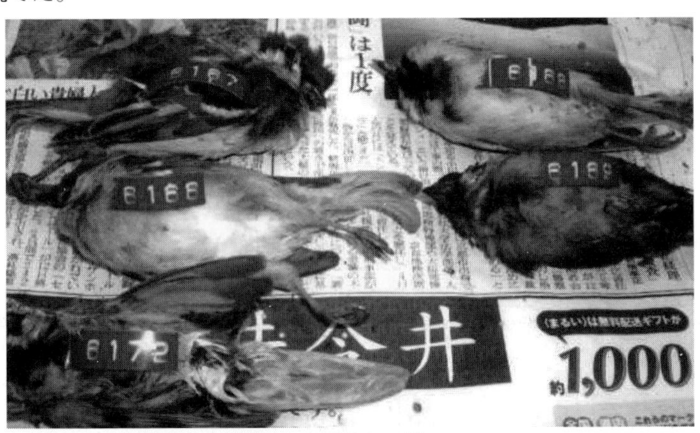

図10-1　上川支庁から送付された死体の一部
焼却途中で回収されたもの（写真の右列手前の個体。腹部が炭化している）以外、外見は正常に見えるが、内部はドロドロに解けた塩辛状か、カラカラに乾燥したスルメ状であった（浅川、原図）。

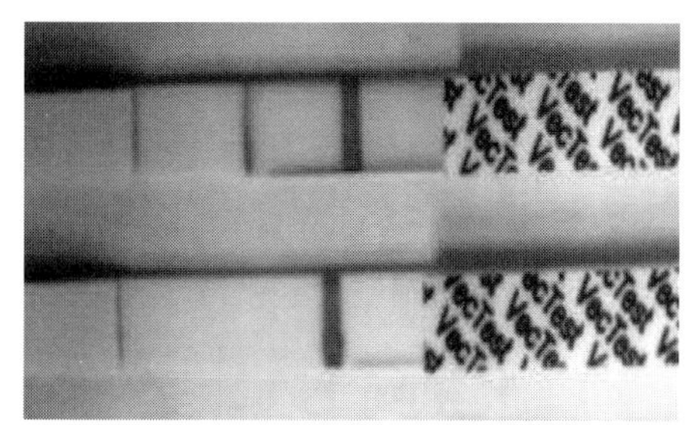

図 10-2　ウエストナイルウイルス簡易検査の結果
上：偽陽性になった個体で、陽性を示す位置にバンド（線）が出ている。
下：陰性反応（浅川、原図）。

通常、公の機関では、たとえ簡易検査であっても、「陽性」となったら、その結果を公開しなければならない。しかし、気をつけなければならないのは、簡易検査では、時として、擬陽性を示すことである。したがって、公表には慎重に対応しなければならない。ウイルス感染症の診断で最も確実な方法はウイルス分離であるが、細胞培養や分離・同定のための設備と日数を要する。リアルタイム PCR 法はウイルス遺伝子を増幅して検出する方法であり、簡易検査より迅速性に劣るが、ほぼ確定診断に近い結果が得られる。

リアルタイム PCR 法による確定診断の出るまでの 4 日間、浅川がたった一人で抱え込んだ孤独、恐怖、そして重圧感は相当なものであり、確定診断で陰性を確認できたときは、心底、安堵した。なぜならば、本来はウエストナイルウイルスが疑われるような場合では、確定診断が出るまで解剖は厳禁なのだが、ここで作業を中断すると、理由として「ウエストナイルウイルス感染の可能性あり！」と公表しなければならなくなるからである。それはできないと判断し、一人で責任を取るつもりで、解剖を継続したのであった。

解剖所見としては、まず、スズメには皮下脂肪はほとんど認められなかった。しかしこれは、越冬の終盤では常態だろう。そ嚢（のう）の内壁が肥厚し、黄褐色化および硬結感を伴う周囲と癒着した病変が認められたので（**図 10-3 左**）、病理組織（**図 10-3 中央**）および細菌学的な検討をし、ブドウ球菌を得た（**図 10-3 右**）。農薬や殺虫剤など環境汚染物質については、

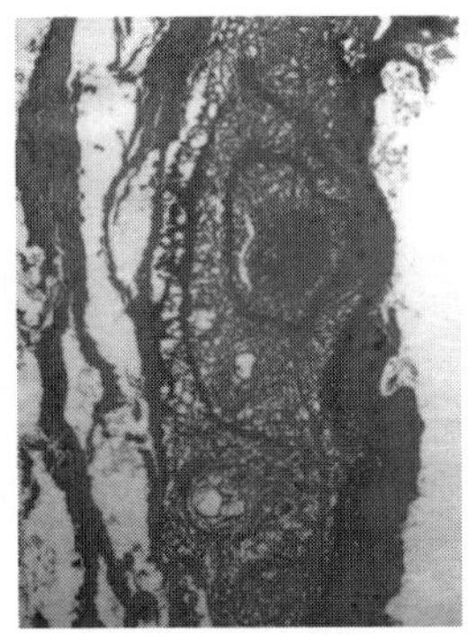

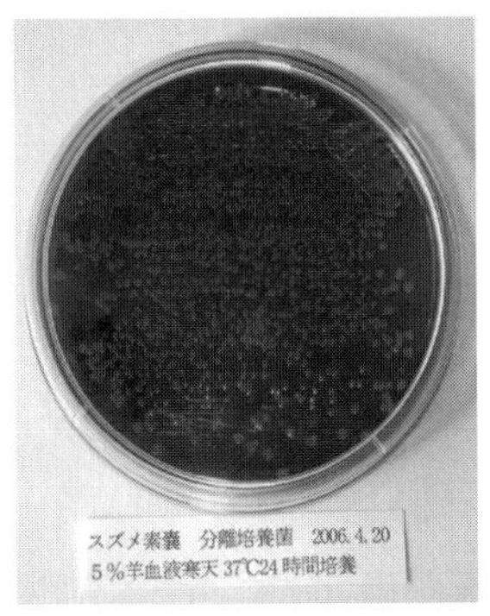

図 10-3　そ嚢に膿瘍が認められた個体の検査結果
左：解剖による肉眼所見（浅川、原図）、中央：組織所見（岡本、原図）、右：細菌培養により得られたブドウ球菌コロニー（菊池、原図）。

委託者である道庁が別の研究機関に検査を依頼したので、本研究班では実施してはいないが、ナトリウム（Na）、カルシウム（Ca）および水銀（Hg）について本研究班で測定を行った。6個体を測定したが、いずれも中毒死を起こすような値ではなかった。

これらの結果を総合すると、そ嚢の内壁状態とブドウ球菌の検出からブドウ球菌性そ嚢炎が疑われること、また、農薬や殺虫剤等による中毒死ではないことがわかってきた。

10.2　餌台がスズメの細菌感染のセンターに？

私たち研究チームがスズメの集団死について上川支庁に送った結論は、次のようなものであった。
「何らかの免疫抵抗力を落とす要因が背景にあり、日和見感染としてブドウ球菌性そ嚢炎などが発生したことが、スズメ大量死の一因であると思われる。また本事例は、欧米で冬期にのみ発生するサルモネラ感染症の大量死に酷似している。浅川のロンドン滞在時も、餌台の周りで発見されるイエスズメやグリーンフィンチの死体を検査したところ、そ嚢から後にサルモネラと確定された菌塊がごろりと出てきた。欧米での事例とはそ嚢炎起因菌種が異なるが、冬期餌台がスズメの細菌感染のセンターになっていた蓋然性は高いと言える」（浅川，2006）。

英国をはじめ欧米各地では、細菌に汚染された餌台でこのような感染が頻繁に起きていることは、当時の野生動物医学分野では良く知られていたが（浅川，2006）、日本ではそのようなことを指摘された事例はなかった。野鳥保護のシンボルとされる餌台ゆえに、よもや、そのようなこととは無関係であると考えられていたのであろう。この報告と交換に、上川支庁から（廃棄寸前の）65個体分のスズメ死体ももらい受け、検査を行った（中野ほか，2011）。

私たちが上川支庁へ前述の報告をしたほぼ1カ月後、新たなスズメ死体を検査した北海道大学（注1）が、「スズメの死因は融雪剤による急性塩中毒」とする結論を出した（Tanaka *et al*., 2008）。一方、「スズメの集団死」は登別（のぼりべつ）市にも起きていたようで、その一部死体が麻布大学獣医病医学研究室に送られ、検査の結果、サルモネラ感染症の原因菌の一つである *Salmonella* Typhimurium（以下、ST）DT40 が検出され、これが集団死の原因とする意見が提出された（Une *et al*., 2008）。ちなみにDT40とは、野鳥に強い病原性を示す特殊なタイプのネズミチフス菌である。

著者の一人、福井は、前期の問題があった当時、震源地の旭川で動物園獣医師として野生動物問題に取り組んでいたが、このスズメ集団死事件の原因究明には直接は関わることなく、経緯を見守っていた。その後、複数の研究機関が死因を発表し、また北海道庁が出した「今回の大量死を一括説明できる死因は不明」という公式見解に複雑な思いを抱きながら、継続的な調査研究を実施してきた。実際、この時、福井が勤務していた旭川市旭山動物園にも、市民から「スズメが弱っている」、「スズメを保護したので、持って行っていいか？」、「スズメが庭で死んでいる」などと通報が寄せられていた。これは、今思うと、スズメからの人間社会に対するSOSというべきサインであった。しかし、同園では2005年度から傷病野生動物の救護活動を中止（注2）していたため、現場はその市民やスズメの声に応えることができず、不本意ながら対応を拒否せざるを得なかった。

10.3　再び、集団死が発生

そして、その3年後……再び事件は起こった。2008年から2009年の冬、旭川を中心とした上川地域で、再びスズメの集団死が発生し、行政機関には100件202羽の死亡報告が寄せられた。月別の死亡件数では、12月7例、1月47例、2月89例、3月38例、4月21例であり、1～3月に86%が集中した。

福井は、旭川市旭山動物園として当時の北海道上川支庁と連携し、死因究明のための調査研究を実施した（**図10-4**）（Fukui *et al.*, 2014）。まず、死亡報告があった民家のうち死体が回収された13カ所の現地調査を行い、餌台に集まっているスズメの行動観察と周辺の糞便採取（8カ所）を行った。全死亡報告例100件202羽のうち、46件（72%、不明36件除く）、134羽（86%、不明46羽除く）、および死体回収場所13カ所のうち11カ所（85%）が、餌台などの餌付けと関連した場所であった。

一つの餌台には、多いときには約100羽のスズメが訪れており、1民家で衰弱した様子の3羽のスズメが認められた。衰弱個体の主な症状は、群れからの孤立、沈うつ、羽毛を膨らませる、下痢・血便およびしぶり便であった（**図10-5**）。1民家の庭において、餌台周辺の雪上には、スズメ

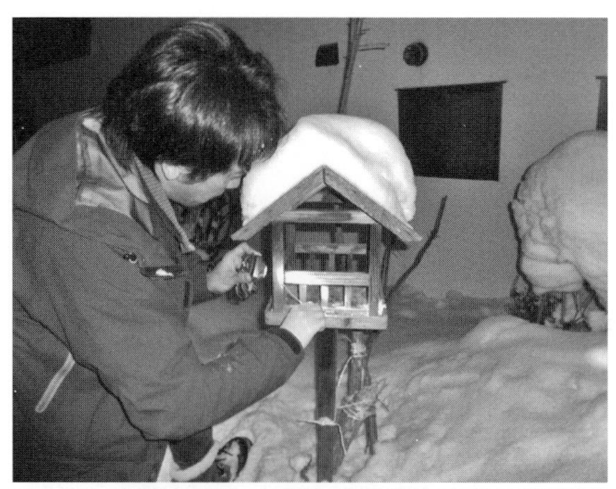

図10-4　後期のスズメ大量死の死因究明のための旭川市内民家餌台の現地調査風景（福井、原図）

図 10-5 餌台で群れからの孤立や羽毛逆立ちを示すスズメ（福井、原図）

図 10-6 スズメ死体が発見された 1 民家の現地調査で、現場に認められた雪上の血便（福井、原図）

の血便が認められた（**図 10-6**）。

13 民家で計 26 羽の死体を回収し、病理解剖、組織学および微生物学的に検査した。剖検では、削痩（さくそう）（非常に痩せた状態）、肝壊死（えし）、そ嚢炎、腸炎および脾炎（ひえん）（脾臓（ひぞう）という臓器に炎症が起こる。感染症に伴うことが多い）が認められた。全 26 例の肝臓を含む諸臓器から ST が検出され、死因はサルモネラ感染症による敗血症と診断した。分離した ST の薬剤感受性、パルスフィールドゲル電気泳動、クエン酸分解能（陰性）およびカタラーゼ反応（弱陽性）のパターンは全例でほぼ一致し、ファージ型（ST の中でも同じ性質を持つさらに細かい系統）は88%がDT40であった。

なお、鳥インフルエンザウイルスとウエストナイルウイルスの簡易抗原検査は陰性であった。また、北海道内で一般に使用されている融雪剤の主成分であるナトリウム、カルシウムおよびマグネシウムについて、臓器中濃度を測定したが、特に高値を示さず、この集団死事例では融雪剤の影響はないと考えられた。

死体回収現場の多くは、餌付け環境と関連しており、採取したスズメ糞便を微生物学的に評価した結果、8カ所のうち6カ所（75%）の餌付け環境からSTが検出され、また、1カ所の餌台に来ていた健康に見える1個体からもSTが検出された。すなわち、餌台がサルモネラの感染拡大の温床となっていること、および不顕性キャリアー（無症状で病原体を排出している個体）の存在も明らかになった。一方、餌台を設置している民家のうち6カ所から譲り受けた餌は、すべてST陰性であった。つまり、餌そのものが感染の原因ではないことがわかった。

以上の結果から、2008～2009年冬、北海道上川地方で発生したスズメ集団死の死因はサルモネラ感染症であり、餌台が感染拡大の温床となっていると考えられた。また、スズメの群れの中に不顕性キャリアーが存在し、冬季に寒冷ストレスによって免疫力が低下すると発症し、餌台を介して流行感染が拡大するというメカニズムが考えられた。

本事例は、地元の専門家が地域住民と行政と連携し、速やかな初動調査により原因解明に至った。ここで強調したいのは、死体の病理解剖や微生物学検査をしただけではなく、現場でスズメの生態や行動の調査を行ったことである。特に、罹患個体の異常行動を直接観察することで得られた情報が、原因解明に重要に働いた。

以降、2009～2010年と2010～2011年の冬にもスズメのサルモネラ感染症事例が散発的に発生しているが、大量死には至っていない。このことは、スズメの地域個体群が免疫による抵抗力を備えたことと、地域社会への教育普及活動が奏功したことによる防疫意識の高まりに基づくと考えている（福井，2009; 2013）。

10.4 スズメ集団死は、餌台による人災？

以上をまとめると、後期の旭川を中心とした上川地方で発生したスズメの集団死は、死因はサルモネラ感染症、そして餌台が感染拡大の温床となり、集団死をもたらしたと結論づけられた。つまり、このスズメの死は、「人災」であった。

スズメも冬季に餌がなければ、その場を離れるだろうが、餌があれば留まって越冬する。人為的にスズメを餌台に集めて感染症を蔓延させることは避けなければならない。餌台をしっかりと適切に管理できないのであれば、生態系への影響を考えて設置しないほうがよいだろう。ましてや、無秩序な餌まきは慎むべきである。餌台を置くのであれば、餌台の上も地面も毎日きれいに掃除を行い、アルコールや漂白剤で消毒することが最低限守るべきマナーである。ちょっとした自然への思いやりがあれば、スズメは犠牲にならないだろう。

また、今回分離したサルモネラの菌株 *Salmonella* Typhimurium DT40 は、鶏卵やカメで問題となるものとは異なり、国内で 2005 年以前には確認されていないので、海外から何らかの経路で侵入してきた外来病原体と考えられている。その侵入ルートやメカニズムは不明だが、留鳥であるスズメから外来のサルモネラの菌株が検出されたことは事実であり、スズメ個体群と行動圏が重なる渡り鳥が媒介したとも考えられる。野生動物、特に渡り鳥に国境はない。今後は、国境や海も関係なく移動する野生動物が媒介する感染症に、さらなる注意を向ける必要がある。

もう一つ重要なことは、サルモネラ感染症は、鳥類、は虫類、ほ乳類など多くの動物が発症する人獣共通感染症だということだ。今回のスズメ集団死ではヒトへの感染例はなかったが、海外では発生しており、今後も起こらないとは限らない。

スズメの餌台が感染症拡大の温床となることがわかった以上、意図的な餌付けはもちろん、ゴミなどの非意図的な餌付け行動も慎む必要があり、スズメ個体群のみならず、種を越えた感染、ヒトや家畜への感染拡大を防止しなければならない。特に本事例では、初発例を含む２例が動物園の敷地内で発見され、動物展示施設に侵入していたスズメの糞便からもSTが検出された。動物園では、保全医学の観点から餌台の撤去や衛生管理の徹底など、人為的要因の除去による発生予防対策、ヒトへの感染予防のための公衆衛生対策および動物園の飼育展示動物のバイオセキュリティ対策を実施した。

ヒトと野生動物の共存のためのキーとなるのは、“One World, One Health”、すなわち「かけがえのない一つの地球、つながっている一つの健康」という考え方に違いない。スズメ集団死の事例は、その実現のために一つの示唆を与えたかもしれない。

（注1）2001年秋の天然記念物マガンからマレック病ウイルスによる腫瘍病変が発見されて以来、北海道庁が行う野生水鳥・海鳥類の死体の死因解明は、酪農学園大学に依頼されるようになった（Asakawa *et al.*, 2013）。それまでの10年以上の間、野鳥の死因解明は、北海道大学獣医学部比較病理学教室が一手に担ってこられたが、北大の負担軽減のため、北大には陸鳥のみを依頼することにしたという。スズメは陸鳥であるので、当然、道庁はその死因解明を北大にすでに依頼済みであった。したがって、酪農大では病原体・環境汚染物質の検査と標本保存のみを担当し、外部への対応は事前相談し想像でものを言ってはいけないこと、正式な死因見解は北大から提出されることを確約させられていた。

（注2）旭山動物園は、1967年の開園以来、傷病鳥獣救護をボランティアで行ってきたが、1997年度より北海道庁がつくった傷病鳥獣救護ネットワークの中に入って委託契約のもと、同活動を改めてスタートすることとなった。しかし同園は、北海道庁に対する同事業の改善の要望に加え、近年の野生動物感染症を含む新たな課題も山積したため、2005年度に本ネットワークから脱退することを決定した。したがって、同園は現在傷病個体を受け入れていない。

引用文献

浅川満彦（2006）我が国の獣医学にも法医学に相当するような分野が絶対に必要！—鳥騒動の現場から．野生動物医学会ニュースレター **22**: 46-53.

Asakawa, M., Nakade, T., Murata, S., Ohashi, K., Osa, Y. and Taniyama, H. (2013) Recent viral diseases of Japanese anatid with a fatal case of Marek's disease in an endangered species, white-fronted goose (*Anser albifrons*). *In*: (Hambrick, J. and Gammon, L. T. Eds.). Ducks: Habitat, Behavior and Diseases, Nova Science Publishers, Inc., USA, pp.37-48.

福井大祐（2009）再考！　新時代の傷病野生動物救護—野生動物と人の適正な関わりと生物多様性保全を目指して．モーリー **21**: 38-41. 北海道新聞社.

福井大祐（2013）人と野生動物の関わりと感染症—野鳥大量死と餌付けを例に. *Jpn. J. Zoo Wildl. Med.* **18**: 41-48.

Fukui, D., Takahashi, K., Kubo, M., Une,Y., Kato, Y., Izumiya, H., Teraoka, H., Asakawa M., Yanagida, K., Bando, G.（2014）Mass mortality of Eurasian tree sparrows（*Passer montanus*）from *Salmonella* Typhimurium DT40 in Japan, winter 2008-2009. *J. Wildl. Dis.* **50**(3): 484-495.

中野良宣・菊地直哉・高橋樹史・浅川満彦・吉野智生・泉谷秀昌（2011）2005-06 年冬季に北海道中央部で見られたスズメの大量死についての検討—サルモネラ症の流行によるものであったのか．第 62 回北海道獣医師大会・平成 23 年北海道地区三学会講演要旨集，北海道大学.

Tanaka, T., Tanoue, G., Yamasaki, M., Takashima, I., Sakoda, Y., Ochiai, K., Umemura, T.（2008）Chemical deicer poisoning was suspected as a cause of the 2005-2006 wintertime mortality of small wild birds in Hokkaido. *J. Vet. Med. Sci.* **70**(6): 607-610.

Une, Y., Sanbe, A., Suzuki, S., Niwa, T., Kawakami, K., Kurosawa, R., Izumiya, H., Watanabe, H., Kato., Y. (2008) *Salmonella enterica* serotype Typhimurium infection causing mortality in Eurasian tree sparrows（*Passer montanus*）in Hokkaido. *Jpn. J. Infect. Dis.* **61**: 166-167.

第11章

観光地における水鳥の窒息事故
——食パンがオオハクチョウの咽頭部を塞栓

吉野智生・浅川満彦

11.1　水鳥の給餌を巡る背景

水辺があって水鳥がいれば、何をさておいても餌をまく、というのが、日本人の習性であるらしい。その対象となりやすいのは希少種や、身近な鳥、あるいは見栄えがする鳥類であり、中でもハクチョウ類への給餌は、動物保護の象徴、あるいは、保護の名のもとに行われる地域おこしや観光資源の目玉として、国内の様々な地域で行われてきた。このような人工給餌は、当初は絶滅が危惧される種に対して、冬季に不足傾向となると考えられる天然餌資源を補う、緊急避難的な措置として始まったものが多い。一方で前述した飛来地の中には、もともと天然餌資源が存在しない場であっても継続的な給餌を行い、無理矢理呼び寄せた事例も発生している。また、自然飛来地であっても、突発性の寒波により、給餌に依存する個体が大量死した事例も知られている。

これらに関し、現在のところ国レベルでの法的な規制は存在しないが、地方自治体や地元住民・団体を中心として、独自の条例やルールづくりを呼びかける動きが出てきている。特に、国内複数カ所の飛来地で発見されたオオハクチョウの死体から高病原性鳥インフルエンザウイルスが検出されたことなどを受け、公園管理の当事者、民間自然保護団体、野鳥愛好家などの中から、給餌を禁止、自粛する動きも増えている。しかし、その一方で、ハクチョウを含め野生動物に餌をやることについては、依然として基本的には善行とされるのが一般的であり、給餌が野鳥や周辺環境に与えうる影響については、まださほど注目されていないのが実情である。

こうした背景の中、筆者らは食パンが咽喉を栓塞し、それが原因で死亡したと考えられるオオハクチョウについて剖検を行う機会を得たので、その記録を吉野ほか（2010）として公表した。本稿では、その報告をもとに、給餌が時に野鳥を死に追いやることについて述べたい。なお、考察に相当する部分では、それぞれ引用文献を明示すべきであるが、その根拠となる文献はすべて吉野ほか（2010）で網羅していることから、ここでは割愛した。

11.2　オオハクチョウの喉には食パンが詰まっていた

酪農学園大学野生動物医学センター（以下、WAMC）では、2004年に開設して以来、死亡した野鳥を受け入れ、病原体や寄生虫の検査、解剖による死因の検査、サンプルやデータの蓄積を実施してきている（第10章参照）。その中で、ウトナイ湖（北海道苫小牧市、2010年1月）および尾岱沼（北海道野付郡別海町、2005年2月および2006年1月）にて回収されたオオハクチョウ計3個体で、咽頭から食道上部にかけて食パンによってふさがれていた事例があった。その症例について、以下に述べる。なお、解剖に際しては、事前に鳥インフルエンザおよびウエストナイルウイルスの簡易検査を行い、陰性を確認したうえで実施している。

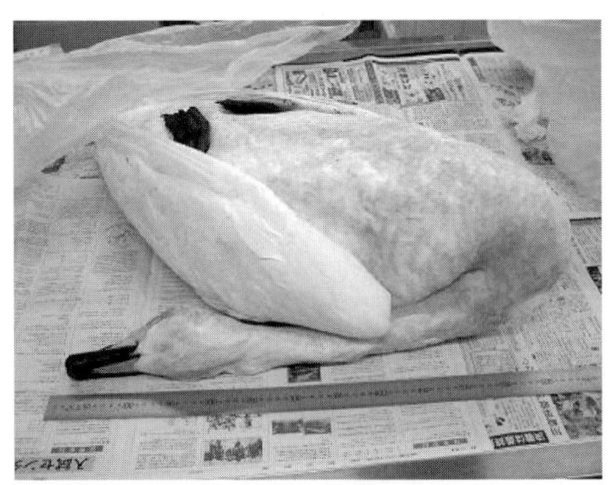

図11-1　オオハクチョウ死体の外貌
写真はウトナイ湖の個体（吉野ほか，2010より）。

まず、外部寄生虫（ダニ・ハジラミなど）を検索し、身体計測と解剖を定法に従って実施した。その後、実体顕微鏡を用いて各臓器と消化管から寄生蠕虫（ぜんちゅう）類を検索した。一部の臓器や筋肉などは、今後の詳細検査試料としてWAMC内冷凍庫に入れて、－20℃で保存した。

3個体のオオハクチョウはすべて成鳥で、皮下脂肪が十分に蓄積されていた（**図11-1**）。尾岱沼産の1個体で右大腿部に死後に肉食獣に食べられたと思われる傷があったが、それ以外に明らかな外傷はなかった。また、鉛中毒で必発する緑便による総排泄口付近の汚れは認められなかった。口腔内を観察したところ、3個体すべてにおいて咽頭開口部および管腔全域が、食パンによりふさがれていた。

ウトナイ湖の個体では、唾液などの液状物で膨らんだパンが喉頭部開口部までふさいでおり、気道の入り口が確認できなかった（**図11-2**）。詰まっていた食パンの大きさは長さ12～13 cm、最大幅3～4 cm、厚さ3 cmであり、上部食道に充満していた（**図11-3、11-4**）。血液は暗赤色で流動性を示し、諸臓器と血管の充血、鬱血（うっけつ）が認められ、特に、心臓周辺と肝臓、腎臓で顕著であった（**図11-5**）。また、口腔と気管の粘膜に点状内出血が認められた。このほか、尾岱沼2005年個体では眼粘膜にも点状内出血が認められた。直腸便と肝臓は通常の色であり、急性鉛中毒で見

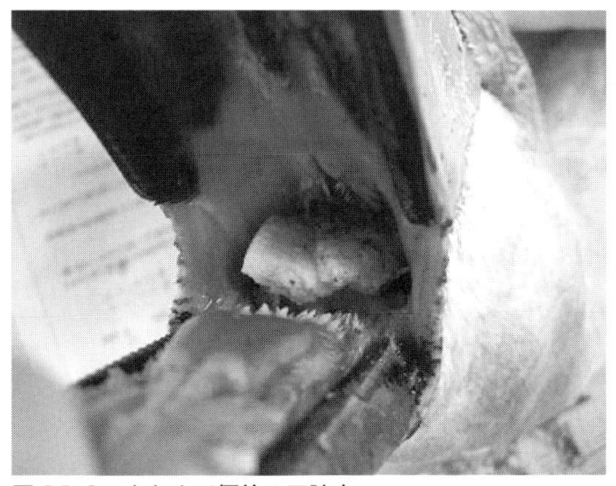

図11-2　ウトナイ個体の口腔内
喉頭部開口部まで食パンが詰まっているのが見える（吉野ほか，2010より）。

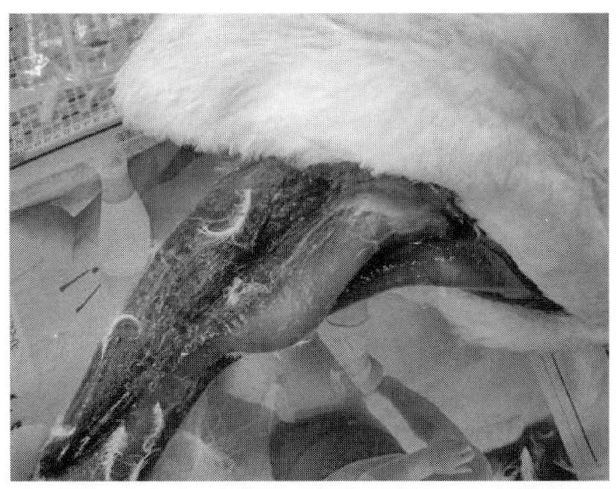

図 11-3　ウトナイ個体の、食パンが詰まった状態の食道
切開前。中央半円状の膨化した乳白部が食道。頸静脈が鬱血している（吉野ほか，2010 より）。

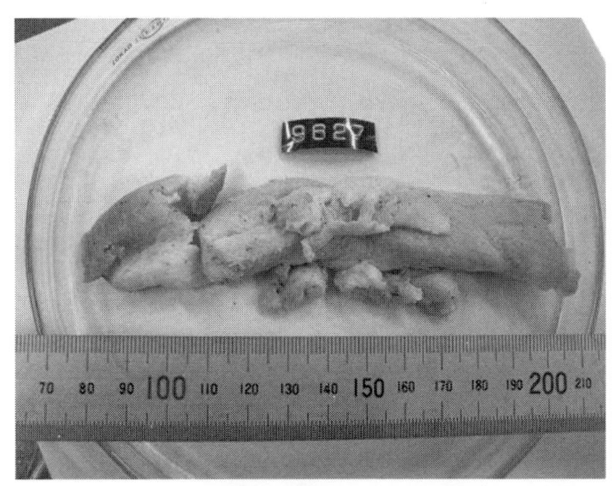

図 11-4　ウトナイ個体に詰まっていた食パン（吉野ほか，2010 より）。

られるような鮮緑色ではなかった。また肺や気嚢など呼吸器も正常であり、アスペルギルスなどのカビ類（真菌）による真菌結節や膿の蓄積などもなかった。したがって、これらの所見から、餓死、密漁、交通事故や建造物・電線衝突等の事故死、鉛中毒、感染症など、オオハクチョウの死因として代表的なものは否定された。

血液が暗赤色流動性であること、臓器と血管の鬱血、粘膜や漿膜下の点状内出血の存在は、窒息死の一般的な所見とされる。これに加え、異物に

図 11-5 ウトナイ個体で見られた心臓およびその周辺主要血管における鬱血（吉野ほか，2010 より）。

よる窒息死の場合は、縊死（首つり死）、絞扼死（首締め死）、溺死および圧迫など他の要因による窒息に比べて、特異的な所見に欠け、眼粘膜の点状内出血あるいは顔面の鬱血を認めないことが多いとされる。一方、大きな塊を飲み込もうとした場合に、咽頭粘膜に分布する上喉頭神経が刺激を受け、反射的な心停止が起こる現象があり、これが死因につながることがある。

以上から、今回の事例は、いずれも食パンが液状物（唾液や飲水など）を吸収後、咽喉部にて著しく膨らんだ状態となり、気道をふさぐことによる窒息または前述した反射的な心停止、あるいはその両方が起こった、と推察された。食パンの由来は剖検所見としては不明だが、各死体が発見された周辺状況から推測するに、給餌に用いられたものであることは明らかである。なお、得られた食パンは70%エタノール液による防腐処理後に強制乾燥し、本事例の証拠標本としてWAMCに保存され、また、公開授業では、必ず訪問者に見せて、給餌禁止の啓発活動に有益な教材となっている（**図 11-6**）。

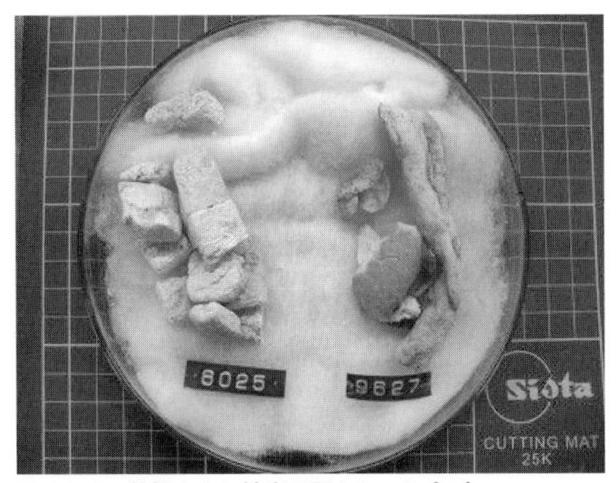

図 11-6　乾燥された栓塞原因となった食パン
左：尾岱沼個体、右：ウトナイ個体。これらは乾燥し、腐敗防止処理をした後、WAMC にて証憑標本として保存されている（吉野ほか，2010 より）。

11.3　ハクチョウは死して、なお語りぬ

北海道におけるオオハクチョウの死因としては、建造物や電線への衝突、交通事故、密猟、鉛中毒、天敵による捕食および衰弱死などが報告されているが、今回の事例のような人工給餌物による致死例は報告されていない。また、WAMC では本稿までに計 68 例のオオハクチョウの剖検が実施されたが（吉野・浅川，2012；吉野ほか，2014）、鉛中毒死個体における上部消化管異常による嚥下（えんげ）困難の事例はあるものの、健康だった個体が異物により直接的に窒息死するに至った事例は今回の 3 例が初めてである。

給餌が野生動物に与える影響としては、採食や渡りといった生態を変化させることや栄養の偏りなど間接的な影響が問題視されてきたが、今回の事例により直接的な影響として時に窒息死の原因となることが示された。また、ウトナイ個体で咽喉に詰まっていたのは大きめの塊であったが、尾岱沼 2 例では約 2 cm 四方と小型であった（**図 11-6**）。このことは、仮に与える餌の形状がちぎった状態であったとしても、食道内でその小片が重なってしまうことで、そのままの形状で与える場合とほぼ同程度の危険性があることを示している。そして、この所見を受け、これまで行われてい

図 11-7　ウトナイ湖にて給餌をする観光客（Asakawa, 2010 より改変）

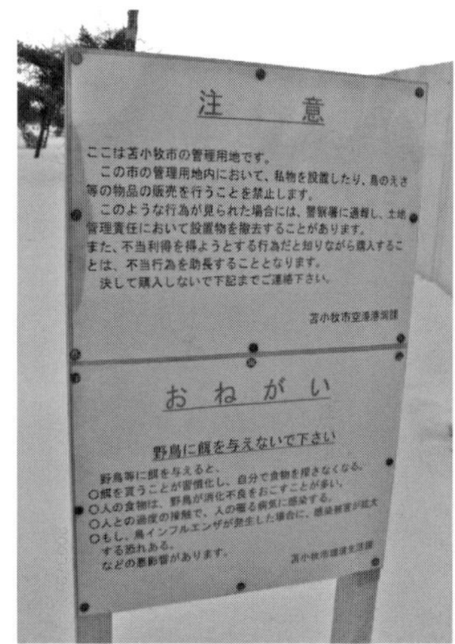

図 11-8　食パンによる窒息死により餌やりが禁止され、ウトナイ湖に立てられた看板（左右とも浅川、原図）

たウトナイ湖での給餌は禁止された（図 11-7、11-8）。

11.4　水鳥飛来地における給餌のルールづくりを！

水鳥飛来地における給餌は、時に美談とされ、地域や季節の話題として、新聞などメディアに好意的に取り上げられることが多い。一方で、大量にまかれた餌が生息地の水質悪化の原因になっていることや、個体数の増加に伴う過密化、水鳥の種構成や分布の偏り、感染症発生リスクの上昇や過度の給餌により野鳥の採食生態を変えてしまうことなど、懸念されている問題点は多い。しかし、それら問題点について取り上げられることはあまりない。

ある特定の種だけが給餌により増えれば、他の種はその影響を受ける。例えば、ハクチョウが増えれば、餌となるアマモやマコモ等の水生植物、水生昆虫などの無脊椎動物はそれだけ余計に捕食されることになり、こうしたことが積み重なれば、生態系のバランスが崩れてくる。ある特定の鳥だけに餌をやることは、その他の鳥や生物に対する差別でもある。また、ハクチョウに餌をやっても他のカモなどが食べることもあるように、給餌されやすい種とされにくい種がいる。さらに、餌として与えられているものは地域によって多様であり、本来の食物ではないものを餌として与えられていることもある。しかし、そうした場合に鳥類が受ける影響についてのデータはほとんどない。

日本人は餌をやることでしか、野生動物と関わることができなくなったのであろうか。対価を与えなければ関わることもできない、昨今の無秩序な給餌は、まさしく援助交際とでも称すべき行為であり、野鳥にとって害悪でしかない。すべての給餌がそうではないが、各生息地において、最低限のルールを整備し、人間の側から、野鳥への関わり方を考え直す必要があるだろう。

一方、給餌に関しては、我々のような者も含め、研究者からの関わりはまだ少なく、その功罪についての議論は十分ではない。また、ルールを定めるには根拠となる情報が必要であり、今回の症例のような報告も含めて、研究者側からの積極的な情報発信も必要であろう。そのうえで行政や地域住民、保護団体等とともに、給餌の意義や方向性に関する有効な論議が開始されることを希求したい。

引用文献

Asakawa, M.（2010）Ecotourism with utilization of wild animals - Its impact on conservation medicine and risk assessment in Hokkaido, Japan. *In*: (Eds. Anton Krause and Erich Weir) Ecotourism: Management, Development and Impact, Nova Science Publishers, Inc., New York, pp.227-240.

吉野智生・浅川満彦（2012）マレック病罹患マガン発見を機に継続実施された剖検概要.（牛山克巳 編）『みんなでマガンを数える会 25 周年記念誌』, 宮島沼水鳥・湿地センター, pp.25-27.

吉野智生・上村純平・渡邉秀明・相澤空見子・遠藤大二・長　雄一・浅川満彦（2014）酪農学園大学野生動物医学センター WAMC における傷病鳥獣救護の記録（2003 年度～ 2010 年度）. 北海道獣医師会雑誌 **58**: 123-129.

吉野智生・山田（加藤）智子・石田守雄・長　雄一・遠藤大二・浅川満彦（2010）食パンが咽喉部を栓塞させたオオハクチョウ（*Cygnus cygnus*）3 例の剖検所見. 北海道獣医師会雑誌 **54**: 238-241.

第Ⅳ部

希少野生動物の餌付けに伴う問題

第12章

シマフクロウへの給餌と餌付け

早矢仕 有子

シマフクロウ（*Ketupa blakistoni*）は、日本では北海道のみに生息する世界最大級のフクロウである（**図 12-1**）。200 種を超える世界のフクロウ類のうち、魚類を主食とする 7 種のうちの 1 種である。世界的な分布はアジア北東部に限定されており、オホーツク海および日本海沿岸のロシア沿海地方、国後（くなしり）、サハリン南部、そして北海道に生息している（BirdLife International, 2001）。しかし、サハリンで近年の生息は確認できておらず、また、分布するとされてきた択捉や色丹にも確実な繁殖記録はない

図 12-1　シマフクロウのオス成鳥

(Berzan, 2005)。

北海道においては、19世紀後半の明治中期には南部の函館近郊および札幌市を含む石狩平野にも生息していたことが標本資料より明らかになっているが（早矢仕, 1999)、現在では東部を中心に約140羽が生息しているにすぎない。日本版レッドリストでは、近い将来最も絶滅の危険性が高い「絶滅危惧ⅠA類」に選定されている。

分布域縮小と個体数減少の主な原因は、主食である魚類が河川環境の悪化により減少したこと、ならびに、営巣木となる広葉樹の大径木を有する天然林面積が開発行為と高度経済成長期に激化した針葉樹造林地への転換により大きく減少したことである。

1971年に国の天然記念物に指定されたが減少傾向に歯止めがかからず、1975～76年に実施された公的機関による初めての生息調査の結果、北海道東部にわずか29個体の存在しか確認されず（北海道教育委員会, 1977)、絶滅の危機が高まるばかりであった。

12.1　給餌はシマフクロウ保護の支柱

国がシマフクロウへの保護事業を開始したのは1984年、その柱となったのは、営巣木不足を補うための巣箱の設置と、食料不足を賄う魚類の給餌であった。最初、根室の1カ所で始まった人為給餌は、十勝、大雪山系、日高、道北へと拡大し、2014年3月現在、冬季を中心に12カ所の生息地で実施されている（**図12-2**)。

巣箱と給餌による保護策は、絶滅の危機にあったシマフクロウの生存と繁殖を支え、顕著な成果を上げてきた。巣立ち時期までの生存が確認されたヒナの数は年々増加し、この数年は毎年20羽以上のヒナが巣立っている。1985～2013年の間に巣立ちまで育った合計422羽のうち、44%（185羽）が国の保護事業で給餌が実施されている生息地出身であった（環境省釧路自然環境事務所資料, **図12-3**)。

国による給餌が実施されている北海道十勝地方の一生息地で調べた結果、巣内育雛期間に親が巣に運んだ餌重量の95%が人為給餌されている

図 12-2　野生個体の生息地に設置された国の給餌池でシマフクロウの観察と侵入者防止のための監視カメラが撮影した写真
このように日中にシマフクロウが飛来することもある。天然の沢水を引き込みヤマベを放し、ミンクなど魚食性哺乳類の侵入を防ぐため囲いを設けている。

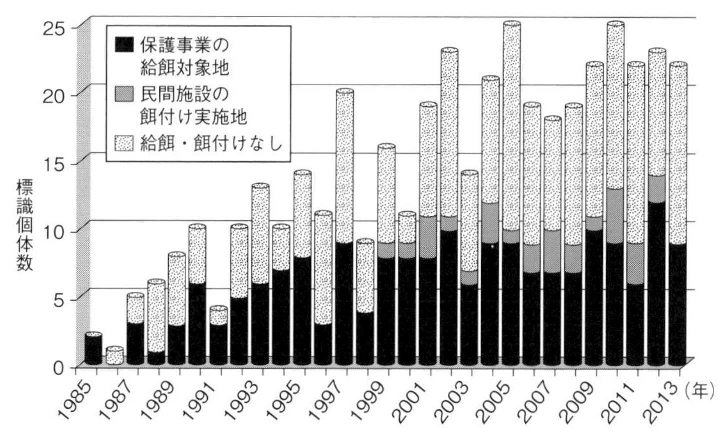

図 12-3　シマフクロウ巣立ちヒナ数推移（1985～2013 年）
正確には、「巣立ち時期に個体識別のための足環を装着した個体数」を指す。
（環境省釧路自然環境事務所資料より作図）

魚類で占められていた。この生息地では 1986 年の給餌開始以降、繁殖個体の交代はありながら縄張りが受け継がれ、2014 年までに合計 25 羽のヒナが巣立ち、そのうち 6 羽は繁殖個体として次世代を生産している。この一族の30年に及ぶ繁栄は、人為給餌に支えられた結果と言えよう。

現在、北海道に生息するシマフクロウの個体数は約140羽、つがい数は40～50にまで回復しつつあるが（環境省釧路自然環境事務所資料）、給餌と巣箱設置なしにこの回復はあり得なかった。

12.2　給餌はシマフクロウだけでなくヒトも呼んだ

給餌抜きにシマフクロウ保護は語れないが、一方、シマフクロウをヒトに近づけてしまったことは給餌の大きな弊害である。シマフクロウは森林を棲み場所とする夜行性鳥類なので、本来人目に付かない暮らしをしている。しかし、給餌はシマフクロウを特定の餌場へ誘引することで、自ずと人目に触れる機会を増やしてきた。1985年から国が人為給餌を始めた一つがいの生息地で、筆者は1987年よりシマフクロウの調査研究を継続しているが、最初の数年間はシマフクロウを見に来る人は稀であった。ところが、徐々にこの鳥の知名度と人気は上昇し、1999年以降急激に訪れる人数が増加し始めた（早矢仕, 2002）。その時点ですでに、繁殖地への侵入や給餌場所での目に余るストロボ撮影が発生していたため、営巣地や給餌場所周辺へのヒトの立ち入りに制限を加える必要性を訴えた（早矢仕, 2002）。しかし、その後規制強化はできないまま年月は過ぎ、同じ生息地への2013年の年間訪問者数は、2000年の約5.5倍に膨れ上がっている（**図12-4**）。

この間に、訪問者の特性も大きく変わった。1980～90年代の訪問者の多くは、双眼鏡を持った少人数（単独から3名連れまで）のバードウオッチャーと撮影者であったが、2013年には大手旅行会社のツアーも組まれ、一度に10人以上の団体が、育雛期間中の繁殖地に大砲のようなカメラレンズを抱えてやって来るようになった。双眼鏡だけを持って個体の飛来を待つバードウオッチャーは絶え、撮影目的の訪問者がほぼ全数を占めた。これらの客は、給餌場所に近接する民営の宿泊施設を利用し、宿はFacebookを利用してシマフクロウの写真と出現状況を更新し続けることで客の獲得に成功していた。悪質な自称ネイチャーガイドが常連客となり、

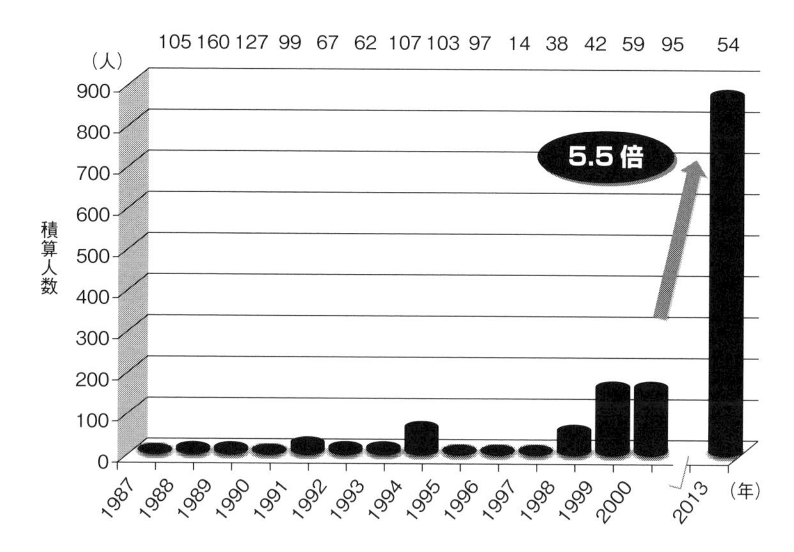

図 12-4　ある給餌対象生息地における 1987 ～ 2000 年と 2013 年におけるシマフクロウウォッチャー数推移
グラフ上部の数字は年ごとの調査日数を示す。各年の人数は、調査日数と各調査日に数えたウォッチャー数から推定した。
(早矢仕，2002 に加筆)。

数人の客を引き連れ育雛中の巣直下で撮影させるなど、個体の繁殖や生存を危うくする事態も発生している（早矢仕，2012）。

このような事態を避けるため、国の保護事業は開始当初から、シマフクロウの生息地を非公表にしてきた。それでも生息情報が人に知られ多数の入り込みがある生息地では、私有地と国有林の境界を柵で囲み、立入禁止の看板を掲げ、給餌池や営巣地に人を近づけない努力をしてきた（**図 12-5**）。その注意を無視する悪質な侵入者に対しては、国有林管理者である森林管理署が口頭と書面で厳重注意をしているものの、罰則を伴う規制を講じることができない。したがって、客を連れて柵を越え侵入したガイドは、その行為を広く知られることもなく営業活動を継続している。このような状況が続く限り、残念ながら生息地を公表することは不可能である。

図 12-5　私有地と国有林の境界に柵と看板を張り巡らせ立入禁止を訴えているが……

12.3　ヒトを呼ぶために餌付けする

国の給餌が営利に悪用される一方で、自らシマフクロウを餌付けし宿泊者に見せている（撮影させている）宿も存在している。インターネットの検索サイトで「シマフクロウ　写真」で検索すると次から次へとシマフクロウの写真あるいは動画を掲載したブログがヒットするが、そのほとんどがこれらの宿で撮影されている（**図 12-6**）。個体の写真を掲載しているブログの約 4 割には宿名が明記されており（**図 12-6a**）、それ以外にブログの記述あるいは写真から宿を特定できるものを含めると、全体の 75％のブログ掲載写真がこれらシマフクロウを見せている宿で撮影されていた（**図 12-6b**）。4 軒中 3 軒がシマフクロウを餌付けしており、残り 1 軒は上述した通り国の給餌場所に飛来するシマフクロウを見せている。すなわち、ウェブ上に流布している野生個体の写真や動画の大半は、餌に誘引されたシマフクロウを撮影したものであり、同じ場所で同じ個体を撮影した写真が、金太郎飴のように再生産され続けている。

餌付けされたシマフクロウを撮影し公表しているのは個人だけではない。大きなメディアも同様だ。例えば、2014 年 6 月 8 日付朝日新聞の北

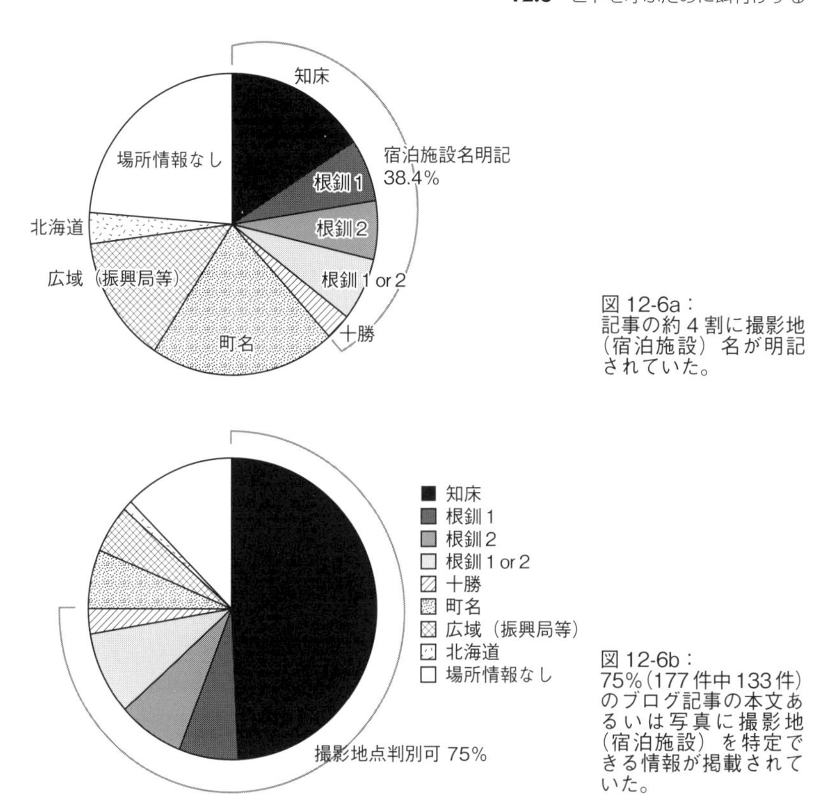

図12-6b：
75%（177件中133件）のブログ記事の本文あるいは写真に撮影地（宿泊施設）を特定できる情報が掲載されていた。

図 12-6　シマフクロウの野生個体が撮影された写真が掲載されているブログ記事 177 件の分析結果

海道地方紙面には、温泉宿の名前、場所とともに宿が与えた魚を食べるシマフクロウの写真が大きく掲載され、「出合えるチャンスがあるが、近づかない、写真撮影でフラッシュを使わない、大きな音を出さないなどのルールは守りたい」と、シマフクロウの撮影を助長するような記事が書かれている。

1991 年以降、数度にわたって、環境省は北海道内のメディアにシマフクロウの生息場所を明らかにする報道の自粛を要請している。しかし、あくまで協力のお願いに過ぎず、全く強制力を持たないうえに、報道各社内で周知されていないため、何の配慮もされず地名が露出する記事が後を絶たない（早矢仕，2009）。それに加え、旅行会社もシマフクロウ撮影ツアーを企画し、広告をバードウオッチャーの主要購読誌に掲載している。こうして、餌付けされたシマフクロウの生息地にはさらに多くの客が押し寄せるが、誰もそれを規制することはできず、来訪者の行動を管理する仕組みもない。

国の保護事業で管理されているはずのシマフクロウを対象にした、私的な餌付けや観光活動がまかり通っていいのだろうか。

12.4 「餌付け」は保護ではない

ブログで露出しているシマフクロウの写真の半数は、宿泊施設が餌付けをしている知床の宿１軒で撮影されている（**図 12-6b**）。知床は世界自然遺産地域に登録されていることからも明らかなように、北海道内でも自然度が高く生物多様性に恵まれた地域だ。したがって、知床半島に生息する約 20 つがいのシマフクロウはすべて天然の餌資源で自活しており、国の給餌はいっさい行われていない。給餌の必要がないからだ。実際、河川に生息する魚類密度は、知床以外の生息地と比べ明らかに上回っている（竹中，1999）。

それでも餌を与えれば個体は居着く。野生動物とて我々と同じで、楽に食べられる機会を拒絶する理由はない。彼らは現実主義者であり「食わねど高楊枝」する見栄っ張りではない。そこで餌場に通う姿を見た観光客は、「ここに魚を食べに来るのは、自然に餌がないからだ。宿が私費で魚を与えているおかげで、ここのシマフクロウが生きていられるのだ」と誤解し、餌付け行為が美化されてしまう。

このような行為に対し、国も我々保護増殖事業関係者も見て見ぬふりを続けてきた。しかし、情報の露出があまりに激化し、看過するにも限度を過ぎた。遅まきながらではあるが、保護増殖事業に関わる研究者として、まず、実情を把握したうえで、意思疎通を図りたいと考えた。

そこで、知床の宿に協力を要請し、まずはどんな人々が来ているのか、実態を把握することから始めることにした。宿の来訪者に書面で聞き取り調査を実施し、様々な質問項目の最後に自由記述を設けたところ、餌付け行為に関する意見がいくつも寄せられた（2013年9月18日～2015年7月28日，回答数94）。それらは次のようなものであった。

＊環境破壊が進む中、シマフクロウが餌を確実にとれるこのような場所が必要。
＊減少を食い止めるため、餌付けをすることも必要。
＊宿の給餌により毎年のように繁殖に成功していることから、ある時期までは餌付けが必要。
＊餌付けについては個人的に見たい気持ちと自然に狩りをしたほうがいいのでは？　という気持ちがありましたが、少数を限定して皆さんに見てもらって現状を知り、考えてもらうのも良いことなのではと思いました。
＊他の場所をむやみに荒らされないようにするための、餌付けは一つの布石と思う。
＊餌付けは良くないことと思うが、シマフクロウを見るにはこれしかない。
＊繁殖しているから保護の効果が高い。継続的な給餌が必要
＊餌付けによってシマフクロウの一家が野生を失っているのは残念。しかし、生息地を荒らさずに観察・撮影する場を提供するこのような場所が必要。
＊シマフクロウもタンチョウのように給餌を積極的に行ったほうが良い。
＊宿の試みはタンチョウの給餌とともに現時点では必要悪として応援したい。
＊急激に給餌をやめるとその影響が予測できない。（餌付けをやめて）野生の姿が見られなくなると、ネイチャーガイドを名乗る人々が営巣地に入り込み観光客に見せることが多くなるかもしれない。
＊寒い北海道の川で自分で餌を捕っているのか心配。冬の餌がないときは保護を考えると餌を与えるのも必要かと思う。
＊知床で自然界で食べていけないとは考えにくい。簡単に餌が捕れることで、ここの個体は軟弱に育っている感はある。しかし、個体数を増やす方法としては間違っていないと思う。
＊餌付けのおかげでシマフクロウを見ることができた。
＊餌付けせずに見られるような場所がほしい。
＊シマフクロウを近くで観察し、写真で撮ることができるようになっていることはありがたいが反面、生きた魚を生簀で与えていること、これは、シマフクロウを餌付けしているのと同じこと。彼らが自然の餌を捕れなくなり動物園で飼育しているのと変わらない状態だと思いますが……。

このように、来訪者の頭にある「餌付け」の意義は、＜保護＞と＜見る・写真を撮る＞の2点に集約される。しかし上述した通り、知床半島は自然の餌環境に恵まれた地域であり、他個体は国の給餌なしに生存し繁殖して

いる。そのような地域で餌付けをすることに、保護上の必要性はない。したがって、残された意義は＜見る・写真を撮る＞であり、個体の保護とは別の話になる。来客に写真を撮らせるために宿泊施設が実施している営利活動としての餌付けは、公的機関による給餌と目的が全く異なることを忘れてはならない。

12.5　見せるための餌付けは許されるか？

ただ、ここで民間宿泊施設の餌付け行為を全否定するつもりはない。その理由の一つは至って感覚的なものだが、餌付け行為の動機がおおむね「善意」であることだ。上述した調査で得られたコメントにも、宿泊施設経営者の「シマフクロウへの深い愛情」と「長年の努力」への共感と敬意が寄せられている。

第二かつ最大の理由は、宿の餌付け行為が、野生のシマフクロウを見たい人々の欲求を満たしていることである。繰り返しになるが、国の保護事業ではシマフクロウの生息地を原則公開していない。これはやむを得ない措置だ。希少生物の生息情報が隠されるのはシマフクロウに限ったことではない。ただ、「見たい」者の立場からは、この方針が極めて不愉快であろうことは想像がつく。そしてもちろん、「見る」ことは対象への関心と共感を生むはずだから、「見た」人たちは、シマフクロウ保護の良き理解者になり得る。その人たちとの接点を持たない現在の保護事業は、好機を失い続けているとも考えられる。前ページに紹介したコメントにも、餌付けはシマフクロウを見せるための必要悪と認識する声が上がっている。

ただ、「見せること」と「餌付け」は切り離して考える必要がある。宿泊客が「自然の餌を捕れなくなり動物園で飼育しているのと変わらない」と感じる状況を作ってまで、絶滅危惧種の野生個体を毎日何時間も人に見せねばならないのだろうか。そもそも、絶滅危惧種の野生動物を見ることは、そこまでたやすいことであるべきだろうか。

このような場所で生まれた個体は、ヒトを警戒しない親鳥に連れられ人前に姿を現し、常に人目に晒された状況で採餌を続けるから、人家や人間への警戒心を育むことができない。シマフクロウの主な死因は､交通事故·感電事故などヒトの活動が引き起こす人為的事故である（早矢仕, 2009)。ヒトを恐れないことは、事故死の危険を高めることにつながる。さらに、小さな生簀（いけす）で養魚場育ちの魚ばかり捕って育った個体が、親元を離れるまでに十分な狩猟能力を獲得しているのか心許ない。生後１～２年ですべての若鳥は親元を去らねばならない。その後、自分の身を自分で守るために必要な生存能力を身につけているだろうか。

12.6　餌付け宿と保護事業は共存可能か？

では、現在餌付けをしている宿と公の保護事業が共存する道はあるのだろうか。

まず、餌付けによるシマフクロウの私物化をこれ以上拡大させない措置が急務である。国の給餌や巣箱を営利目的に利用する宿は論外としても、たとえ私有地内であれ､保護に反する行為は許されない。シマフクロウは、文化財保護法に基づく天然記念物であり、「絶滅のおそれのある野生動植物の種の保存に関する法律（種の保存法)」で国内希少野生動植物種に指定されている。土地所有者であっても、「土地の利用に当たっては、国内希少野生動植物種の保存に留意しなければならない｣(種の保存法第 34 条）はずである。

餌付け行為に対して環境省は、「鳥獣の保護及び管理を図るための事業を実施するための基本的な指針｣において､｢鳥獣への安易な餌付けの防止」の項目を設け、「国及び都道府県は希少鳥獣の保護のために行われる給餌等の特別な事例を除き、地域における鳥獣の生息状況や鳥獣被害の発生状況を踏まえて、鳥獣への安易な餌付けの防止についての普及啓発等に積極的に取り組むものとする。また、鳥獣を観光等に利用するための餌付けについても、鳥獣の生息状況への影響が最小限となるよう、また、鳥獣被害、感染症の拡大又は伝播の誘因となることがないように十分配慮するものとする」と記している。

現状の餌付け行為がこの指針に背いていないか、国は精査する必要があるだろう。

また、北海道は2013年に施行した「北海道生物の多様性の保全等に関する条例」において、「道内又は道内の特定の地域における生物の多様性に著しい影響を及ぼし、又は及ぼおそれがあると認める餌付け行為を、指定餌付け行為として指定することができる（第26条）」とし、「指定の対象となる区域においては、指定餌付け行為を行ってはならない（第27条）」と定めている。すなわち、現行法と条例の適用によりシマフクロウへの餌付けを禁じることは可能なはずだ。これ以上、餌付けを実施する宿泊施設を増やさないためにも、法的規制を実施すべきであろう。

そのうえで、すでに餌付けを実施している宿泊施設に関しては、期限を定めて餌やり行為をやめさせる必要がある。まずは徐々に餌量を減らしつつ、シマフクロウ個体の安全と健康に留意しながら、宿泊施設の損失を最小限に抑える行程を辿り、餌付け量ゼロを達成せねばならない。ただし、すでに存在が知られたシマフクロウを再度隠すことは不可能であるし、ヒトに見せる場を失くすのは、シマフクロウの保護にとっても長期的には不利益となろう。そこで、シマフクロウの生態や保全に関する正確な知識を習得できる場を提供することに重きを置き、写真撮影の場ではなく、観察と教育の場として公開することを考えてはどうだろうか。

知床の宿で出会った、一人の女性客は、「アマチュアカメラマンの方々と接して、その本気度というかピリピリしたムードに驚きました。シマフクロウが好きというより、いい写真を撮ることを重用視しすぎている」と語ってくれた。根室で三十余年をシマフクロウの保護研究に費やしてきた第一人者の山本純郎氏は、増加し続ける無遠慮なカメラマンに対し、「シマフクロウをただ被写体として見るのではなく、一つの生命として見てほしい」と願望を語っている（NHKアーカイブス「シマフクロウの森を守る」2014年6月15日放送）。

現状の「見せ方」では、シマフクロウが本来備えている「野生の尊厳」を感じることができず、生命として尊重する態度が生まれないと思う。珍鳥マニアの撮影欲を満たすだけでは、シマフクロウ保全への道のりを共有できない。別の見せ方への転換が必要である。

12.7 みんなで見守る

野生のシマフクロウ生息地に人を招き入れ、その姿を見せるためには、併せて、シマフクロウの採餌や繁殖への妨害を防止する措置が必須である。筆者が長年家族を見守ってきた北海道十勝地方の生息地は、宿泊施設やツアーガイドの無分別な行為により、シマフクロウが静かな日常を送ることが困難になり、筆者は侵入者からシマフクロウを守るために頭を悩ませ続け、国は度々大きな出費を伴う防御策を実施してきた。しかし、終わりのない侵入者とのイタチごっこに人力や金銭を費やすより、もっと平和的で恒久的な解決策はないものか。

困り果てていた2013年、三井物産環境基金の助成を受ける幸運に恵まれ、携帯電話回線とインターネットを利用したシマフクロウ営巣地の監視システムを設計することができた。この生息地ではシマフクロウのつがいはほぼ毎年、巣箱を利用して繁殖している。そこで、巣箱の屋根にネットワークカメラを設置し、取得した画像を携帯電話回線を用いて送信することで、インターネットを介してどこからでも営巣地の観察が可能になった(**図12-7**)。このシステムを用いれば、個体に悪影響を与えることなく誰でもシマフクロウの繁殖を観察することができるし、不特定多数の目が見守ることで、巣に近づく不心得者もいなくなるだろう。そして同時に、シマフクロウに関心と愛着を持つ人の数を、もっともっと増やすことが可能になるだろう。

2014年の繁殖期には、ごくごく限定した対象範囲ではあったが、巣内画像を試験的にライブ公開し、ヒナの成長を巣立ちまで見守ってもらい、好評を得た(**図12-8**)。

かつて、シマフクロウ人気は今より地域限定傾向が強く、1987～2000年にこの生息地にシマフクロウを見に来ていた人たちの約半数は北海道在住者であった(早矢仕, 2002)。ところが、知床の宿で2013～15年に実施した調査では、シマフクロウを見に来ている客の約8割が、北海道外からの客であった(93名中70名)。現在ではむしろ、北海道外の人たちのほうがシマフクロウを見たがっているのかもしれない。ウェブでシマフク

図 12-7　シマフクロウの繁殖巣見守りシステム
協力：(株) 構研エンジニアリング・シスコン (株)・(株) 土谷製作所・(株) NTT ドコモ北海道支社

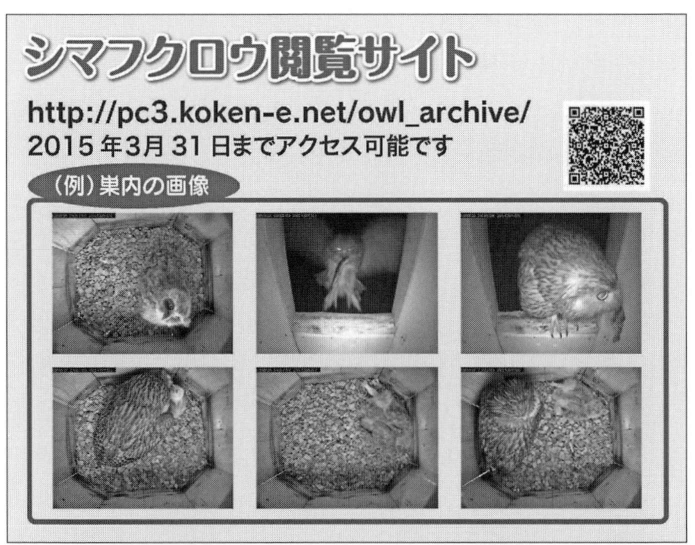

図 12-8　試行的に限定公開したシマフクロウの繁殖巣画像（2014 年）
これは巣立ち報告を書き込んだサイトトップ画面。

ロウのライブ画像を中継し、見守りへの参加を呼びかけたら、全国から賛同者が参加してくれるのではないだろうか。

保護目的の給餌場所や巣箱は、市民の力とIT技術を活用し徹底的に監視することで人の立ち入りを防止し、併せて一部の生息地では、餌付けに頼らず普及啓蒙を進展させる、その両輪で人とシマフクロウの関係を築いていけたら、シマフクロウは市民参画による希少種保全のモデルケースにもなり得るのではないだろうか。

12.8 おわりに

餌付けをしてシマフクロウを見せている宿に関し、2015年12月5日、朝日新聞全国版夕刊1面に「シマフクロウあえて公開 絶滅危惧種 観察と保護共存」の見出しが躍った。宿泊施設の行為を環境省が公認しているかに読める記事に、我々関係者は驚愕した。シマフクロウ保護増殖事業検討会は、記事にコメントが掲載されている釧路自然環境事務所へ経緯をただし、環境省の公的見解ではないことを確認した。国は生息地名がマスメディアにより公表されることも、宿泊施設がシマフクロウに餌付けすることも認めてはいないのである。

しかし、記事はすでに世に出回り、多くの市民が、環境省の方針が転換したと誤解したままである。まずは、国が保護事業の方針を丁寧に国民に説明する必要があろう。これまで保護のために公的機関が実施してきた給餌と、民間施設が実施している餌付けの相違を明確化させ、絶滅危惧種の餌付けを承認しない姿勢を表明することが求められる。そのうえで、餌付け主体の民間施設等、シマフクロウを観光利用している関係者も交えて、餌付けに頼らない別の見せ方を協議する場を設け、保全と観光利用の両立に向け合意形成を目指すことはできないだろうか。

付記

環境省北海道地方環境事務所と釧路自然環境事務所は2016年3月、「シマフクロウ保護増殖事業における給餌等について」と題した文書を発表し、その中で、「シマフクロウに対する保護増殖事業以外の餌やり行為は、いわゆる「餌付け」であり、シマフクロウ及び周辺生態系へ影響を及ぼすおそれがあること並びに人間の経済活動への被害が生じるおそれがあることから、（中略）シマフクロウへの餌付けを行う者に対しては、これを終了するよう指導する。」と、明言した。
(http://hokkaido.env.go.jp/kushiro/160315w.pdf)。

引用文献

Berzan, A. P. (2005) Analysis of modern distribution and population size of Blakiston's Fish Owls in the southern Kuril Islands and Sakhalin. pp.447-449. *In*: S. V. Volkov, V. V. Morozov, and A.V.Sharikov (Eds.). Owls of northern Eurasia. Russian Bird Conservation Union, Moscow, Russia.（「南千島とサハリンにおけるシマフクロウの現在の分布と生息数の検討」pp.61-64. 藤巻裕蔵 訳・編（2015）論文集 シマフクロウ．極東鳥類研究会）

BirdLife International (2001) Threatened birds of Asia: the BirdLife International red data book. Cambridge, UK: BirdLife International, 3037p.

早矢仕有子（1999）北海道におけるシマフクロウの分布の変遷―主に標本資料からの推察．山階鳥研報 **31**: 45-61.

早矢仕有子（2002）『絶滅危惧種ウオッチャー』の増加がシマフクロウに与える影響. *Strix* **20**: 117-126.

早矢仕有子（2009）生息地保全が大切ではないか？―シマフクロウ．（山岸哲 編著）『日本の希少鳥類を守る』，京都大学学術出版会，pp.75-98.

早矢仕有子（2012）シマフクロウを守る施策と圧迫要因．北海道の自然 **50**: 70-77.

北海道教育委員会（1977）エゾシマフクロウ・クマゲラ特別調査報告書．札幌，83p.

竹中　健（1999）シマフクロウ．（斜里町立博物館 編）『しれとこライブラリー① 知床の鳥類』，北海道新聞社，pp.78-125.

第13章

給餌と「野生」のあいまいな関係
——コウノトリの野生復帰の現場から考える給餌の位置づけの見取り図

菊地直樹

13.1　はじめに

環境破壊が進み生物多様性の危機が叫ばれるなか、絶滅が危惧される野生動物との共存は重要な課題の一つと言っていい。かつて、野生動物保護は人間が干渉しないかかわり方が基本とされ、規制的手法が政策の中心を占めていた。その後、危機が深刻と考えられるようになるにつれ、干渉しない消極的な手法だけではなく能動的に関与する手法が加わってきた。2005年の兵庫県豊岡市におけるコウノトリの放鳥に続き、2008年には新潟県佐渡市でトキが放鳥されるなど、相次いで実施されている絶滅危惧生物の「野生復帰プロジェクト」は、一度は絶滅した動物を飼育下で繁殖させ野外に戻すという、能動的に関与する代表的取り組みである。しかし考えてみれば、能動的な手法は野生復帰といった最新の取り組みだけに見られるものではない。古くから行われてきた野生動物への給餌も、そうした手法と言える。餌をやることは人間の能動的な関与に他ならないからである。実際、給餌によって絶滅の危機を脱して生息数を増やした動物たちがいるし、そうした努力は「美談」として語り継がれていたりする。

その一例として、北海道のタンチョウがいる。1952年に実施された北海道道東地区での一斉調査では、33羽の生息が確認されたにすぎず、絶滅の危機に瀕していた。大寒波が襲来したこの年、鶴居村の幌呂小学校で給餌に成功した。人間でさえ食べるものに困っていたにもかかわらず、弱っているタンチョウを見かけ、助けようと農家に呼びかけたものである。1950年代から60年代にかけて小学校や住民による自主的な給餌活動が行われ、個体数は徐々に回復していった。1962年からは北海道が自主的に給餌していた人たちを給餌員として委嘱し、餌の現物支給など支援を行うようになった。こうした官民一体となった長年の努力が実を結び、今では1000羽を超える生息数を数えるまでになっている。この劇的な個体数の増加は、寒いなか来る日も来る日も行ってきた地道な住民の給餌活動を抜きに考えることはできない。私たちは、こうした住民の善意から始まったタンチョウ復活の物語に感動し、生き物との共生に思いを馳せたりするのである。

兵庫県豊岡市のコウノトリも、給餌によって絶滅の危機を脱することが試みられた動物の一つである。やはり絶滅が危惧された1960年代、兵庫県内の小中学生たちはコウノトリを救おうと餌になるドジョウを集め豊岡へと送っていた。タンチョウとは異なりコウノトリは1971年に一度は絶滅したが、「ドジョウ一匹運動」と呼ばれたこの運動は、保護活動の一シーンとして語り継がれている。コウノトリの野生復帰という最新の取り組みは、給餌という古くからある手法によって、その基礎が築かれたのである。このように、給餌は絶滅の危機に瀕した野生動物を救うための一つの手法と言えよう。

その一方で、給餌は様々な問題を引き起こす行為であるとも考えられている。例えば、餌をやることで個体数が増加したり、人馴れを起こしてしまい、農林産物への被害を引き起こすことがある。北海道道東地区では、絶滅の危機から脱し、増えてきたタンチョウがデントコーン畑に入って荒らすようになっている。これは、給餌に伴う人間への被害の発生である。そのほかにも、給餌による弊害は本書でいくつも指摘されている。

野生動物の管理を模索している羽山伸一は、野生動物と私たち人間とのあいだに多様で新たな関係が急速に生まれ、しかも、その関係の多くは問題をはらんでいるという（羽山，2001）。羽山が「野生動物問題」と名付けたこうした問題的な関係のなかには、餌やりに起因しているものが少なくない。野生動物への給餌は、たとえ絶滅危惧種であっても無条件に受け入れられるわけではないだろう。

給餌を止めることは難しい。だからといって、無条件で行っていいとも言えない。野生動物との共存には多様な価値が含まれており、多様な人びとの協働と合意形成が欠かせないが、給餌の問題はいまだ社会的規範として整理されていないのである。では、絶滅が危惧される野生動物との共存において許容される給餌とは、どのような場合なのだろうか。

本章では、私が長年にわたってかかわっているコウノトリの野生復帰を事例に取り上げ、給餌と「野生」のあいまいな関係に注目することから、それぞれの共存の現場の事情に従って給餌の問題を考えうる見取り図を提示してみたい。

13.2 コウノトリの野生復帰

コウノトリ（*Ciconia boyciana*）は全長が約 110 cm、翼長が 2 m 前後、体重が 4 ～ 5 kg にもなる日本有数の大型鳥類である。全身は白色で、黒い風切羽とくちばしがコントラストになっている（**図 13-1**）。まるで歌舞伎役者のような鋭い目も特徴的だ。肉食性で、魚やカエル、昆虫などを口にする。飼育下では、1 日当たり体重のおおよそ 10 分の 1 に相当する 500 g の餌を与えている。大変な大食漢である。巣は松の大木などの樹上に小枝などで作った直径 1 ～ 1.5 m ほどの大きさのものをかける。大木が

図 13-1　コウノトリ

ないと営巣できないが、かつて里山に見られた大きな松の木は今や見る影もない。生態系のトップに位置し餌になる生物が豊富にいる環境を必要とすることから、コウノトリは生態系の状態を表す環境指標と言っていい。コウノトリの生死、行動によって、環境の状態をある程度は評価できる。

主な繁殖地はシベリア東部のアムールからウスリーにかけた湿地帯（主にアムール川流域）であり、中国揚子江周辺とポーヤン湖、台湾、韓国、日本に渡り越冬する。生息数は3000羽程度と推定され、IUCN（国際自然保護連合）のレッドリストでは、絶滅危惧種（En）となっている。日本では特別天然記念物（文化財保護法）に指定され、絶滅危惧ＩＡ類（環境省）に分類されており、いまだ絶滅の危機のなかにある。渡り鳥であるが、日本には田んぼや里山が広がる田園環境に適応し、留鳥として繁殖する個体群も生息していた。

江戸時代、コウノトリは日本各地に生息していたとの記録が残っている。だが、明治になって狩猟により大幅に減少し、事実上兵庫県但馬地方だけにしか生息しなくなったため、保護対策が進められるようになった。1892年に「狩猟規則」による保護対象となった。1894年、飛来が途絶えていた山に一つがいが飛来し、営巣してヒナを育てた。1908年に狩猟法の「保護鳥」となり、1921年には「鶴山の鸛繁殖地」として天然紀念物指定され、給餌場の設置など保護措置によって羽数は増加し、1935年頃には60～100羽ほどが生息していたと思われる。この頃が但馬のコウノトリの最盛期であった。

しかし、最盛期は長くは続かなかった。1943年、営巣地である鶴山の国有林の松林が伐採され、四散してしまったからである。戦後、農薬の使用や水田の構造の変化など人間と自然の関係が大きく変化したことによって、個体数は減少した。但馬地方では1955年から官民一体となった「ドジョウ一匹運動」や「そっとする運動」など保護運動が行われるようになったが、減少を食い止めることはできなかった（**図13-2**）。

なぜコウノトリは減少したのだろうか。その理由の一つは明治期の乱獲である。圃場整備などによる低湿地帯の喪失や営巣場である松の減少といった生息地の消失も大きな影響を与えた。農薬など有害物質による汚染に

図 13-2 ドジョウ一匹運動
兵庫県内の小中学生がコウノトリの餌となるドジョウを集めて送った（写真提供：神戸新聞社）。

より、水田の生き物は劇的に減少した。生態系のトップに立つコウノトリの体は、水銀中毒に侵されていた。そして個体数が減少したことによって、遺伝的多様性もまた減少したことが考えられている。いずれも人間と自然とのかかわりの変化によるところが大きい。

絶滅の危機に瀕したコウノトリを救うためにとられた策は、捕獲しての人工飼育であった。飼育下で安全な餌を与え繁殖をうながし、成功したら野外に戻すことを考えたのである。この試みは 1965 年から始められたが、永らく繁殖に成功することはなかった。そうしたなか、1971 年、野外最後の 1 羽が死亡し、日本の空からコウノトリの姿は消えてしまった。1985 年にソ連のハバロフスク州から 6 羽のコウノトリを譲り受け、そのなかからペアが誕生したことが転機となった。そして 1989 年、初めて人工飼育に成功した。飼育下繁殖から実に 24 年という年月が過ぎていた。この成功をうけ、兵庫県はコウノトリの野生復帰プロジェクトを構想した。捕獲し人工飼育に踏み切ったのは、安全な飼育下で繁殖させ野外に戻すためであったからである。1999 年には、野生復帰の拠点である「コウノトリの郷（さと）公園」（以下、郷公園）が開園した。

コウノトリの生息地は人びとの営みによって維持されているため、人と自然の共生できる地域環境の創造を目指した総合的な取り組みが不可欠となる。例えば、コウノトリの餌場となる水田環境を改善して生物多様性を増大させることが、無農薬栽培といった付加価値が付与された農産物の生産につながっているし（菊地，2010；2012b）、コウノトリを観光資源化することで新たな価値が創出され、再生への活動がさらに導き出されている（菊地，2012a）。総合的な取り組みが進むなか、2005年9月24日からコウノトリの放鳥が開始された（**図13-3**）。2007年からは繁殖が観察され、現在では、兵庫県豊岡市周辺の生息数は約80羽を数えるに至っている。こうした野生復帰の進展は人間の能動的な関与抜きに考えることはできない。

私は、1999年10月から郷公園の環境社会学の研究員（兵庫県立大学自然・環境科学研究所講師）としてコウノトリの野生復帰プロジェクトにかかわってきた。2013年2月からは、総合地球環境学研究所の研究者として、月に数回程度の頻度で豊岡を訪問し、様々な研究と活動を行っている。もともとコウノトリに興味があったわけではないが、このプロジェクトに参加したことにより、今やコウノトリの野生復帰は、私にとってライフワークとなってしまった。人とコウノトリのかかわりの再生に関する研究と活

図13-3　コウノトリの放鳥

動を行うなかで（菊地，2015)、私は餌やりと「野生」の関係について考えをめぐらせるようになったのである。

13.3　1 羽の巣立ちから

2007 年 7 月 31 日、兵庫県豊岡市百合地の田んぼのなかに設置された人工巣塔から 1 羽のコウノトリが巣立ちした。国内では、1961 年に福井県小浜市で 2 羽のヒナが巣立ちして以来のことであった。付近には、ヒナの動向に一喜一憂する人たちが多数集まり、神戸新聞が「自然界で 46 年ぶり」という見出しの号外を出すほどの騒ぎとなった。野生復帰は確かに進んでいる。そう実感した出来事であった。

私は郷公園の研究員として、巣立ちという騒動の渦中にいながら、ある違和感を持たざるを得なかった。その理由の一つは、定着を目的とした給餌に依存していたコウノトリたちは野生の鳥と言えるのだろうか、という疑問であった（2016 年現在、給餌は行われていない)。給餌は野生を損なうものなのだろうか。それとも野生に向かうための行為なのだろうか。

当時、私は野生復帰の主な課題は二つあると考えていた。一つ目は野生復帰したコウノトリへの人の関与の問題であった。当面は、人に依存しながらコウノトリは生活していかざるをえないにしても、徐々に人の関与をなくしていくことが、野生復帰の目指すべき方向性であるだろう。そうであるならば、今後、人の関与をどのようなものにしたらいいのだろうか。二つ目は、人の関与によって、人とコウノトリのかかわりがどのように再構築されるかということであった。例えば給餌を継続的に行えば、コウノトリへの愛着、特定の個体への愛着は生じてくるに違いない。そうした愛着は野生復帰にとってどのような意味を持つのだろうか。人によるコウノトリへの関与のあり方を考えていたわけである（菊地，2006)。だが、目標である「野生」はあいまいであり、人がどのように関与していくのかもほとんど議論されることはなかった。

この頃、コウノトリ関係者や地域住民からいろいろと問いかけられていた。「あなたはコウノトリへの給餌をどう考えるのか？　郷公園の研究員としてどう考え、どう行動するのか？」「野外の環境に餌があると思うか、思わないのか」

コウノトリへの給餌について、多くの人びとの間で意見が分かれていたし、私も何らかの態度を示すことが求められていた。コウノトリの野生復帰は、研究者や行政、市民、農家、漁業者など多くの人たちが協力しながら進められている。関係者は広がり、人の関与の是非に関する多様な価値や感情をどのように調整するかが課題となっていた。私は郷公園の業務や同僚との議論、豊岡市の関係者、コウノトリに関係する市民との話し合いなどを通じて得た情報や思い浮かんだ疑問をもとに、野生復帰の見取り図を提示することで、これらの問いに応えようとしたのである。

以下では、菊地（2008）ですでに示した議論の概略を紹介する。

13.4 「野生」とは何か

羽山は様々な野生動物問題を扱ってきた経験から、以下のように言う。「本来の生態を失った野生生物は、生きたぬいぐるみに等しい。われわれが未来の世代に果たすべき責務は、あるべき自然の姿を保全することである」「ありのままの自然に価値を求める」「進化しない生き物は野生動物とは言えないのだ」と（羽山，2001）。本来の生態、ありのままの自然、進化という言葉を使っているように、人間の干渉を受けず自然淘汰する状態を「野生」と考えているようだ。そして、和歌山県のタイワンザルの問題を扱うなかで、畜産学で野生動物の生殖を人が管理し、その管理を強化していく過程を「家畜化」と定義していることを理由に、避妊処置をされた動物を野生動物と呼ぶことに疑問を呈している。つまり、人による生殖管理の有無によって「野生」を線引きしているのである。

私は人の関与の強弱と動物の家畜化から「野生」を関係的な概念としてとらえ直すことが必要であると考えた。何に「野生」を見出すかはあいまいであり、「野生」を明確に区分することは困難だからである。そこで、家畜を扱う学問である畜産学の議論（野澤・西田，1981）をベースに野生と家畜は人間のかかわりの関与の度合いのなかで変化するものととらえることにしたのである。

畜産学の議論を整理し、野生と家畜の境界に関して、以下の4点を指摘した。第一に、家畜化とは人と動物のかかわりであり、人による関与の度合いを強めていくプロセスということである。とりわけ、生殖の管理を強化するプロセスと言える。第二に家畜化されるのは人と出会う動物であるということである。人による利用としては、資源的、精神的、最近では学術的なものが考えられる。したがって、家畜化の対象はいわゆる家畜に限定されることはなく、ペットや保護増殖動物も含まれる。第三に餌付けは、家畜化への萌芽ということである。野生動物への保護を目的とした給餌も含まれる。第四に、再野生化は、人の関与の度合いが弱まっていくプロセスであるということである。家畜化と再野生化は、停滞もあれば後退もある双方向に開かれた複合的なプロセスなのである。

生殖管理が「野生」と「家畜」を区分する指標と言えるが、以上のように「野生」と「家畜」は動的なプロセスであり、両者を本質的に区分することはあまり意味がない。家畜化―再野生化は、双方向的で関係的な概念であると考えたのである。

この議論から、以下の図を作成した。横軸に人による関与の強弱を置き、縦軸に動物への価値を設定すると**図 13-4** になる。横軸はほとんど人の関与が及ばない状態から、田んぼや里山など二次的な自然、そして餌付け、生殖の管理へと関与が強くなる状態を想定できる。縦軸は人間が動物に資源的価値、精神的価値、学術的価値を見出すのかによって便宜的に線引きしたものである。いわゆる「家畜」は右上に位置している。「ペット」は右の真ん中に位置し、「保護増殖動物」は右下に位置している。この分類に違和感を持つ読者もいるかもしれないが、自然再生や野生復帰という人の関与が重要なファクターになる自然保護を意識した分類である。水田に適応した動物は左から二列目に位置する。人の関与が弱く、学術的視点から価値づけられる動物は左下の「原生」に位置づけられる。一般的にイメージされる「野生」はこの象限と考えられる（**図 13-4a**）。同じ動物であっても、人の関与と価値づけによってこの象限のなかを重層しながら移動する。この図を野生復帰の見取り図として使用しようと思ったのである。

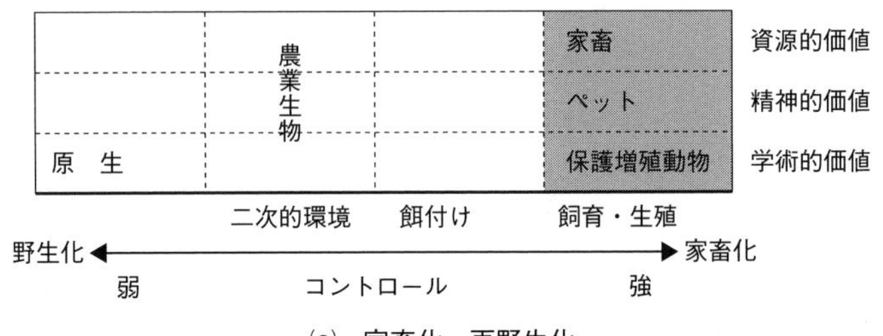

(a)　家畜化―再野生化

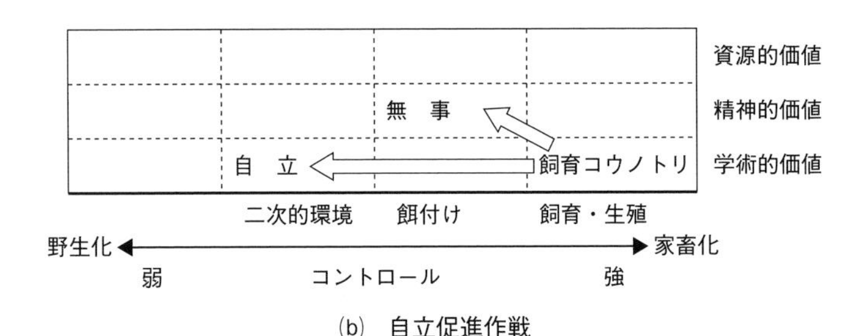

(b)　自立促進作戦

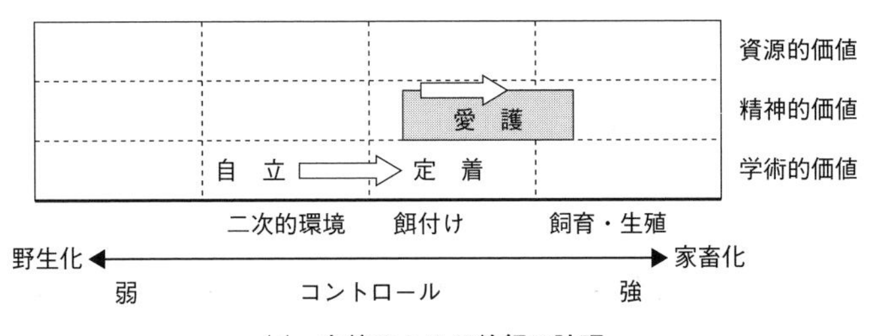

(c)　定着のための給餌の論理

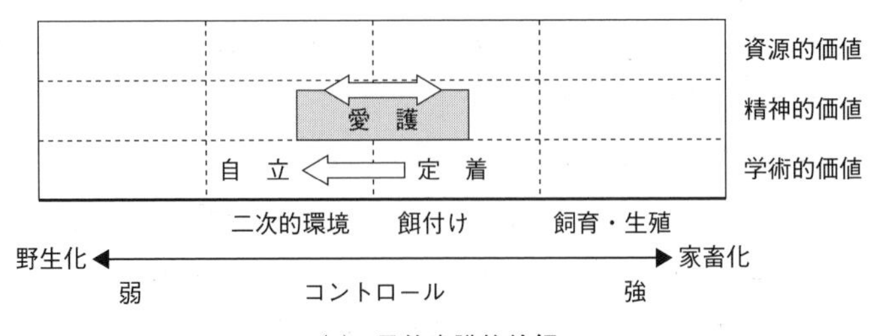

(d)　目的意識的給餌

図 13-4　野生化と家畜化における給餌をめぐる見取り図

13.5 コウノトリ自立促進作戦

2005年9月24日に郷公園から放鳥された5羽のコウノトリの行動は、自然再生を評価してもらう指標でもある。だがコウノトリたちは、すぐに郷公園周辺に居つき、開放型の公開ケージで展示用に飼育しているコウノトリへの餌に依存するようになった。当然ながら展示用のコウノトリへの餌やりは欠かせない。その餌やりの時間に合わせて、放鳥したコウノトリたちが飛来してきて、餌を食べるようになったのである（**図13-5**）。郷公園内では、「放し飼いだ」「半飼育状態だ」との考え方が示されるようになった。私は放し飼い状態も野生復帰であると考えていたが、議論を重ねるなかから、コウノトリによって環境を評価してもらうことが必要だとも思うようになった。

このままではコウノトリの行動によって自然再生を評価できないため、「野生復帰には餌を公園に依存せず、園外で自力で取る力を付けさせることが必要」と判断した郷公園は、2006年8月3日から「自立促進作戦」を行った。公開ケージで展示用に飼育されているコウノトリを順次収容し、放鳥コウノトリが餌を食べられないようにしたのだ。地元新聞各紙は、この作戦を「自立」「野生化を促進」「荒療治」とで取り上げた。

図13-5　郷公園の公開ケージに入ったコウノトリ

同年8月7日に開催された「コウノトリ野生復帰推進連絡協議会」(注1)では、郷公園は自立のための作戦であり、コウノトリたちの行動範囲に一定の広がりが見られたと説明した。一方で「周辺住民にも情報提供を」との要望や「心配する住民の声がある」などの発言があった。

ところが、8月17日、郷公園は自立促進作戦の中止を発表した。その理由は、市民から「死んだらかわいそう」「餌を求めて鳴き続ける幼鳥がかわいそう」といった声や豊岡市から生息環境の回復は不十分であり、給餌するのは当然との意見が寄せられ、現状では理解を十分に得ることができず、野生復帰の推進に支障が生じるというものだった。

私たちは情報提供の重要性を思い知った。しかし、情報提供のあり方だけが問題だったのだろうか。むしろ郷公園(あるいは研究者)の考える「野生」が「正解」とされることへの違和感こそが問題だったのではないだろうか。郷公園(あるいは研究者)は、生息環境は現状でも十分であり、基本的に人が関与しないで、コウノトリが努力して自立することが野生復帰であるとの考えである。ベースにあったのは、人が関与しないのが「野生」という認識であった。「かわいそう」という声は、一見すると感情的な反応と思われる。そうした側面があるのは確かだが、反対した人たちは生息環境の回復はまだ不十分であり、基本的に人が関与するのが野生復帰であると考えていた。この考え方は、コウノトリの無事を何よりも大事にすることから、「無事」と定義しよう。人の関与の基準は「無事」なのである。努力すべきなのはコウノトリよりも人だ。人が積極的に関与することが、放鳥した人間の責任であると語る人もいた。

自然再生の現状をコウノトリの行動によって判断することは科学的には妥当性があり、研究者の目線に立てば自立促進作戦の意義はあった。ただ、コウノトリに負担を与えてまで科学的データを取ることに疑問が投げかけられたのである。コウノトリは文化的、社会的存在であり(菊地, 2006)、科学的目的のためだけに放鳥したのではない。私はコウノトリの「無事」を願う気持ちから、どのような自然とのかかわりが創出されるのかを問う必要があると強く実感した。

この作戦を通して、「野生」の定義のズレが顕在化し、野生復帰の目的と人の関与のあり方が問い直されたのである。見取り図で言えば、郷公園は二次的環境と学術的価値が交差する象限にコウノトリを位置づけていたのに対し、反対する市民たちは、給餌という関与によってコウノトリの精神的価値を実現しようとしていた（**図 13-4b**）。

この作戦を経て郷公園は、給餌はコウノトリの行動をコントロールする技術という考え方を取り入れた。時と場合によっては「定着」を目指した給餌を行うことにしたのである。

2006 年 9 月に、豊岡市河谷で放鳥されたコウノトリは、最初は自力で餌を採っていたが、1 カ月後には郷公園に戻ってきてしまった。このままでは、2005 年に放鳥したコウノトリと同じ道、つまり郷公園での放し飼い状態、を歩むことになると考え、このコウノトリたちへの給餌を行った。その結果、コウノトリは河谷周辺に定着し、ペアとなり産卵した。2007 年に巣立ったヒナの両親は、この給餌されたコウノトリたちであった。つまり、定着を促進するために給餌を行ったのである。郷公園の「野生」化に向けた当面の方針は、「自立」から「定着」へ転換した。給餌はコウノトリの「野生」化を促進しないので、基本的には望ましくないが、「定着」という科学的・政策的目的のために行っていく。決して、繁殖を手伝う給餌ではないのである（**図 13-4c**）。

私が巣立ちという騒動の渦中にいながら持った違和感は、「野生」化に向けた給餌の論理が揺れ動いていることを目の当たりにし、給餌と「野生」の関係があいまいなことに気づいたからなのである。

13.6　給餌からの段階的脱出

2007 年に 1 羽の巣立ちに続き、2008 年には 8 羽のヒナが巣立った。その後は毎年 10 羽前後が巣立ち、2011 年には放鳥したコウノトリの孫である第三世代が誕生している。2016 年現在、約 80 羽のコウノトリが野外で生息するまでになっている。郷公園はモニタリングを継続的に行い、コウノトリの行動、生態などに関する成果を発表している。例えば、コウノトリはおおよそ半径 2 km のなわばりを形成することなどを明らかにしてきた（兵庫県教育委員会・兵庫県立コウノトリの郷公園，2011）。

2011年、郷公園と兵庫県教育委員会は科学的研究成果を検証し、これからの本格的野生復帰を目指した「コウノトリ野生復帰グランドデザイン」を策定した。短期目標である「安定した真の野生個体群の確立とマネジメント」として、豊岡盆地個体群と飼育個体群の維持などと並んで、給餌からの段階的脱出が掲げられている（兵庫県教育委員会・兵庫県立コウノトリの郷公園，2011）。

郷公園が考える野生復帰の生物学的目標は、存続可能な野生個体群を確立することであり、そのための必要条件の一つは、コウノトリの野外個体が給餌に依存することなく生存し、繁殖していくことである（大迫・江崎，2011）。豊岡盆地のなかで、一定数の個体が「定着」するなかで、郷公園の「野生」化に向けた方針は、再び「自立」へと転換したのだ。

では、給餌からの段階的脱出に関して、どのような取り組みが行われてきたのだろうか。先に述べたように、放鳥されたコウノトリたちのなかには、郷公園内の屋根のない公開ケージに侵入し、そこの餌に依存するコウノトリが多く存在した。自立という観点からは、この状態は好ましくないが、豊岡市、見学者等への配慮から、これに対する対策は実施されずにいた。

ところが、思いかけず「自立」のための条件が生まれた。2010～2011年冬期に、日本で発生した鳥インフルエンザの防疫のため約2カ月にわたってこの公開ケージが閉鎖されたからである。その結果、公開ゲージでの飼育が再開されても約半数の個体が同所の餌に依存しなくなり（大迫・江崎，2011）、1年後も飼育用の餌に依存する個体の割合が減少したままであった。だが、その後、それ以上の減少は確認されていない（コウノトリ湿地ネット，2013c）。

また、定着促進のために、2006年から給餌を始めた百合地ペア（2007年に巣立ったヒナの親鳥）に対して、2012年1月より給餌を実験的に削減したところ、このペアの餌をとる時間が増加していることが確認された。

このように、郷公園は科学的視点に基づいた「自立」という考えに従い、給餌から段階的に脱出する取り組みを進めている。このことによって、自然再生の現状をコウノトリの行動によって判断することもできるようになる。ただ、人間の手による給餌はないにしても、飼育用の餌に依存している個体がいるなど不十分な段階であり、生息環境の整備も含めて、これからも新たな対策を考える必要がある（大迫, 2012)。コウノトリにばかり自立を求めるのではなく、生息地の整備といった人間の努力もまた求められているのである。

13.7 愛護をベースにしたコウノトリ野生復帰の実践

2007年9月、コウノトリに関心がある市民たちによって「コウノトリ湿地ネット」（以下、湿地ネット）が設立された。湿地ネットは営巣した豊岡市戸島で2008年3月から給餌を実施してきた（2016年現在で給餌は行っていない)。50年といった時間軸で見ると、徐々に関与をなくしていく方向性は研究者たちと共有している。ただ違うのは、保護の歴史のなかで人間は関与し続けたのであり、放鳥しても関与はすぐには変わらないとの考え方であった。

湿地ネットの給餌に関する基本的な考え方は、「無原則恒常的な給餌でない目的意識的給餌はコウノトリ野生復帰の現状において一定の手段として許される」（コウノトリ湿地ネット, 2010）というものである。この考え方には、どのような思いが込められているのだろうか。2011年5月に発刊された湿地ネットのニュースレターである『パタパタ』13号で、代表の佐竹節夫さんは、いまだにコウノトリが生きていくうえで必要な餌量という（科学的な）数値がわかっていないとしたうえで、以下のように述べている。

一つ目は1羽1羽が非常に貴重であることである。だが、その生態はよくわかっていない。二つ目は、野生絶滅時点より環境は悪化しているが、環境再生の取り組みは緒に就いたばかりであることである。三つ目は、普通の野鳥として生息するには、相当な年月（多分、数十年の単位）を要することを想定し、それまでは個体の保護と環境づくりに邁進する必要がある。にもかかわらず、現状では個体への支援が不足している。四つ目はコウノトリに関心ある人は、少しでも多く観察し、情報交換しながら学習していくことが大切であり、わずかでも水辺づくりに行動することが重要である。

佐竹さんは、生息環境が整備されるまでの個体への支援活動が給餌であるという。続けてこう指摘する。「給餌は是か非か」の一般論ではなく、個体の動向、その年の気候の状況、人間の取り組みの進展具合、長期的な展望などによって、判断されるべきだという。この方針から、湿地ネットは豊岡市戸島の繁殖ペアに対して給餌してきたと主張する。その一方で、2012～2013年の冬は、コウノトリたちが郷公園に駆け込まないことから、餌量は足りていると判断し冬期の給餌を行わないことにした（コウノトリ湿地ネット，2013a)。コウノトリの動向を観察し、試行錯誤しながら判断していることを現している。

湿地ネットの取組みは、第一にコウノトリをはじめとする生きものへの「愛情」、第二に「実践」という基本姿勢によって行われており（コウノトリ湿地ネット，2012a)、「餌生物がいない場合は、繁殖を給餌で支援することは野生復帰にかかわる者として当たり前のことであり、『見守る』などの綺麗事は論外」だという（コウノトリ湿地ネット，2012b)。見守るというのは愛情と実践性に欠ける行為というのだ。

ある人が給餌をしていると、コウノトリが数メートルまで近づいてくることがあるという。コウノトリとかかわるなかで、地元のコウノトリという意識が芽生えるようになった。地元のコウノトリが一番「かわいい」という。家族からは「家族以上の存在」と言われている。コウノトリが無事にいてくれて、ヒナが育っていくことが市民の誇りになるという人もいる。重要なのは、コウノトリの生息地づくりや支援活動を行う中で、人と自然が共生する豊岡の実現が市民一人一人の課題になっていくことなのである（コウノトリ湿地ネット，2013b)。

湿地ネットによる給餌活動は、コウノトリとのかかわり方の一つであり、「愛護」という精神的価値を創り出している。コウノトリへのかかわりから生じる愛護を一つの軸にしながら、地域環境を見直し、生息環境の整備に向けた活動を行い、コウノトリの採餌調査なども実施している。こうした市民の能動的な活動は、野生復帰によって新たに生まれた人と自然のかかわりのダイナミズムであり、環境創造の担い手の形成という点からも、野生復帰を重層的な取り組みにするものであると言えよう。

13.8 あいまいな「野生」を軸にした重層的な取り組み

そもそも給餌は「野生」を損なうものなのだろうか。仮にそうであるとすれば、明治期にはコウノトリは「野生」を失っていたことになる。そのように考えるならば、一体どこに野生復帰の「目標」を設定したらいいのだろうか。例えば、給餌をしていなかった江戸時代に設定することになるのだろうか。だが、これは現実的な目標ではないだろう。

私は給餌が「野生」を失わせるかどうかの議論をしたいわけではない。給餌の問題がいまだ社会的規範として整理されていないなか、給餌を止めることは難しい。だからといって、無条件で行っていいとも言えない。では、どうしたらいいのか。これが本章の出発点であった。人びとの給餌への態度は、何に「野生」を見出しているかによって異なっているようだ。しかしながら、何をもって「野生」と呼ぶかは、実にあいまいで論争的である。野生動物との共存という理念は共有されていても、多くの現場でその実現は困難な状況にある理由の一つは、「野生」の定義があいまいなことにあるのではないだろうか。ただ、どこに違いがあり、どこに一致点があるかをお互いに知り合うことができれば、協調することは可能ではないだろうか。

湿地ネットはもとより、郷公園も人間の関与そのものを否定しているわけではない。両者とも、それぞれの目的に従って給餌を行ってきた。学術機関である郷公園は、野生復帰の生物学的目標の達成という学術的な目的、すなわち基本的に「野生」とは「自立」であるという考えに従って給餌の是非を判断している。野生復帰には不確実性が伴うため、給餌の中止といった取り組みには実験的側面が伴ってしまう。湿地ネットは、基本的に「野生」には人の関与が必要であるとの観点から給餌を位置づけ、コウノトリたちの生存や繁殖が「無事」に行われるために給餌を行っている。「無事」

ということを判断基準に置いているため、実験的側面についてはかなり厳しい批判を展開している。

見取り図で言えば、郷公園は二次的環境と学術的価値が交差する象限にコウノトリを位置づけていたのに対し、湿地ネットは、精神的価値をベースに二次的環境と餌付けの象限を行き来している（**図 13-4d**）。

そもそも野生復帰という取り組みは矛盾する側面をもっている。野生復帰は不確実性を前提にしながらも科学をベースにする必要がある。科学的な目的を達成することが求められるが、広範な市民の参加が得られなければならない。コウノトリは学術的価値を持っているとともに、精神的価値も持っている。「野生」という名で人の関与を強めたり弱めたりする。

科学が「正解」が出せるわけではない。だからこそ、どのような価値に基づき、どのように人が関与しながら、野生復帰を推進していくのかという見取り図が必要であろう。それによって、どこにすれ違いがあり、どこに一致点があるかをある程度見通すことができるようになる。ただ、対立や矛盾は解消するものというよりも、むしろ常に課題に挑戦させ続ける緊張を与えてくれるものと捉えたほうがいいのではないだろうか。「野生」があいまいであることは、逆説的であるが、人とコウノトリとの様々なかかわりを創り出し、異なった考え方や活動をつなぐことに寄与していると言えないだろうか。再野生化—家畜化を行き来するコウノトリを軸に、自然の再生が進み、自然とのかかわりや価値が創出されている。例えば、生物学的な再導入という用語ではなく、野生復帰という用語を用いることにより、「野生」というコウノトリのブランド化が可能になるのである。

13.9 おわりに

野生復帰において、コウノトリは再野生化という一方向に進んでいるわけではない。再野生化と家畜化の間を「行きつ戻りつ」しており、コウノトリは人の関与の強弱により、野生性や家畜性という状態のなかを揺れ動いている。給餌はこのプロセスに位置づけられる関与のあり方であるが、意見や感情のすれ違いが見られた。こうしたすれ違いは、「給餌は是か非か」

の一般論ではなく、動物の動向、その年の気候の状況、人間の取り組みの進展具合、長期的な展望などによって判断していくことによって、徐々に解決していくことも可能となるだろう。非常に困難なこの課題に取り組むために必要なこととして、次の3点が挙げられる。

第一に、やっぱり科学的な研究は必要不可欠であることである。科学は不完全ではあっても、ベースとなる考え方や多くの人たちが共有できる知見を導き出すことができるからである。大事なことは、問題解決志向であることと、多くの人びとがその知見を共有できるようにしていくことである。このことにより、科学は生きた知識となりうる。ただし、研究は研究者だけが行うものではない。コウノトリの野生復帰では、活動から地域専門家が誕生し、新たな現場知が生み出されつつある。

第二に試行錯誤を保証していくことである。当たり前だが、科学は万能ではない。野生動物との共存においては、むしろわからないことばかりであり、「失敗」はつきものだ。だから「うまくいくモデル」を考えること自体に無理があり、試行錯誤していくしかない。大事なことは、うまくいかない時にできるかぎり検証し、その結果をもって対応や行動を修正していくことである。そのためには、あいまいな領域を確保することにより、硬直化を回避し、仕組みを動かし続けることが大事である（宮内編, 2013)。

第三に相互学習の場をつくることである。野生動物は様々な価値を持っている。コウノトリは絶滅危惧種で生態系のトップに君臨する生物である。また、環境創造型農業を推進する象徴的存在である。重要な観光資源でもある。大事なことは野生動物とかかわっている人びとの考え方や価値、感情を相互に学び、試行錯誤しながらつなげ、相違点が大きな対立や矛盾にならないようにしていくことである。さらに言えば、対立や矛盾があっても様々な活動を創出していくことである。

上記の三つの点を実行していくなかで、給餌をめぐって人びとの間でどこに意見の違いがあり、一致点があるかがいろいろと見えてくるだろう。野生化と家畜化において、給餌を、資源的価値、精神的価値、学術的価値との関係の中で位置づけた見取り図は、その合意形成に役立つと思われる。

コウノトリの野生復帰における給餌をめぐる出来事は、野生動物との共存に向けた試行錯誤と、まさに現在進行形の相互学習の取り組みなのである。

（注1）兵庫県や豊岡市など行政、JAや漁協などの生産者組織、区長会や農会、学校関係者などの住民組織、環境保全などに関わるNPO、研究者など地域の関係者を網羅する構成員からなる「コウノトリ野生復帰推進連絡協議会」が組織された。野生復帰は研究者や行政だけでなく、地域社会の多様な関係者が協働して推進すべきものであるとの考えに基づき、構成団体の多くを地域づくりや自然再生に直接関係する既存の地域団体が占めている。

引用文献

羽山伸一（2001）『野生動物問題』，地人書館，250p.

兵庫県教育委員会・兵庫県立コウノトリの郷公園（2011）コウノトリ野生復帰グランドデザイン.

菊地直樹（2006）『蘇るコウノトリ―野生復帰から地域再生へ』，東京大学出版会，263p.

菊地直樹（2008）コウノトリの野生復帰における「野生」．環境社会学研究 **14**: 86-99.

菊地直樹（2010）コウノトリの野生復帰を軸にした地域資源化．地理科学 **65**(3): 61-174.

菊地直樹（2012a）野生復帰を軸にしたコウノトリの観光資源化とその課題．湿地研究 **2**: 3-14.

菊地直樹（2012b）兵庫県豊岡市における「コウノトリ育む農法」に取り組む農業者に対する聞き取り調査報告．野生復帰 **2**: 107-119.

菊地直樹（2015）方法としてのレジデント型研究．質的心理学研究 **14**: 75-88.

コウノトリ湿地ネット（2010）パタパタ **7**.

コウノトリ湿地ネット（2011）パタパタ **13**.

コウノトリ湿地ネット（2012a）パタパタ **16**.

コウノトリ湿地ネット（2012b）パタパタ **17**.

コウノトリ湿地ネット（2013a）パタパタ **19**.

コウノトリ湿地ネット（2013b）パタパタ **20**.

コウノトリ湿地ネット（2013c）パタパタ **21**.

宮内泰介 編（2013）『なぜ環境保全はうまくいかないのか―現場から考える「順応的ガバナンス」の可能性』新泉社，311p.

野澤　謙・西田隆雄（1981）『家畜と人間』出光科学業書，374p.

大迫義人（2012）コウノトリの野生復帰―新たな展開と目標．野生復帰 **2**: 21-25.

大迫義人・江崎保男（2011）野外コウノトリへの実験的な給餌中止とその効果．野生復帰 **1**: 45-53.

第Ⅴ部

具体的な餌付け防止対策

第14章

世界遺産知床における ヒグマの餌付け防止対策

中川 元

14.1 知床とヒグマ

知床（しれとこ）は北海道東北部に突き出た長さ約 70 km、基部の幅約 25 km の細長い半島である。半島の面積は約 10 万 ha、50 年前の 1964 年に中央部以先の約半分の面積が国立公園に指定された。その後、1980 年には国立公園の一部が原生自然環境保全地域となり、1982 年には大規模な国指定鳥獣保護区に、1990 年には国有林の過半が森林生態系保護地域に指定され、保護地域としての歩みを進めてきた。2005 年には世界自然遺産に登録されたが、その範囲は国立公園と森林生態系保護地域、鳥獣保護区を覆う範囲で、面積は陸域が 4 万 8,700 ha、海域が 2 万 2,400 ha、合計 7 万 1,103 ha である。

豊かな自然環境の中に多様な生物が生息し、保護地域として知られる知床半島だが、沿岸海域では古くから漁業が営まれ、半島基部は農林業地域として生産活動が展開されてきた地域でもある。加えて国立公園指定以降は観光地としても発展し、今では斜里（しゃり）・羅臼（らうす）両町で年間 200 万人を超える観光客が訪れるようになった（**図 14-1**）。自然地域と生産地域が隣接した知床では、野生生物の保護と産業活動や住民生活との調和は長年の課題となってきた。中でも、ヒグマと人とをめぐるトラブルや軋轢が近年顕著になってきており、その課題解決が求められている。

知床半島のヒグマの個体数は 200 頭以上と推定され（小平ほか, 2006）、生息密度は世界有数の高さを保っている。また、季節に応じて海岸部から高山帯に至るまで多様な環境を垂直的に利用していることも知床

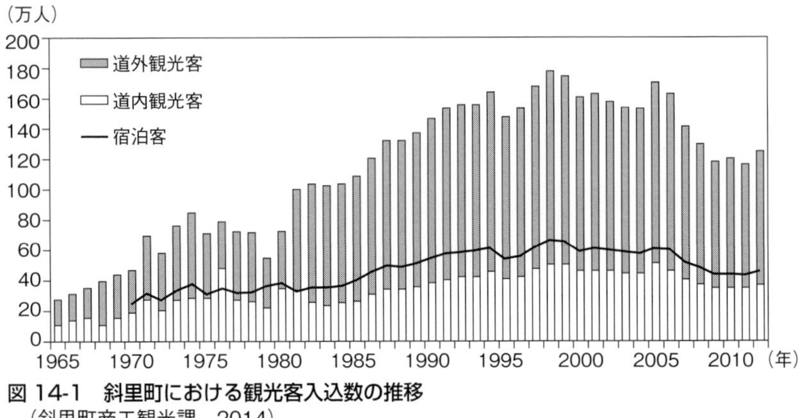

図 14-1　斜里町における観光客入込数の推移
（斜里町商工観光課，2014）

の特徴である。ヒグマの食性は草本や果実などの植物質から魚類などの動物質まで幅広く、雑食性と言えるが、知床のヒグマは河川に大量に遡上するサケやカラフトマス、海岸に漂着した海生哺乳類の死体などを食べている。冬眠明けにはエゾシカの死体を、初夏にはエゾシカの新生仔を積極的に捕食していることなど、季節を通して動物質の餌が多い。また、半島基部ではヒグマによる農作物被害があるほか、観光エリアや市街地周辺ではゴミや人が関与する食物にヒグマが誘因される事例も少なくない。

14.2　人の食物に誘引されるヒグマ

知床の観光地でヒグマが人の食物に誘引されていることを、私が初めて知ったのは1978年である。その年の9月に知床五湖で捕獲されたヒグマの胃内要物の中にトウモロコシが入っていたのである。当時は、知床五湖遊歩道の入り口には無許可のトウキビ売りの屋台があり、そこで買ったゆでトウモロコシをかじりながら遊歩道を歩く観光客がいた時代である。また、1981年には羅臼湖へつながる登山道でヒグマが噛んだジュースの空き缶も見つかった（中川，1981）。観光客が捨てた食べ残しや甘い臭いの残る空き缶が、ヒグマを引きつけていたのだろう。

知床の漁業番屋（ばんや）（漁期に作業や宿泊に使う施設）へヒグマが侵入し、内部の食糧を荒らす事件が頻発するようになったのは1993年からである。その後被害件数や被害地域は拡大するが、侵入を受けた番屋では飲み干された缶ジュースの空き缶が散乱していることもあった（山中, 2001a）。1990年代の知床ではすでにヒグマが人間の食べ物の味を覚え、積極的に生活圏に近づいてくるようになっていたと考えられる。

人を恐れないヒグマが現れ始めたのも1990年代に入ってからである。1994年開催の町民対象の連続講座「知床自然セミナー」の中で山中正実氏（当時・知床自然センター研究員）は「新世代ベアーズ出現」としてこの現象を報告した。そして1995年以降、知床国立公園内のヒグマの目撃件数が急増する（**図14-2**）。そして、道路近くに出てきたヒグマに菓子パンやソーセージを投げ与える観光客が出てきて、餌やり禁止の看板立て作業に追われるようになる（岡田, 2001；**図14-3**）。かつては国立公園内でも有害鳥獣駆除（特に春グマ駆除）や狩猟によるヒグマの捕獲が行われていたが、1982年の国指定知床鳥獣保護区の設置以降は行われなくなり、ハンターに追われた経験のないヒグマが世代を重ねることとなった。このことが人を気にすることなく行動するヒグマの出現につながったと考えられているが、ヒグマへの餌やり行為の出現、人間の食糧の味を覚えて生活圏に近づくヒグマの出現も、ほぼ同時期に始まったのである（**図14-4**）。

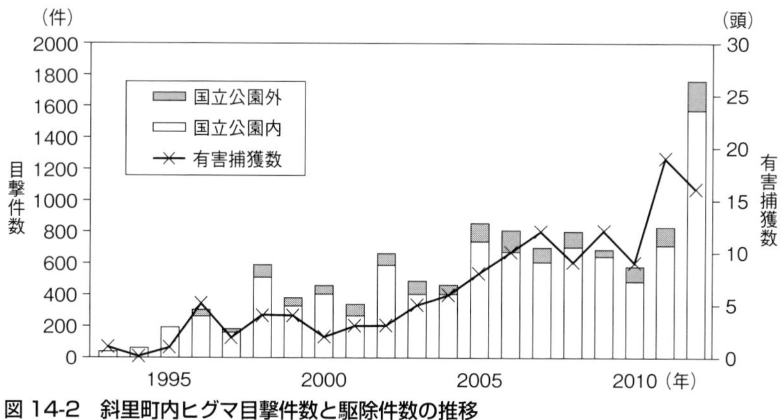

図14-2　斜里町内ヒグマ目撃件数と駆除件数の推移
（平成24年度知床世界自然遺産地域年次報告書より）

図 14-3　知床国立公園内の啓発看板

図 14-4　国道を横断するヒグマの親子

道路近くで目撃される車窓からの餌やりは、乗用車からのみならず観光バスから投げ与えられることもある。観光客から餌をねだるキタキツネは一時期目立たなくなっていたが、最近再び目にするようになった。国立公園内からゴミ箱が一掃され、ゴミ持ち帰りが定着してすでに20年以上になる。しかし、野外に捨てられるゴミが全くなくなったわけではない。道路上に生ゴミが混じったゴミが散乱していたり、道路脇の動物に食い破られたレジ袋等が確認されている。これらのゴミは、キツネやカラスだけでなく、ヒグマを誘引している可能性もある。

人の食糧の味を覚え、人を恐れなくなったヒグマが国立公園内を出て市街地周辺に現れる例も多い。住宅街や学校周辺をうろつく「危険なヒグマ」に変わるのである。「危険」といってもヒグマが積極的に人を襲うわけではない。市街地では昼夜を問わず人々の活動があり、予期しない接近や遭遇が人身事故に結びつきかねないのである。このような経緯を経て駆除されるヒグマは少なくない。発信器や標識を装着した個体の行動調査や、DNA による個体識別から、駆除に至るまでのヒグマの履歴がわかるようになってきた。

奥知床で生まれ、その後国立公園の入り口付近の国道脇で観光客から餌をもらうようになった雌グマがいた。観光客からソーセージを投げ与えられた現場が目撃され、「ソーセージ」と呼ばれるようになったこのヒグマは、威嚇追い払いや生捕り奥地放獣も効果はなく、人前をうろつく行動は変わらなかった。そして国立公園を出てウトロ市街に入り込むようになり、最後は学校のグランド脇で駆除されたのである（山中，2001b）。

知床半島の斜里町と羅臼町のヒグマ管理業務は公益財団法人知床財団が担っている。知床国立公園内や市街地近くの道路や遊歩道に出没したヒグマには、大音響のする花火弾やゴム弾を利用して追い払いを行う。これは、嫌な体験を繰り返し与えることで人を回避する効果を狙ったものだ。しかし、人との遭遇経験を繰り返しているヒグマにはその効果が少ない。また、ヒグマを見て喜ぶ観光客の前で行う追い払い作業は、説明の余裕もなく、観光客の理解を得がたいという（増田，2010）。

14.3　ヒグマとカメラマン

知床世界遺産地域を流れる岩尾別川（いわおべつがわ）では、ヒグマの撮影を目的としたカメラマンが集まり、ヒグマに接近しすぎる危険な状況が生じている。知床の河川には 8 月以降カラフトマスやシロザケが遡上するが、この頃からこれらを捕食するためにヒグマが川に現れるようになる。2013 年 10 月の岩尾別川では、道路近くに現れるヒグマを狙って滞留するカメラマンと、その様子を見て停車・降車する一般観光客によって、道路が渋滞する状況に

図 14-5　ヒグマを見るために停車し車を降りる観光客（2013年 10月）

までなった（**図 14-5**）。カメラマンは至近距離から撮影するために、わずか数メートルまで近づいたり、サケを捕獲したヒグマを取り囲むような状況にもなる。サケをくわえたヒグマがカメラマンの間を通り、望遠レンズで撮影中のカメラマンが転倒するという、大変危険な状況が生じていたことも確認された。

この年の9月には、同所の河川内にヒグマを誘引するために置かれたと思われる多くのサケの死体が見つかっており、撮影のための餌付け行為が行われていた可能性が高かった。知床財団によると、ここで頻繁に目撃されたヒグマは人を恐れない特定個体であり、餌付けを含む人とヒグマの不自然な関係が人馴れした個体を生み出し、極めて危険な状態が生み出されることとなったのである。同所では啓発看板の設置や知床財団職員によるヒグマの追い払い、集まったカメラマンへの指導を継続していたが、指導に従わないカメラマン等も多く、困難な状況が続いた。

このような事態から、知床世界遺産地域科学委員会（大泰司紀之委員長・当時）では緊急声明「岩尾別川のカメラマンによるヒグマの「人なれ」の危険性について」（2013 年 10 月 18 日）を出し、報道機関を通じてカメラマンへの警告と観光客への注意喚起を行った。また、関係行政機関や知床財団が連携してカメラマンや観光客を対象としたチラシ配布などの啓発活動が続けられた。

科学委員会の緊急声明では、①知床はヒグマの高密度生息地であること、②サケマス遡上時期であり、撮影のため接近するなど危険な状況が日常的に発生していること、③ヒグマへの接近や餌付けは人身事故の発生のみならず、ヒグマの人なれを助長し、さらに危険が拡散・増大すること、を強調して、関係者が協力しての対策を訴えた（環境省釧路自然環境事務所ほか，2015）。

この岩尾別川に繰り返し現れていたヒグマは複数の若グマだったが、追い払いや忌避学習付けの効果も薄く、11 月末まで行動に変化はなかった。そして、そのうちの 1 頭が翌年の 5 月、岩尾別川から 30 km も離れた半島基部の集落近くで駆除されたのである（増田，2014）。この個体は移動途中の国道沿いでも観光客を集め車の渋滞を引き起こしていたという。人を無視した行動をとるヒグマが危険なヒグマとなり、最終的には駆除されるという事例が繰り返されている。

14.4 知床ヒグマえさやり禁止キャンペーン

「知床ヒグマえさやり禁止キャンペーン」は、「知床エコツーリズム戦略」に基づく活動として 2013 年 4 月にスタートした。「知床エコツーリズム戦略」は、知床世界自然遺産地域の管理計画を基に策定された。エコツーリズムを含む観光利用の基本方針を定めたものである。新たな観光利用や新たなルールの作成等の政策決定は、知床世界自然遺産適正利用・エコツーリズム検討会議に提案され承認されることで実施に移される。「野生動物との接し方」の確立も、この戦略の重要な課題の一つである。検討会議の構成員は、観光や環境に関する地域の諸団体と関係行政機関、および科学委員会エコツーリズムワーキンググループの専門家からなり、検討会議で承認された提案には協力して取り組むこととされている。

「知床ヒグマえさやり禁止キャンペーン」は 2012 年の検討会議に提案された事業で、提案者は知床斜里町観光協会である。野生動物へ餌やりをしないよう観光客への呼びかけは、それまでも看板やチラシで行われてきたものの、餌やりを行う観光客が絶えない。特に、ヒグマへの餌やりや接近が大きな事故に結びつきかねない状況が続いていたことから、正しいヒグマの知識とマナーの啓発を行うことを目的としている。観光関係者から積極的な提案が出た背景には、餌やりがヒグマの人馴れを進め、利用者の安全を脅かし、観光地としての価値を失わせるためである。人身事故が発生した際の観光地としてのダメージへの危機感も大きい。

キャンペーン活動は2013年春にスタートした。啓発活動としてはロゴの作成と、ポスターやチラシ、ステッカーやシール、缶バッジやポケットティッシュ等の作成が行われた（**図14-6**）。マグネットステッカーを装着した車両は、関係諸団体の連絡車や公用車のほか、バスや営業車など幅広い（**図14-7**）。地元住民がマイカーに貼り付けてのパトロールも行われた。

餌やり禁止の効果を上げるには、その理由が観光客に理解されることが重要である。知床自然センターでは特別展示コーナーが作られ（**図14-8**）、各宿泊施設や観光関係施設では啓発DVDの放映も行われた。キャン

図14-6　「知床ヒグマ餌やり禁止キャンペーン」啓発チラシ

図 14-7　マグネットステッカーを貼った車両

図 14-8　餌やり禁止を訴える展示コーナー（知床自然センター、2015 年）

ページのホームページでは動画によって餌やりの現状と、その危険性が訴えてられている（http://dc.shiretoko-whc.com/esakin/）。キャンペーンは現在まで観光シーズンを通した活動が展開されているが、観光ピーク時の 7 月中旬～ 8 月下旬は強化月間として、国立公園内各施設や観光スポットでの集中啓発活動が行われている。

一方、知床での啓発活動だけでは限界もある。知床を訪れる観光客の7割以上は北海道外からであり、その大部分は初めての来訪者である。知床のヒグマの状況も、ゴミや餌やりが引き起こす人とのトラブルも、知床に来てから知る人が大部分だろう。餌やり禁止のキャンペーンや、知床で展開されている人とヒグマをめぐる問題は、地方レベルの報道（地方紙やローカルニュース）ではしばしば取り上げられ、北海道民への周知は概ねなされていると考えられる。一方、道外から知床を訪れる観光客へ、事前にこれらの情報を提供することは容易ではない。全国ネットのテレビ等で知床の自然や野生動物が紹介されることは少なくないが、知床の抱えている課題や、観光客に求めるマナーに関して報道されることは稀である。餌やり禁止のキャンペーンは旅行業協会やバス協会にも啓発普及の協力が依頼され、旅行代理店やバス会社への周知が図られている。

加えて、近年外国人観光客が急増しており、野生動物に餌を投げ与える例も確認されている。日本語が理解できない外国人観光客への情報提供と、普及啓発体制が急務になっている。また、北海道は2013年に生物多様性保全条例（北海道生物の多様性の保全等に関する条例）を制定した。条文には「指定餌付け行為の規制」を盛り込み、2015年1月からヒグマを指定対象種として、餌を与える行為の規制を開始した。条例によって違反者への勧告や氏名公表が行われるものの、普及啓発活動や現地での指導が中心になることは言うまでもない。地道な現場対応が今も続けられている。

14.5　ヒグマの保護管理と餌付け防止対策

知床が世界自然遺産登録された理由の一つが、海域と陸域が連続した生態系である。海の豊富な栄養を蓄えて川を遡上するサケを餌とし、海の恵みを享受して栄養を森に還元する役割を担っているのがヒグマである。アイヌの社会ではキムンカムイとしてあがめられ、北海道を象徴する動物であり、陸域の生態系の頂点にいる動物としても知床には欠かせない。最近は、海上から海岸部のヒグマを観察する小型観光船の人気が高まっている。ヒグマは観光資源としても見なされるようになった。ヒグマの保護管理のあり方は、世界遺産地域の野生生物保全の面からのみならず、知床エコツーリズム戦略に基づく「知床らしい良質な自然体験の提供」の面からも検討されなければならない。

世界遺産地域と周辺地域のヒグマの保全と住民や観光客との共存策を検討するため、科学委員会の中にヒグマに関するワーキンググループ「ヒグマ保護管理方針検討会議」が設置された。そして「知床半島ヒグマ保護管理方針」（釧路自然環境事務所ほか，2012）が策定された。この方針では5年間を計画期間として管理目標が定められている。個体群を現状水準に維持するために、5歳以上のメスヒグマの人為的死亡数（駆除・狩猟・交通事故等）の総数を30頭以下とすること、人側の問題行動による危険事例の発生件数を0にすること、農漁業等への直接被害や住宅地等への出没被害を現状以下に減少させることなどが定められた。利用者への対応としては、レクチャーやパンフレット、ホームページや展示などで情報提供や指導、普及啓発を行うこと、利用調整地区制度などによる利用者コントロールや安全管理可能な人材による引率、出没時の利用自粛要請や利用者誘導等が定められた。

ヒグマへの餌付け問題は、人の安全に関わる点で他の野生動物の餌付け問題と異なっている。餌やりがヒグマ本来の生活を乱し、「危険なヒグマと人との関係」を生み出す。人との間に生じた様々な軋轢や危険な状況が「駆除」という結果を生み、ヒグマ個体群に影響を及ぼすのである。人に無関心な個体の増加など、ヒグマの行動変化も進んでいる。

知床の観光形態も変わってきた。団体から個人･小グループへの変化や、外国人観光客の増加など、利用者の多様化や意識の変化が進んでいる。自然体験型のツアーが増加し、自然本来の姿に接したい、野生動物の生態に触れたい、という期待が高まっているが、それに応えられるのが知床である。知識と経験を積んだ自然ガイドが引率するツアーは環境教育の場となり、自然と接するマナーや技術を学ぶ場ともなりうる（中川，2010）。

ヒグマ餌付け問題の解決には、ヒグマの生態や行動の変化を常にモニターするとともに、利用者の意識や行動の変化を把握しながら、関係者がそれぞれの立場でできうることを考え、効果的な対策を講じていくことが必要である。

引用文献

環境省釧路自然環境事務所・林野庁北海道森林管理局・北海道・知床世界自然遺産地域科学委員会（2014）知床白書・平成24年度知床世界自然遺産地域年次報告書.
http://dc.shiretoko-whc.com/data/research/annual_report/H24annual_report.pdf（2016年7月20日確認）

環境省釧路自然環境事務所・林野庁北海道森林管理局・北海道（2015）知床白書・平成25年度知床世界自然遺産地域年次報告書.
http://shiretoko-whc.com/data/research/annual_report/H25annual_report.pdf（2016年7月20日確認）

小平真佐夫・岡田秀明・山中正実（2006）観光、ヒグマ、人の暮らし.（マッカロー D. R・梶　光一・山中正実 編著）『世界自然遺産知床とイエローストーン』. 知床財団, pp.66-72.

釧路自然環境事務所・北海道森林管理局・北海道・斜里町・羅臼町（2012）知床半島ヒグマ保護管理方針.
http://dc.shiretoko-whc.com/data/management/higuma/higuma_hogokanri_houshin.pdf（2016年7月20日確認）

増田　泰（2010）ヒグマの現状と課題.（斜里町立知床博物館 編）『知床ライブラリー10　知床の自然保護』. 北海道新聞社, pp.88-97.

増田　泰（2014）イワウベツ川のクマ、その後・・・.
http://www.shiretoko.or.jp/seeds_info/2014/05/2160.html（2016年7月1日確認）

中川　元（1981）ヒグマと観光. ヒグマ 12: 2-3.

中川　元（2010）エコツーリズムと知床の未来.（斜里町立知床博物館 編）『知床ライブラリー10　知床の自然保護』. 北海道新聞社, pp.220-227.

岡田秀明（2001）地の涯てのキムンカムイ.（斜里町立知床博物館 編）『知床ライブラリー3　知床の哺乳類㈼』. 北海道新聞社, pp.12-55.

斜里町商工観光課（2014）観光客入り込み数の推移.
http://www.town.shari.hokkaido.jp/03admini/50toukei/10bunyabetsu/kankou.html（2016年7月20日確認）

山中正実（2001a）人とヒグマの新たな地平をめざして.（斜里町立知床博物館 編）『知床ライブラリー3　知床の哺乳類Ⅱ』. 北海道新聞社, pp.60-131.

山中正実（2001b）ソーセージを殺したのは誰だ？.（斜里町立知床博物館 編）『知床ライブラリー3　知床の哺乳類Ⅱ』. 北海道新聞社, pp.56-59.

第15章

伊豆沼・内沼における水鳥類への餌付け対策の取り組み

嶋田哲郎

15.1 はじめに

ガンカモ類は冬期、湖沼、河川、海岸など水辺環境に多く生息し、都市公園など周囲に人の立ち入れる水域ではガンカモ類への給餌がなされることがある（図 15-1）。これまで給餌はガンカモ類の種数や個体数を増加させる（樋口ほか, 1988；Albertsen & Kanazawa, 2002）ことが明らかになっており、こうした給餌の誘引効果を利用して冬期湛水と給餌を組み合わせたガンカモ類の生息環境の創出（山本ほか, 2003）などの試みがなされている。一方で給餌は、野生の鳥であるガンカモ類の採食生態を変え

図 15-1　給餌風景
人を見るだけで集まってくる。

てしまうなど、過度な給餌は野生の性質を失わせるのではないか、という懸念が生じている。例えば、北海道の厚岸湖（あっけしこ）で給餌に依存して越冬していたオオハクチョウ *Cygnus cygnus* が、2000～2001年冬の寒波によって多数死亡した例を機に、北海道などではガンカモ類への給餌が控えられている（北海道新聞野生生物基金, 2006）。

給餌問題を考えるうえで、ガンカモ類が給餌にどの程度エネルギーを依存しているかという科学的証拠による裏付けが議論の起点になると考えられる。しかしながら、これまでこうした依存率をもとにガンカモ類の保全の観点から給餌問題を考察した例はない。

一方、2008年4～5月にかけて、秋田県、青森県および北海道においてオオハクチョウの死体から強毒性のH5N1型高病原性鳥インフルエンザが検出され、これを受けて東北地方の多くの飛来地で、秋以降ガンカモ類への給餌の禁止や縮小の動きが広がった。

宮城県北部に位置する伊豆沼（いずぬま）・内沼（うちぬま）でも給餌を行っていたが、野生の鳥は自活するものであり、給餌という人為的行為によってその生態がゆがめられる可能性があること、沼の湿地としての価値を高めることによって給餌に頼らなくても鳥が集まることが重要という観点から、2008年秋から給餌を縮小する取り組みを行った。

本章では、はじめにエネルギー量を指標とし、給餌量とガンカモ類の代謝量をもとに給餌へのエネルギー依存率を推定するための試案の一つを提示した。次に給餌を行った年と縮小した年において給餌量やガンカモ類の個体数を比較することで、給餌縮小によるガンカモ類への影響を評価した。

15.2　給餌へのエネルギー依存率の推定方法

調査は宮城県北部の伊豆沼・内沼（北緯38度43分、東経141度07分、491 ha、標高6 m）の北岸に位置するサンクチュアリセンター前の給餌池で行った。給餌池は面積2 ha、水深1 mで沼とは隔離され、観察者が自由に給餌できる場所となっている。与えられた餌の大部分はガンカモ類によってほぼ完全に採食される。

2007年11月1日から2008年3月18日にかけて、給餌量の記録とガンカモ類の個体数調査を毎日8時30分から9時の間に行った。ただし、月曜日と祝日の翌日にあたる休館日には調査を行わなかった。給餌は職員によって給餌池東部の陸上で朝に行われ、白米、玄米、籾、屑米、餅米、パンに分けて給餌量が記録された。また、ガンカモ類の個体数を種別にすべて記録した。観察者による給餌はポン菓子を用いて行われた。ポン菓子とは、古米に圧力をかけて膨らませたもので、100 g程度が1袋に詰められている。1日に給餌されたポン菓子の個数を、センター開館前の個数に新たに出荷した個数を加え、翌日の残存数を差し引くことで求めた。

給餌への依存率をエネルギー換算したガンカモ類の代謝量と給餌量から推定した。ガンカモ類の代謝量は野外における1日当たりの代謝量FMR（Field Metabolic Rate；Nagy, 1987）から推定した（FMRの単位はkJ/day。1 kJ［キロジュール］＝0.239 kcal）。代謝量は哺乳類、鳥類ともに体重と極めて有意な相関が認められ、鳥類については下記の式が成り立つ。

$$y = 10.9 \times x^{0.64}$$

ここで、y = FMR（kJ/day）、x =体重（g）。

Kear（2005）を参考にしたガンカモ類各種の平均体重をもとにFMRを求めた。このFMRに個体数を乗じて、1日当たりの給餌池にいるガンカモ類全体の代謝量を推定し、月ごとに積算した。

白米、玄米、籾、屑米、餅米、パン、ポン菓子それぞれの栄養評価を食品分析センターに依頼して行った。粗たんぱく質をケルダール法、粗脂肪をジエチルエーテル抽出法、粗繊維をろ過法、粗灰分を直接灰化法、熱量をボンブカロリーメーターによってそれぞれ測定し、100 g当たりの割合と熱量が求められた。熱量の数値と給餌量から1日当たりのエネルギー量を求め、月ごとに積算した。

ガンカモ類はこれらの給餌物の熱量すべてをエネルギーとして利用できるわけではない。例えば、飼育下におけるコハクチョウ *C. columbianus* ではリュウノヒゲモ *Potamogeton pectinatus* を採食した場合、エネルギー消化吸収効率は90％であり、テンサイ *Beta vulgaris* では84％であった（Nolet *et al.,* 2002）。同様に飼育下のマガン *Anser albifrons* では、籾を採食した場合で74%、小麦で63%であった（Amano *et al.,* 2004）。野外におけるマガンでは、籾を採食した場合で63〜78%、草本類で63〜69%、大豆で76%であった（嶋田，未発表）。このように、種や食物によってエネルギー消化吸収効率が異なるが、この研究では、給餌池の構成種の体重に近く、かつ給餌内容と成分が似ている、籾を採食した場合のマガンの消化吸収効率である74%（Amano *et al.,* 2004）を用いた。積算された月ごとの給餌エネルギー量にこの値をかけて利用可能エネルギー量を算出した。

また、月に1〜3回、計10回の伊豆沼・内沼全体の鳥類相のモニタリングデータに基づいて、沼全体と給餌池の主要4種の個体数の月別平均値を求めた。

給餌を縮小した翌年の2008年11月1日から2009年3月18日にかけても、2007〜2008年と同様に、給餌量やガンカモ類の個体数の記録を行った。餌付けは観察者によるポン菓子のみとし、財団や愛鳥会などによる組織的給餌を中止した。例外的に財団職員によって11月6、8日、1月28日の3回、それぞれ籾15 kgの給餌がなされた。

15.3　ガンカモ類の給餌への依存率（2007/08年の冬）

伊豆沼・内沼にまとまって飛来するカモ科鳥類21種のうち、給餌に集まる主要なガンカモ類はオオハクチョウ、オナガガモ *Anas acuta*、キンクロハジロ *Aythya fuligula* およびホシハジロ *Ay. ferina* の4種であった。調査した給餌池でも、これら4種が優占した。それぞれの体重から、1日当たりの代謝量FMR（kJ/day）を、3778、860、805、798と推定した。

最も個体数の多かったオナガガモでは、11月から1月にかけて個体数が増加し、1月10日に最大1400羽となり、2月以降個体数は減少した（**図15-2A**）。次いで多かったオオハクチョウでは、1月以降個体数が増加し、1月23日に110羽となり、その後個体数は減少した（**図15-2B**）。ホシハジロとキンクロハジロはともに個体数が少なく、数羽〜数十羽が断続的に観察され、越冬期間を通じて20羽を超えなかった。

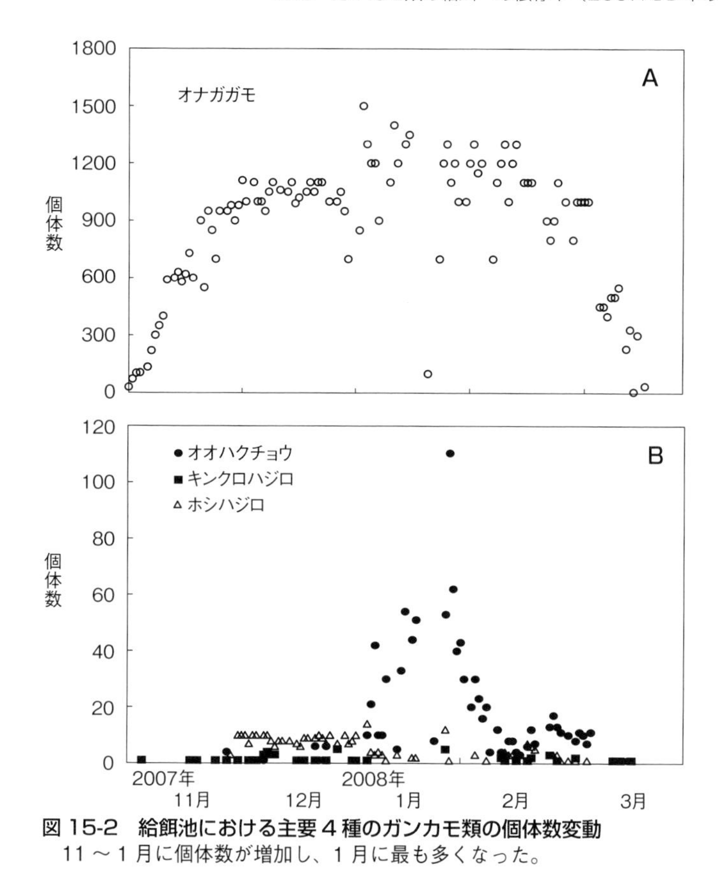

図 15-2　給餌池における主要４種のガンカモ類の個体数変動
11 ～ 1 月に個体数が増加し、1 月に最も多くなった。

伊豆沼・内沼全体でみると、オナガガモの個体数は 11 ～ 1 月にかけて増加し、1 月に最大 5750 羽となり、その後減少した（**図 15-3**）。伊豆沼・内沼全体に占める給餌池の個体数割合をみると、1 ～ 2 月で低い傾向が認められたが、全体として 19 ～ 45％の間を変動した。その他の種についてみると、オオハクチョウでは 12 月 10 日に沼全体で最大 1838 羽が記録され、10 回の調査のうち給餌池では 3 回記録され、全体に占める割合は最大 9％であった。ホシハジロとキンクロハジロでは沼全体でそれぞれ最大 188 羽、108 羽が記録された。給餌池での記録はともに 1 回ずつで、その割合はそれぞれ 17％、33％であった。

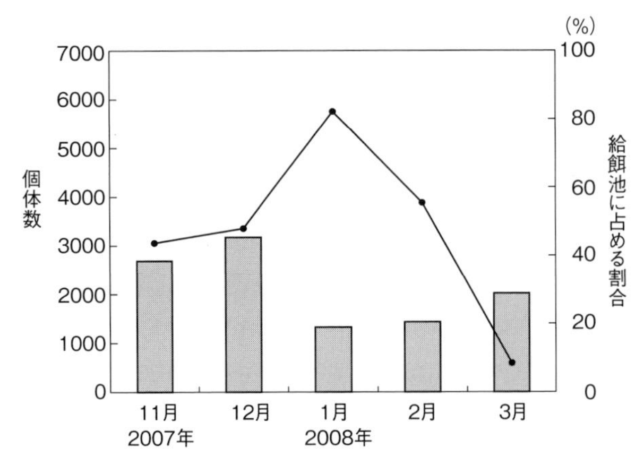

図 15-3　伊豆沼・内沼におけるオナガガモの個体数変動（折れ線グラフ）と、そのうち給餌池に占める割合（棒グラフ）
伊豆沼・内沼全体のうち給餌池が占める割合は１～２月に低下した。

月別の総給餌量をみると、12 月が 1279 kg と最も多かった（**図 15-4**）。給餌された穀物の内訳をみると、11 月は籾が 495 kg と最も多かったが、12 ～ 2 月では玄米が 240 ～ 592.5 kg と最も多く、3 月では白米が 125 kg と最も多かった。ポン菓子をみると、観察者の増減に対応して 1 月で 102.2 kg と最も多かった。給餌された餌の湿重 100 g 当たりの栄養評価をみると、粗たんぱく質と粗脂肪が多いことと関連し、熱量はパンで 17.1 kJ/g と最も高かった（**表 15-1**）。その他の餌では、粗たんぱく質が 5.9 ～ 8.3% と低く、発生エネルギーの大部分を炭水化物に依存するため、パンほど高い熱量ではなかった。

それぞれの餌の熱量（**表 15-1**）、給餌量および消化吸収効率から求めた利用可能エネルギー量と主要 4 種の代謝エネルギー量から給餌へのガンカモ類の依存率を月ごとに推定した（**図 15-5**）。依存率をみると、11 月は 102%、3 月は 94% と代謝エネルギー量と利用可能エネルギー量がほぼ同じであったが、12 月以降依存率は減少し、12 月では 72%、厳寒期である 1 ～ 2 月では 35 ～ 40% となり、代謝エネルギー量が利用可能エネルギー量を上回った。

給餌池で最も多かったオナガガモの個体数は、沼全体の個体数と連動し

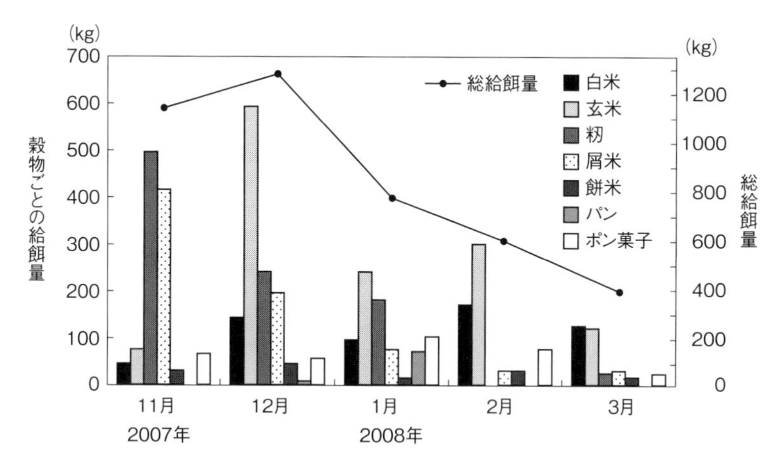

図 15-4　給餌池における給餌量の季節変化
総給餌量（折れ線グラフ）は 12 月が最も多く、なかでも籾と玄米が多かった。

表 15-1　給餌飼料の栄養評価（湿重 100g 中）

項目	白米	玄米	屑米	籾	餅米	パン	ポン菓子
水分（%）	15.6	13.5	14.7	14.7	15.1	13.1	9.1
粗たんぱく質（%）	6.9	7.1	8.3	6.6	6.5	12.4	5.9
粗脂肪（%）	0.4	2.0	2.4	3.1	0.6	5.9	0.8
粗繊維（%）	0.1	0.7	1.2	10.3	< 0.1	< 0.1	< 0.1
粗灰分（%）	0.5	1.2	1.8	5.7	0.4	2.0	0.5
熱量（kJ/g）	15.2	15.7	15.8	15.5	15.1	17.1	16.2

て 1 ～ 2 月にかけて増加した。一方で、朝にまく玄米や籾などは寄贈によってまかなわれており、給餌物の在庫をなくさないように給餌量を調整したため、12 月以降の給餌量は減少した。その結果、1 ～ 2 月のガンカモ類の給餌へのエネルギー依存率が低下したと考えられる。すなわち、ガンカモ類は給餌池以外で代謝量に見合うだけの採食をする必要に迫られたことを意味する。

実際に、12 月中旬には早朝に給餌池でオナガガモの群れが認められた一方で、1 月 16、24 日には給餌池でオナガガモは認められなかった。給

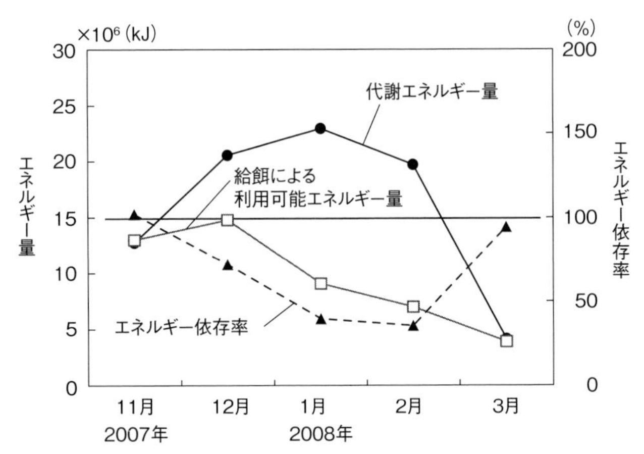

図 15-5　主要４種のガンカモ類の代謝エネルギー量、給餌による利用可能エネルギー量、エネルギー依存率の変化
厳寒期の１～２月のエネルギー依存率は低下した。

餌池以外の場所で長時間採食した結果、早朝に戻ってこなかった可能性がある。また、2月の積雪時にはオナガガモは人を見ただけで遠くからでも寄ってくるようになり、積雪によって給餌池以外でも十分に採食できていない状況が推測された。すなわち、厳冬期に給餌によるエネルギー量が減少し、給餌への依存率が下がった場合でも、給餌池以外で採食するなど彼らなりに採食場所を見いだしていると考えられる。

ところで、FMR は採食、休息、移動などの様々な行動の基本的な代謝量 BMR（Basal Metabolic Rate）をもとに構築されている（Nagy, 1987）が、その代謝量は行動によって大きく異なる。代謝量と密接な関係のある心拍数でみると、マガンにおける野外での飛翔時の心拍数は休息時のおよそ 4 倍となる（Ely *et al.*, 1999）。これらの行動別の代謝量に採食条件（ハクガン *A. caerulescens*：Gauthier *et al.*, 1988）、気象や狩猟圧（マガン：Ely, 1992）などによる行動時間配分の変化に対応して FMR は変化するだろう。また、カナダガン *Branta canadensis* では食物に含まれる成分の違いによって代謝量が異なる（Petrie *et al.*, 1998）。こうした様々な要因によって代謝量は変化し、その結果が体重の季節変動としてあらわれる（Ely & Raveling, 1989）と考えられる。しかし、今回の分析では、行動時間配分を考慮していないので、今後の課題としたい。

また、朝、陸上に播いた給餌物はガンカモ類によってほとんど採食されたが、それ以外の時間帯で観察者が個人的に持ち込むポン菓子以外の給餌量や池に投下された餌の食べ残しについては考慮されていない。個人的な給餌が給餌量全体に与える影響はそれほど大きくないと考えられるが、今回の分析ではそうしたポン菓子以外の給餌量や食べ残し割合は変化しないことを前提としており、その前提が多少現実と異なっている可能性がある。さらに、エネルギー消化吸収効率を 74％として分析したが、種や食物によって 60 ～ 90％の幅がある。エネルギー依存率の全体的な傾向は変わらないが、その数値はこの範囲内で変動する可能性がある。このようにこの分析では十分に考慮できなかった点があるが、ガンカモ類の給餌への依存率の推定はこれまでなされたことはなく、試算として一定の意義がある。

15.4 ガンカモ類への給餌縮小の影響（2008/09 年の冬）

給餌を行った 2007/08 年と給餌を縮小した 2008/09 年で、月ごとの給餌量を比較すると、2007/08 年では平均 826 kg（範囲：339 ～ 1279 kg）であったが、2008/09 年では平均 42 kg（範囲：6 ～ 78 kg）とおよそ 80％減少した（**図 15-6**）。最も優占したオナガガモの個体数を越冬初期から中期でみると、2007/08 年では平均 883 羽、最大 1500 羽を記録したのに対し、2008/09 年では平均 184 羽、最大 720 羽となり、79％減少した（**図 15-7A**）。また 2007/08 年と比較して渡去時期も早く、3 月上旬にはほとんど見られなくなった。オオハクチョウでは、2007/08 年では平均 27 羽、最大 110 羽だったが、2008/09 年には平均 7 羽、最大 23 羽と 74％減少した（**図 15-7B**）。ホシハジロとキンクロハジロでは 2008/09 年には 1 ～ 2 羽が断続的に観察されたにすぎなかった。

2008/09 年では 11 ～ 12 月の越冬初期の段階から、夕方になるとオナガガモを中心とした数千羽単位の群れが沼から周辺の水田へ移動したが、こうした行動は給餌のなされた 2007/08 年では観察されなかった。給餌量の減少によって沼での採食条件が厳しくなったため、越冬初期から沼外へ採

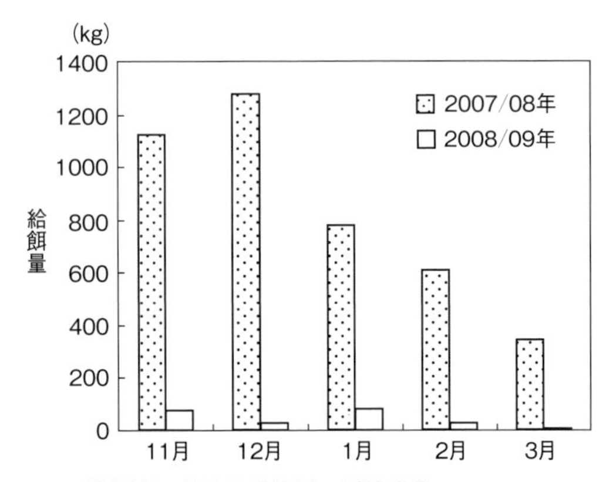

図 15-6　給餌池における給餌量の季節変化
2007/08 年から 2008/09 年にかけて給餌量は 80％減少した。

食場所を求めざるをえなかったと考えられる。給餌量を縮小したものの、すべての群れが給餌池からいなくなったわけではなく、少数の群れは給餌池にとどまった。すなわち、給餌量の縮小によって、給餌池でカモ類を身近に観察できる環境を維持しつつ、鳥に給餌池以外の場所での採食を促すことで、群れの分散を図ることができた。

15.5　科学的データに基づいた給餌の是非の議論を

伊豆沼・内沼では 2009/10 年以降も給餌量が縮小されている。現在も少数のカモ類が給餌池で身近に観察できる一方で、多くの群れは給餌に依存していない。例えば、オナガガモは少数が給餌池で見られる一方で、多くの群れは沼の中央部で日中休息し、夕方採食のために沼外へ移動する。オオハクチョウも同様に、多くの群れは沼内のレンコンや周辺の水田で採食する。前述したように厳寒期の給餌への依存率は低く、給餌があったとしてもそれだけでは１日のエネルギーをまかなうことができない。見方を変えると、エネルギーを少しでも獲得するために給餌という人間の行為を利用しながらも、給餌がなければないなりに柔軟に対応するという、鳥のしたたかさを見てとれる。人は給餌によって鳥をコントロールしているように思いがちだが、実は鳥にうまく利用されているだけなのかもしれない。

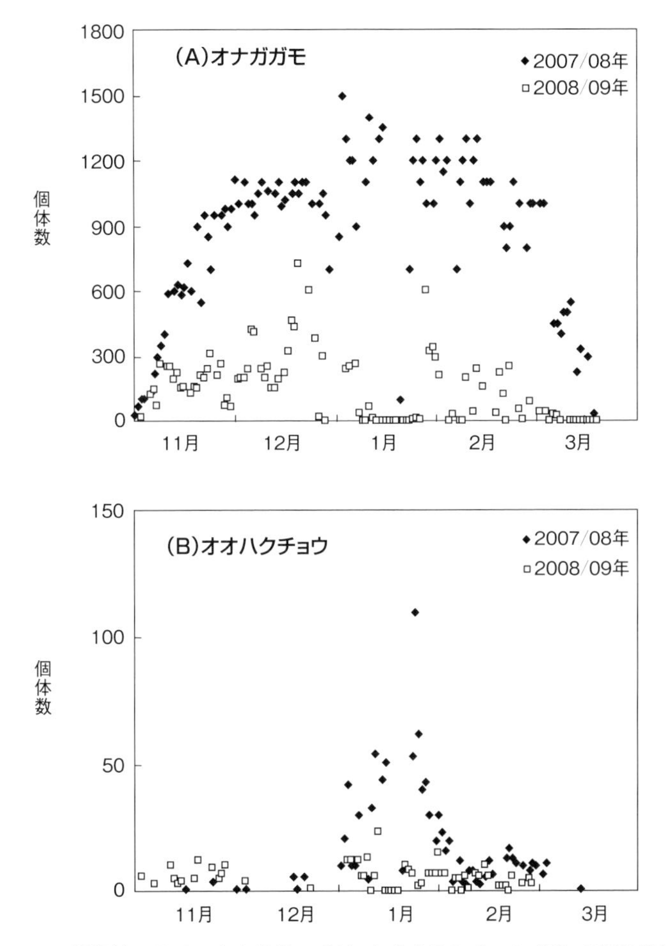

図 15-7 給餌池におけるオナガガモ（A）とオオハクチョウ（B）の個体数変動
2007/08 年から 2008/09 年にかけて、オナガガモは 79%減少し、オオハクチョウは 74%減少した。

鳥は人から遠い位置ですばやく移動する動物であるため、間近で見ることが難しく、双眼鏡や望遠鏡で観察せざるをえない。給餌は遠くにいる鳥を間近で見ることができる機会の一つであり、特に子どもたちにとってそうした機会は鳥への親近感を深めることにつながるだろう。給餌の是非を論じるときに、本稿のような科学的なデータに基づいた鳥と人との距離感を模索することを提案したい。

謝辞

岩手大学の溝田智俊教授、立教大学の上田恵介教授、バードリサーチの植田睦之氏には、原稿を読んでいただき、貴重なコメントをいただいた。なお、本稿は下記２本の論文をもとに改編して作成された。

嶋田哲郎・進東健太郎・藤本泰文（2008）伊豆沼・内沼におけるガンカモ類の給餌への依存率の推定. *Bird Research* **4**: 1-8.

嶋田哲郎・藤本泰文（2010）伊豆沼・内沼におけるガンカモ類への給餌縮小の影響. 伊豆沼・内沼研究報告 **4**: 1-7.

引用文献

Albertsen, J. O. and Kanazawa, Y. (2002) Numbers and ecology of swans wintering in Japan. *Waterbirds* **25** (Suppl.1): 74-85.

Amano, T., Ushiyama, K., Fujita, G. and Higuchi, H. (2004) Alleviating grazing damage by white-fronted geese: an optimal foraging approach. *J. Appl. Ecol.* **41**: 675-688.

Ely, C. R. (1992) Time allocation by Greater White-fronted Geese: influence of diet, energy reserves and predation. *Condor* **94**: 857-870.

Ely, C. R. and Raveling, D. G. (1989) Body composition and weight dynamics of wintering Greater White-fronted Geese. *J. Wildl. Manage.* **53**: 80-87.

Ely, C. R., Ward, D. H. and Bollinger, K. S. (1999) Behavioral correlates of heart rates of free-living Greater White-fronted Geese. *Condor* **101**: 390-395.

Gauthier, G., Bedard, Y. and Bedard, J. (1988) Habitat use and activity budgets of Greater Snow Geese in Spring. *J. Wildl. Manage.* **52**: 191-201.

樋口広芳・村井英紀・花輪伸一・浜屋さとり（1988）ガンカモ類における生息地の特性と生息数との関係. *Strix* **7**: 193-202.

北海道新聞野生生物基金（2006）野生動物への餌やりの功罪を考える. モーリー **15**: 55-66, 北海道新聞社. 札幌.

Kear, J. (2005) Ducks, Geese and Swans, volume 1. Oxford University Press, Oxford.

Nagy, K. A. (1987) Field metabolic rate and food requirement scaling in mammals and bird. *Ecol. Monog.* **57**: 111-128.

Nolet, B. A., Bevan, R. M., Klaassen, M., Langevoord, O. and Van Der Heijden, Y. G. J. T. (2002) Habitat switching by Bewick's swans: maximization of average long-term energy gain? *J. Anim. Ecol.* **71**: 979-993.

Petrie, M. J., Drobney, R. D. and Graber, D. A. (1998) True metabolizable energy estimates of Canada Goose food. *J. Wildl. Manage.* **62**: 1147-1152.

山本浩伸・大畑孝二・山本幸次郎（2003）カモ類の採食場所として冬期湛水することが水田耕作に与える影響―片野鴨池に飛来するカモ類の減少を抑制するための試みⅢ―. *Strix* **21**: 111-123.

第16章

広島市のハト対策

本田博利

16.1　はじめに

本章では、広島市におけるハトのフン「公害」対策の経過と、幻に終わった議員提案による「ハト公害防止条例」について紹介する。

都市活動における様々な解決課題は市民ニーズ（要求）として提起され、自治体がその政策的対応を条例制定という仕方で実現する事例が増えてきた。「必要は条例の母」と言ってよいだろう。「広島市のハト対策」は、ハトによる市民生活への侵害に対し、条例化の可能性が模索されつつも、主として市民への啓発手法により当面の解決をみた、いわばソフトランディングできた事例である。

16.2　ハトのフン「公害」への政策的対応の必要性―争点化

広島市の平和記念公園には、原爆ドーム、原爆慰霊碑、平和記念資料館などがあり、国内外から多数の人々が訪れる核時代における世界平和の原点となっている。

ハトは平和のシンボルとされ、平和記念公園においても多数のハトが生息し、市民や観光客が日常的にハトに餌を与える風景が見られた。

1980年頃より、ハトが異常に繁殖（ドバトが野生化）し、1992年には公園内のハトは2000羽余りを数えるまでになった。これは昭和40年代の高度経済成長期以降、食糧事情が豊かとなり、ハトの餌の供給源が多様にわたるようになって、全国的にも都市部において、ハトの増加現象が見られた。

これらのハトが近隣の建物（ビル、マンション）に飛来（公園との間を「通勤」）して、ベランダにフンや羽毛をまきちらして洗濯物を汚す、巣をつくり排水管をつまらせるなどの被害が続発し、また、オウム病をはじめ人間の健康への害も懸念された。住民は防鳥ネットを張るなどの自衛策を講じても個人的な努力には限界があるとして、苦情が広島市に殺到するようになり、マスコミでも広く報道され、議会でも取り上げられるようになった。

16.3　法律の適用による手法検討―法的課題解決の模索

ハトの増加を抑制するには、「鳥獣保護及狩猟ニ関スル法律」に規定する有害鳥獣駆除のための県知事の捕獲の許可（第12条）によることができ、大都市においても実例がある（愛知県、兵庫県など）。しかし、捕獲して殺処分することについては、平和都市広島の市民感情のうえからも強い反発が予想された。折りから開催準備中の第12回アジア競技大会（1994年）のマスコットも、ハトのポッポとクックであった。

このほか既存の法律としては、「動物の保護及び管理に関する法律（動管法）」（当時。1999年に「動物の愛護及び管理に関する法律（動愛法）」に名称変更）および同法を受けた（委任）「広島県動物保護管理条例」の適用も検討されたが、これらの法は動物愛護を本来の目的としている。飼い主のいるライオンやクマなどの危険動物には県の行政事務条例で対応できるが、公園内のハトには飼い主もおらず被害は迷惑程度である。[注1] その他の法律（「公害」関係諸法令、都市公園法・公園条例、廃棄物処理法、軽犯罪法など）の適用も困難であった。

16.4　法律の適用によらない手法検討―非法的課題解決の模索

このため、広島市は、市民の強い要望（ただし、被害を受けている市民とそうでない市民とには問題の受け止めに差異が見られる）を受けて、餌を減らすことによりハトの自然減を図るという地域特有の解決方策を模索することとなる。

ハトは繁殖力が旺盛で、十分な餌があれば年に8回、各2個の卵を産み、ヒナは6カ月で成鳥する。このためハトの生息数は餌の量に比例すると言われている。

市はハトによる被害の顕在化以後、その増加原因は自然的なものというよりは、むしろ人為的な要素によるものと言わざるを得ないとの認識に立って、給餌者への餌やりの自粛の呼びかけに最重点を置いた。そのための最も有効な方法は、公園内の売店での観光客向けの餌の販売の自粛であり、市は母子会（母子及び寡婦福祉法 第16条の規定により母子福祉団体に対し優先的に営業許可）に再三再四申し入れを行ったが、餌の売り上げが売店収入の大きな割合（1日200袋程度）を占めていたため、早期の実現には難しいものがあった。

このほか、啓発看板の設置や区役所でのハト被害写真展などの市側の懸命な努力にもかかわらず、顕著な減数効果をみることはできなかった。

16.5　議員有志による条例づくり―政策の法制化の試み

このハトのフン「公害」問題に敏感に反応したのは、当時市議会内で会派を超えて勉強会を行っていた「広島市政研究会（市政研）」の7人のメンバーであった。市政研は、この問題について、1992年に広島市初の議員立法による条例制定を目指し、条例案を作成した。一方、市長部局は、ハト対策は条例によらず要綱で対応（内容は不明）というスタンスであり、制度形式の選択につき条例化に腰が重い市長部局を議員サイドがリード（尻たたき）する形となった。

この、実現すれば全国で初めてとなる「広島市ハト公害防止条例案」は5カ条からなる。第1条（趣旨）は、動管法第6条に基づき、ハトによる人の生命、身体または財産に対する侵害（ハト公害）を防止するため必要な措置を講ずるとする。第2条（対象）は、公園等で人が餌を与え、ハト公害を起こすおそれがあるハトとする。第3条においては「市の施策等」

として次の通り規定した。「市は、ハトの愛護とハト公害防止のため、前条の公園等に鳩舎を設置するとともに、（獣医師等学識経験者を中心に）ハトの生態やハト公害の実態について調査研究するものとする。」第4条はハト公害防止審議会の設置について定め、市長は人とハトとの共存関係を確立するための方策や適正な数の維持と避妊等の手段などについては審議会の意見を聞かなければならないとする。第5条は規則への委任について定める。

市側は、条例によって鳩舎を設置することとなれば、市を飼い主（占有者）とする飼養関係を生じ、フンによる被害を受けた市民から損害賠償の請求がなされる可能性があることを危惧したものと思われる（民法第718条〔動物の占有者の責任〕。国家賠償法第1条や第2条〔営造物の設置管理の瑕疵〕に基づく賠償請求もありうる。[注2]

条例案は結局、所属する会派トータルの賛同（全会一致が望ましい）が得られず「幻の条例」に終わったが、この間の事情が広くマスコミに報道されて、市民のハトフン「公害」に対する関心は一挙に高まった。

市政研の市長部局への働きかけは、最終的には条例案第4条に規定する審議会に相当する組織として、市民代表、学識者と市政研のメンバーなどで構成する「広島市ハト対策検討委員会」を要綱により設置し、条例化に限らず広くハト対策を考える場をつくることで合意された。

16.6　はと対策検討委員会におけるハト対策の検討―政策づくり

検討委員会は、1992年に「市街地におけるはとのふん等による被害の発生を防止し、もって人間とはととの良好な共存関係の下に生活環境の保全を図るため実施するはと対策に関し、必要な事項を調査検討する」ため、市議会議員8人を含む学識経験者、自然保護関係団体、動物の愛護関係団体、ハト飼養者の関係団体、建物の関係団体の代表者など20人で構成し発足した。

委員会は1年半の間に6回の審議を重ね、1994年に中間報告として『広島市のはと対策についての報告書』（広島市はと対策検討委員会, 1994）

としてとりまとめ、公表した。

報告書では、ア．市民の理解と協力を得る方策、イ．ハトを減数化する方策、ウ．減数化後のハトの羽数の維持方策、について、大まかに次の通りの方針を示している。

(1) 餌を与えるなどの人為的な要素を除いた場合に生息できる羽数（平和記念公園では500羽程度）までに減数させる。

(2) 一定羽数まで減数させ、その後何らかの人為的維持管理を行う。

(3) 成果が得られない場合は、実効性を確保するための規制等の制度化や市民の被害防止に対する支援、人為的維持管理等について、改めて検討を行う（「捕獲による減数」や「鳩舎による管理」にも具体的に言及している）。

なお、委員会での議論の開始に合わせ、市は、市内におけるハトの生息に関する詳細で継続的な調査を行うと同時に、市民に対し、ハト被害・ハトへの意識・ハト対策への要望について数次のアンケート調査を行って、議論・対策の土台とした。また、委員会での議論は地元マスコミ各社の注目するところとなり、大々的に報じられた。同様のフン害に悩む自治体からの視察も相次いだ。

16.7　ハト対策５か年計画に基づく減数化政策の実施

広島市は、検討委員会の報告をもとに1994年、「広島市ハト対策５か年計画」（1994～1998年度；広島市，1994）を策定して、減数化に向けて公園での餌やりの自粛の呼びかけをはじめとする種々の啓発活動を展開することとした。その基本的な考え方は、「無秩序な給餌は真の動物愛護ではなく、異常に繁殖したハトは害鳥として位置付けられることになり、人間との良好な関係を保てないこと」であり、「餌の減量化による減数化に効果がない場合には､やむなくハトを捕獲しなければならないこと。また、場合によっては捕獲したハトを殺処分しなければならないこと」を市民に十分周知することであった。

「広島市ハト対策５か年計画」の具体的な施策として実施したものは､「1

相談窓口の設置」「2　普及啓発活動」「3　えさの減量化」「4　飛来防止対策」「5　人畜共通感染症対策」「6　繁殖抑制」である（広島市はと対策検討委員会，1999）。

「1　相談窓口の設置」では、相談窓口を動物管理センターに設置し、広報紙等により利用を促進したところ、これまで市民がハト問題についてどこに相談してもはっきりした回答が得られないという状況から、相談窓口に集中するようになり、対策を実施していくうえで大いに役立った。

「2　普及啓発活動」は、公園・緑地に給餌自粛の看板を設置する、市役所、区役所、学校等の公共施設に給餌自粛の啓発ポスターを掲示する（**図16-1**）、1994、1996、1997年にはチラシの新聞折り込み（各25万部余）を実施するなどした。

図16-1　給餌自粛の啓発ポスター

「3　えさの減量化」は、ほかの施策と連携をとりながら普及啓発活動を中心に実施したが、1994年4月に平和記念公園内売店での餌の販売を中止した。

「4　飛来防止対策」は、相談窓口に各種飛来防止器具・忌避剤を常時展示するとともに、動物愛護教室、動物フェスティバル、区民まつり等でも展示し、また飛来防止器具の貸し出しも行うなどした。

「5　人畜共通感染症対策」では、オウム病やクリプトコックス症など、ハトから人に感染する疾病の存在や予防知識についての普及啓発を実施し、代表的な感染症であるオウム病の抗体保有状況調査を1993年度から1996年度まで実施した。

「6　繁殖抑制」では、避妊手術の実施と放鳥を行った。

16.8　目標の達成と政策の評価

5か年計画の最終年次である1999年2月に開催された第11回の検討委員会では、次の通り、市民や関係者の理解と協力のもとに対策が効を奏したことが報告された。

(1) 平和記念公園のハトの数は、1992年の2120羽から1996年には目標の500羽を切り、1998年には254羽にまで減少した。旧市域でも、1992年の7673羽から1998年には1519羽に減少した。

(2) 建物の被害につき、深刻または大きな被害があると答えた者が13.2%から4.8%へと大幅に減った。

(3) 公園での給餌者は、餌やりの自粛に対する意識の高まりによりほとんど見られなくなった。

(4) 餌の減量化対策が進展したため、捕獲による減数化、鳩舎によるハトの管理は実施に至らなかった。

この減数化には、先述した母子会による公園内の売店での観光客向けの餌の販売を、1994年の報告書の提出と機を同じくして、同会の御理解のもとに廃止に踏み切っていただいたことが最も大きな効果を上げたものと思われる。

また、当初、市内各所において定期的に大量に餌やりを行う一定数の市民が見られたが、自粛に対する市民全体の意識の高まり、市職員の説得を通じてその数が減少した。

さらに、殺処分を伴わない繁殖抑制技術として、広島県獣医師会の献身的な努力により、日本初の避妊手術（メスの卵管切除）が成功し、毎年100～150羽、計750羽もの施術が成されたことは特筆されてよい。ただし、費用が1羽当たり2万円と高額であることから、昨今の財政難の折り、今後の継続の是非につき、市民的合意が必要となろう。

なお、鳩舎による管理については、委員会での議論を通じて、そもそもいったん野生化したハトが鳩舎に棲みつくことは通常ないこと等が明らかになり、幅広い委員の賛同を得るには至らなかった。(注3)

16.9　まとめ

以上見たように、広島市のハト対策は、平和都市広島という都市の特性を踏まえたユニークな展開を見、市民の理解と協力のもとに、条例という法的な規制・誘導方策によることなく、「人間とハトとの共存関係の確立」という目標が達成されつつある（ただし、単なる普及啓発型の条例であっても、市民代表たる議会の合意をとりつけるという意義を否定するものではないことはもちろんである）。

この要因としては、

(1) ハト対策に関する議論の高まりの中で、餌をむやみに与えないという市民の規範意識が、条例制定を待つまでもなく確立された。

(2) 被害を受けている市民、そうでない市民の区別なく、全市民的な合意のもとに対策が実施された。

点に集約できよう。

なお、今後ハトの数がこのまま推移して、公園内の自然の餌（草木の種子等）に見合った数にまで減少した場合、減り過ぎといった声が出るかもしれないが、その時は、そもそも平和記念公園にハトが不可欠であるのかどうかという根本的な議論をする良い機会となろう。

追記　広島市のハト対策のその後

本報文は、筆者が広島市役所の法制担当課長として勤務していた際に経験した事例を取りまとめ、1999年6月13日の日本公共政策学会の研究大会（於立命館大学）で報告し、大会論文「広島市のはと対策」として『公共政策（日本公共政策学会年報2000年度版）』に収録されたものに、若干の手入れとその後のハト対策を加筆して、まとめたものである。転用をお許しいただいた同学会に御礼申し上げる。

本事例は20年も前の内容であるが、広島市における「人間とハトとの良好な共存関係」のあり方を求めて市民一丸となって取り組まれた「ハト対策」の経緯と成果について、本書で論じられている野生動物の「餌付け問題」への先駆的な解決の試みとしてご紹介するものである。

広島市のハト対策のその後の推移は次の通りである（広島市動物管理センター佐伯幸三所長のご教示による）。

①　はと対策検討委員会は、5か年計画は一応の成果を見たものと評価し、計画終了後も元の状態に戻ることのないよう、引き続き普及啓発活動の推進、生息羽数調査の継続実施など被害軽減のための効果的な対策の実施を要望して任務を終えた（広島市はと対策検討委員会, 1999）。

②　その後10年以上経過した2013年現在では、平和記念公園のハトは100～200羽程度であり、良好な状態となっている。

（注1）動物に関する現行法制上、飼い主の有無により法的な対応が分かれるのであり、飼い主のいるものについては、飼い主に適正な管理を求めることができるが、飼い主のいないものについては、自然の保護を基本とし、狂暴性・危険性を有したり、農作物に被害を与えるなどの動物以外は規制が難しい。

（注2）かつては市が鳩舎を設置して、餌代を予算計上していた時期があった。1981年に民間のゴミ収集車が平和記念公園のハト65羽をひき殺した事件が発生した。本件においては、市との飼養関係が認定されて、運転手は動管法第13条違反（保護動物である「いえばと」の虐待）として罰金刑に処せられた（鳩舎はその後、繁殖防止のため撤去）。

(注3) 委員会では条例化に限らず広くハト対策を考えることとされたが、実際には法的な議論は先送りとされた。考えられる条例の内容としては、既存法令の規定内容とのバランスや実効性の問題（特に飼い主の有無がポイント）はさて置くとして、a. ハト対策の宣言、b. 餌やりの禁止、c. 飼育の禁止、d. 市民への啓発（行政指導の根拠）などがあろう。

引用文献

広島市（1994）ハト対策5か年計画.
広島市はと対策検討委員会（1999）広島市ハト対策実施報告書.
広島市はと対策検討委員会（1994）広島市のはと対策についての報告書.

第VI部

餌付け問題の法規制と今後の展望

第17章

餌付けに関わる法規制と政策

髙橋満彦

17.1　はじめに

ここに昭和天皇と香淳皇后が、1981年に奈良の春日大社へ行幸された際の写真がある（**図 17-1**）。撮影したカメラマンによると、「皇后さまがすごく喜んでいるのに昭和天皇はむすっとされたまま」（『週刊朝日』，2014）。この違いはなんであろうか。それは両陛下の前にいる動物に関わ

図 17-1　奈良公園・飛火野で鹿寄せを見学される昭和天皇と香淳皇后両陛下（1981年）
写真提供：朝日新聞社

ることである。両陛下がご覧になっているのは、奈良公園の観光イベントとして有名な鹿寄せだったのだ。

鹿寄せは、ホルンで鹿を呼び寄せて餌をやるというものだが、皇后が楽しげにニホンジカに餌を与えているのに、生物学者でもあった昭和天皇は説明役に促されても、鹿せんべいに手も触れなかったそうである。当時の侍従は、天皇は、「自然のままの状態を大切になさった。人工的なものが関与するのをすごくお嫌いでした」と述べている。本書の多くの執筆者は昭和天皇と同様な感覚の持ち主であろう。しかし、皇后もお感じになったであろう愉快さを多くの人々が共有していることは、鹿寄せが毎春行われていることからも明らかだろう。このような人々の感覚の相違が、野生動物の餌付けを法的に論ずることを困難にするのである。

「鳥獣の保護及び管理並びに狩猟の適正化に関する法律」（鳥獣法）をはじめわが国の法律（国会が定めるところの、いわゆる狭義の法律）は、餌付けに関しての一般的規定を有していない。しかし、徐々に野生動物に関連する法律が整備されていくなかで、本書で指摘されたような餌付けを巡る課題も取り上げられるべきだと思う。そこでいくつかの断片を拾いつつ、野生生物保護管理の先進国とされる米国の状況とも比較しながら、今後の餌付けの法規制の方向性やその実現可能性などについて検討したい。

17.2　現行法における餌付けの位置付けと規制

17.2.1　鳥獣保護管理と餌付け

まず、野生鳥獣一般について規定する「鳥獣法」は、鳥獣保護区において土地所有者等は正当な理由がない限り、行政が「営巣、給水、給餌等の施設を設けることを拒んではならない」と定め（第28条11項）、給餌を鳥獣保護に貢献する施設として積極的に捉えている。そのため、「鳥獣法」が都道府県に策定を義務付けている鳥獣保護管理事業計画の中では、鳥獣保護区の環境整備の一環として、「保護繁殖に必要な給餌、巣箱等の施設を設けるほか、食餌植物の植栽」を奨励している。

なお、「絶滅のおそれのある野生動植物の種の保存に関する法律」（種の保存法）のなかでも、国内希少野生動植物種を保護するために行う保護増殖事業の中で給餌は行われており、土地所有者に協力が求められている（第47条3項）。

一方、環境省は鳥獣保護管理事業計画において、「安易な餌付けの防止」についても規定するよう求めている。環境省が示す、同計画の基本指針では、安易な餌付けは、人の与える食物への依存、人馴れが進むことによる人身被害、農作物被害、鳥獣個体間の接触が進むことによる感染症の拡大など、本書でも指摘された問題が挙げられ、安易な餌付けが行われることのないように普及啓発を行うことなどを求めている。このため、都道府県の策定する鳥獣保護管理事業計画では、「安易な餌付けの防止」という独立した項目が設けられている。また、特定鳥獣に関する計画において餌付けの防止を定める例もある（富山県ツキノワグマ管理計画）。

しかし、これらの計画はあくまでも行政の計画であり、一般市民に対する法的拘束力はない。したがって、都道府県が安易な餌付けの防止を呼びかけても、あえてこれに耳を貸さない者の餌付けをやめさせることはできないし、罰則もない。例えば、富山県では、ある団体がクマにドングリ等の給餌を行っていたことがあったために、計画を通じて、今後は給餌をしないように求めている。しかし、餌付けをしないことを強制するためには、国会を通じて法律か、地方公共団体の議会を通じて条例で定めなければならないのである。2013年から北海道が、「北海道生物の多様性の保全等に関する条例」により、全道でヒグマの餌付けを禁止するという新しい動きもあるが、現行法令のなかで野生動物の餌付けを規制するものは、以下のようにごく限定的にしか見当たらない。もっとも、近年は餌付けを規制する市町村条例が出てきているが、やや状況が異なるので、17.4節で紹介する。

17.2.2 感染症対策としての法規制

餌付けによって鳥が1カ所に集中することにより感染症の拡大が懸念され、またそれが家禽にも感染する場合や人獣共通の感染症である場合、問題が生じる（第8～10章を参照）。特に、鳥インフルエンザに関連して水鳥の餌付けが問題視されるが、「家畜伝染病予防法」には餌付けを含めて野鳥の扱いに関する規定は存在しない。「家畜伝染病予防法」では、家畜伝染病（感染症）発生の蔓延のおそれのある場合に、家畜の展示会など家畜を集合させる催し物の開催を停止したり制限することができるとしているが、餌付けは野生動物を集合させる行為なので、同様の観点から規制が必要なのではないか。例えば、養鶏場周辺での餌付けや、野鳥を大量に集合させる餌付けへの規制は検討されるべきである。

また、「狂犬病予防法」では犬のほか、鶏、猫、あらいぐま、きつねおよびスカンクも規制対象になってはいるが（第2条、同施行令第1条）、餌付けについては規制されていない。「動物愛護法」も飼養されていない動物への給餌や餌付けについては規定していないと解されるので(注1)、後述するように、衛生上の懸念を含めた生活環境の維持の観点から、市町村条例などで対応する自治体が増えている。

17.2.3　釣りと餌付け規制

餌付けというと鳥獣に関するものに目が行きがちだが、水棲動物に対しても問題となりうる。第1章1.3節で指摘されたダイバーによる餌付けもあるが、より広く行われているのは、魚をおびき寄せるために餌をまきながら行う「まき餌釣り」である。「漁業法」と「水産資源保護法」に基づき定める都道府県の「漁業調整規則」は、漁業や遊漁（スポーツフィッシング）に関する種々の規制を定めているが、まき餌釣りも規制対象になっている。水産庁のWebサイトにも概要が掲載されているが、秋田、茨城、東京、福井、兵庫、高知の海では遊漁者によるまき餌釣りは原則禁止である。また、岡山、広島、香川、愛媛、島根の海では、船舶を利用しての遊漁者によるまき餌釣りが禁止されている。なお、これらの県では、漁業者によるまき餌釣りも許可漁業として規制の対象になっている。

一方で、まき餌釣りを容認する都道府県でも、優良漁場等の一部区域を「漁業調整規則」や漁業調整委員会指示で指定して、まき餌釣りを規制している場合がある。同様に河川湖沼（内水面）でも、都道府県の「内水面漁業調整規則」（例えば香川県）や同規則に基づいて漁業協同組合が定める遊漁規則で、まき餌釣りが規制されている場合がある。

漁業規制は煩雑なので詳細は略したが、この節に示した規制はすべて法的拘束力があるので従わなければならない。

ところが、防波堤における釣りなどでは、冷凍オキアミなどのまき餌の使用は定着しており、禁止されていることに驚く読者も多いだろう。実は、過去においてはまき餌釣りを禁止している都道府県はもっと多かった。しかし、2002年12月に水産庁は各地域における遊漁と漁業との実態に則して、規制の見直しを含めた調整を目指す「海面における遊漁と漁業との調整について」を策定し、技術的助言として都道府県に提示したところ、規制緩和が進んだ（全面禁止が21から7都県へ）。

遊漁に関する規制の緩和は釣り関係者から要望が強い。現在の規制はスポーツとしての釣りが盛んになる前に定められたものも多く、現状に合わないものもあるようである。まき餌釣りの禁止も、あまり取り締まられていなかったのが実情のようである。さらに、まき餌規制の撤廃を検討にあたって、漁業者から懸念は示されたものの、水産資源（ひいては生態系）への悪影響の証明はされていなかったことも規制緩和につながったようである。確かにまき餌釣りを全面的に禁止する必然性は少ないかもしれないが、これまでの様々な事例から明らかなように、餌付けの生態系への影響を具体的に示すことは技術的に難しいのが現状であり、継続して考えなければならない点である。

17.2.4 保護区や保護指定種と餌付け規制

自然保護区においては、自然の状態を保つために餌付けへの規制がありそうであるが、実のところはそうでもない。

「種の保存法」は、生息地等保護区のうちのより厳しい規制がなされる管理地区において、「国内希少野生動植物種の個体の生息又は生育に支障を及ぼすおそれのある方法として環境大臣が定める方法によりその個体を観察すること」（第37条4項14号）を許可制にすることができるとしており、この条項を使えば餌付けも規制できる。しかし、現在のところこの条項は全く使われていない。なお、仮に使うとしても「環境大臣が指定する区域内及びその区域ごとに指定する期間内においてするものに限る」こととされている。

鳥獣保護区の特別保護地区についても同様の規定があり（「鳥獣法」第29条第7項第4号、同施行令第2条）、全国で5カ所の特別保護指定区域が指定され、撮映等の規制がされているが、餌付けは規制対象とされていない。また、国立・国定公園（自然公園法）や、自然環境保全地域（自然環境保全法）などの保護区についても、餌付けは規制されていない。

それでは、希少種への餌付けは法律ではどう扱われているのだろうか。保護区の内外にかかわらず、デリケートな絶滅危惧種への干渉は慎重になされなければならないだろう。しかし、「種の保存法」は国内希少野生動植物種を捕獲や殺傷することは禁止しているが、給餌は規制しておらず、シマフクロウに対する餌付けなど、影響が懸念されるものもある（第12章を参照）。「文化財保護法」の定める天然記念物は「現状変更」が禁止されているため、餌付けを規制する余地もあるが、コウノトリ（第13章を参照）、タンチョウや新潟県瓢湖（ひょうこ）の白鳥渡来地など、天然記念物であるからこそ給餌が行われてきたのが事実である。

17.2.5　現行法における餌付けの位置付けの小括

以上のように、現在の日本の法律では餌付けに対する一般的な規制は存在しない。釣りに関してまき餌に規制は存在するが、狩猟や自然観察で餌付けを行うことへの規制はない。さらに、保護区や国立公園においても餌付けは規制対象にはなっていない。ただし、保護区等については、行政がその気になって手続きを踏めば、限定的だが規制をすることは可能である。

やはり、自然保護区での餌付けや絶滅危惧種への餌付けは今後の対応を考える必要があるのではないだろうか。ただし、「鳥獣法」や「種の保存法」の中では、給餌が保護事業の一環として積極的に位置付けられている点にも注意したい。

17.3 米国の餌付け規制

米国の野生動物法制度はわが国よりも詳細だと言えるが、餌付け全般に関する包括的な規定があるとは言えない。まず米国は連邦国家であり、原則として各州法が野生動物に関する事項を規定している。しかし、野生動物の餌付けを包括的に規制している州はない。

州の野生動物法では、動物へのハラスメント行為、すなわち動物を追いかけたり、脅かしたり、いじめたり、通常の生態を妨げたりをしてはならない、と定められていることが多く（例：オレゴン州 Or. Rev. Stat. 498.006)、過剰な餌付けはそのような規定に抵触する可能性もある。しかし、このような抽象的な規定は指導や勧告の根拠とはなっても、組織的な取り締まりや処罰に至るのは稀だろう。実際、各州の野生動物管理部局のWebサイトを見ると、野生動物の餌付けは奨励できない、自粛すべきだなどとされているが、一般的に禁止されているとは述べられていない(注2)。

現在のところ具体的に餌付けが規制されているのは、主として狩猟の場面である。第4章のイノシシの例にもあるようなわな猟はもちろん、銃猟などにおいても餌で誘引することは大変効果的な方法のため、禁止する州が多く、餌付け行為の取り締まりを巡って議論になることがある（他人がまいた餌だと言い訳する、など)。しかし、鹿狩りでの餌付けは欧州では広く行われており、米国でも容認する州は珍しくない。それでも、禁止地域を設けたり、給餌量や方法を規制したりしている州もある（ウィスコンシン Wis. Stat. §29.336)。これは狩猟資源の涵養や動物感染症の予防のためである。また熊猟の際の餌付けについてもオレゴン州のように禁じる州がある一方、ウィスコンシン州やアラスカ州では認められており、匂いを利用した誘引剤の利用がハンターの間で一般化しつつある。一方でカモなどの水鳥猟では、渡り鳥保護の連邦法により餌付けは認められていない（渡り鳥と絶滅危惧種に関しては連邦管轄が州管轄を優先する)。

自然観察や趣味目的の餌付けについては、野鳥やリスなどの小動物に関しては広く行われており、ショッピングモールでは餌付け用具の専門店も見かける。しかし、特に郊外の住宅地などでは、アライグマやコヨーテの餌付けが家屋被害や人身被害(餌付いたコヨーテが3歳児を殺傷したなど)をもたらすなどの問題が多発している。住宅地での捕食性動物やシカ類への餌付けは、すでに市や郡の条例レベルで規制をされていることが多いが、さらに州法で危険動物等への餌付けを一般的に規制することが各地で取りただされている。政治家の反応はあまりよくないようであるが、そもそも、野生動物は州の管理に服すること（州の「所有」）が法的に明らかにされているので、必要があれば餌付けを規制対象とすることは可能である。ウィスコンシン州は2004年に狩猟目的以外の野生鳥獣への餌付けも州野生動物局が規制することを州法に明記し、詳細な規定を整備している（Wis. Stat. §29.335. ただ、今のところ規制されているのはシカ、クマ、エルクのみ)。

また、釣りのまき餌については、生餌の利用はまき餌に限らず、魚病予防や生態系保護の観点からほとんどの州で規制されている。まき餌全般についても川や湖沼を中心に規制している州は多いが(注3)、その環境保全上の必要性が証明しづらいことなどから、規制のあり方について議論を呼んでいる（Outdoor News Daily, 2016年5月24日)。特に沖合のトローリング（曳(ひ)き縄釣り）など、海釣りではまき餌の需要は高く、例えば遊漁におけるまき餌を禁止しているオレゴン州でも、沖合3マイル以上ではまき餌が許されている。

最後に、国立公園や野生動物保護区（National Wildlife Refuge）などでは、日本と異なり管理目的以外での野生動物の給餌は明確に禁止されている。しかし、1960年代までは国立公園でも観光客によるクマの餌付けは普通の光景であった（Biel, 2006)。管理方針の展開と広報が餌付けの状況を変えたのである。ただし、数カ所ではまだ保護管理上の理由でシカ類の冬季給餌が行われており、その管理手法を巡り環境団体との訴訟も発生している（Defenders of Wildlife v. Salazar)。

17.4　市町村条例と餌付け

17.1節および17.2節で述べたように、わが国の法令では餌付けに関する規制ははなはだ脆弱である。米国も餌付けに関する包括的な規制はないものの、餌付けが規制対象になりうると認識しているのとは対照的である。そのため、地域において餌付け規制の必要性が認められる場合には、市町村の条例で対応する事例が増えてきている（巻末資料の「餌付けを規制する条例一覧」を参照）。

これらの条例は市町村という視点から当然であるが、生態系や自然環境の保全というよりも、良好な生活環境の確保に目的を置く傾向にある。その典型は「良好な生活環境の確保に関する条例」（東京都荒川区）や「環境美化条例」（北斗（ほくと）市）など、条例名からも目的がうかがわれ、野犬、野良猫に付随する形で野生動物への餌付けも規制されている。これらの条例は、市街地を念頭に様々な迷惑行為の一つとして餌付けを挙げるもので「迷惑規制型」とも言えよう。規制する餌付け対象は、「野犬、野良猫その他の野生動物」（埼玉県飯能（はんのう）市、石川県穴水（あなみず）町、北海道音更（おとふけ）町）あるいは「自ら所有せず、かつ、占有しない動物」など（東京都荒川区、京都市）と定義し、野生動物まで対象を広げてはいるものの、野良猫、ドバトなど半野生の動物問題が主眼だと言えよう。

数は減るが、もっぱら野生動物への餌付けの規制を目的とする条例もいくつか存在する。それらの条例では、規制対象となる動物種は単独で、サル（福島市、日光市、みなかみ町、箕面（みのお）市）、イノシシ（神戸市）などである。

日光市条例は「野生喪失の主原因であるサルへの餌付け行為について禁止を宣言することにより、サルが本来の野生状態で生息できる環境を整備」することを目的としている。また、みなかみ町条例も「野生動物本来の生息圏に戻すために」と定めているように、生活環境の保全や農業被害の防止と並んで、生態学的な配慮も条例の規制目的に含まれている。ただし、生態系への配慮のみから定められた条例は現在のところ見当たらない。また、神戸市のイノシシに関する条例などは生活環境の保全に目的が限られており、「迷惑規制型」に分類したほうがよい。

一方で、羽幌（はぼろ）町（天売（てうり）島）、対馬（つしま）市、竹富（たけとみ）町の猫に関する条例は、生活環境の保全も目的に含んでいるが、むしろ野良猫の増加が繁殖する海鳥（天売島)、ツシマヤマネコ、イリオモテヤマネコなどの脆弱な島嶼生態系に与える影響の回避を目的に餌付けを含めたネコの管理を定めている。

このような条例は、地域の規制ニーズに即応することが可能である。法律であれば国レベルでの規制の必要性が議論となるところだが、より小回りが利くのが条例の利点と言えよう。条例は地方自治の本旨に従って各自治体に制定権が与えられている。国の法律の範囲内でしか制定はできないものの(憲法第94条)、野生動物の餌付けは法律で規定されていない事項であるため、条例で定めても抵触はしない。罰則も2年以下の懲役・禁錮や100万円以下の罰金までは定めることができる(地方自治法第14条)。ただし、野生鳥獣の管理は基本的には都道府県の管轄であり、野生動物の餌付けに関しては、都道府県の積極的な関与が好ましいと筆者は考える。

ところで、多くの餌付けに関する条例は罰則規定を置いていない。自粛(飯能市など)を求めるだけであったり、指導・勧告(神戸市)に止まったりするものが目に付く。また制裁を定めていても、「氏名の公表」(日光市、福島市)に止まるものもある。罰金や過料(金銭的制裁の一種だが、罰金と異なり、刑罰ではない)が定められていても、違反行為(給餌)が即制裁対象となる直罰制をとるのはみなかみ町条例だけである(ただし、過料)。みなかみ町以外に罰金・過料の定めのある条例では、①市町村長が不適切と認めた行為に対しては是正を勧告し、②勧告が聞き入れられない場合には措置命令を発し、③命令に従わない場合に初めて制裁、という流れとなる。実務としては餌付けをしている者をいきなり罰するのではなく、各種の指導や勧告を行い、理解を求めるのは順当であろうし、後述するように市街地での「地域猫活動」など、直罰が適当でない場合もあるだろう。しかし、野生動物への無目的な餌付けに関しては、直ちに罰せられることもあるという「おどし」がなくとも規制目的が達成できるのかという疑問は残り、今後検討が必要ではないか(参照:北村, 2006)。

また、規制の対象となる行為についても、「給餌による不良状態を生じさせてはならない」(荒川区、愛媛県上島(かみじま)町)というように、規制対象があいまいなものがある点にも注意が必要である。ただ、市街地の野良猫などに関しては、餌やりを伴うものの、野良猫を罠で捕獲し、不妊去勢手術を行った後に元の場所に戻す一種の管理手法 TNR（Trap-Neuter-Return＝捕獲－不妊化－戻す）を取り入れた地域猫活動も展開されており、一律的な餌付け禁止はできない事情もあるため、あいまいさを残しつつも、立入調査や指導･勧告を通じて望ましい方向を探っていくのも合理的だろう。特に荒川区に関しては、TNR を伴った地域猫活動が一定の成果を上げており、条例との関係が注目される。

地域の中で問題がこじれると、人間関係の修復を含めて問題解決には多大な労力がかかる。状況によっては、法的拘束力のある条例を導入前に、ガイドラインなどで趣旨を普及していく方策もよいのかもしれない。例えば、宮島のシカは、廿日市（はつかいち）市が法的拘束力のない「宮島地域シカ保護管理計画」とガイドラインを定めて餌付けをやめさせようとしている。しかし、動物愛護の観点から種々の意見も出ており（藤田，2015)、餌付いて増えてしまった野生動物の管理の難しさをよく示している。

17.5　餌付けの法規制に関するまとめと提言

本書の各章からもわかるように、野生動物の餌付けに関しては、感染症の流行や生態系の攪乱など種々の懸念が示されている。しかしながら、法規制は特定の種に対するもの、あるいは狩猟などの一定の行為に伴うものに限定されているのが現状である。その理由としては、やはり本書の各章をよく読めばわかることだが、餌付けによる悪影響として科学的に証明されているものは少ないということに根拠があるのではないだろうか。

取り返しのつかない環境破壊を避けるために予防原則というものが提唱されている。この考え方からすれば、現行の餌付け規制は生ぬるいとの批判がされるだろう。一方で、予防原則の適用範囲を巡っては議論があることも事実である。予防原則は化学物質や放射性物質による汚染あるいは遺伝子組換え生物のようにその影響が予知しづらく、かつ、起こりうる影響が大きいものである場合には必要だろうが、すべての環境問題に予防原則を適用させる必要はないとも言えよう。実際、環境に影響を与える人間活動は際限なく存在する。したがって、その活動による便益（ベネフィット）

とリスクを天秤にかけて判断しなければならないのである。

それでは、野生動物の餌付けにはどのような便益があるのだろうか。そんなものなどないからやめてしまえ、という声もあるだろう。しかし、餌付けは動物観察の手法として、またはリクリエーションとして多くの市民の支持を得ていることは事実である。特に白鳥やガンカモ類など水鳥の餌付けにおいては、地域おこしや観光資源となっている場合もある（第5、8章参照;Gill, 2002）。一方、餌に群れる白鳥の姿からは野生味は感じ難く、餌付けは趣味の悪い行いなのかもしれない。しかし、餌付けを巡る人々の受け止め方の違いは冒頭の鹿寄せのエピソードにあるように、人それぞれである。まして、菊地（第13章）が指摘しているように、「野生」という概念自体があいまいなものであり、法律で一定の考え方を押し付けるようなことは難しい。特に生息地そのものを破壊する開発行為などが許容されている状況下で、餌付けだけを禁じては公平性を欠くであろう（Gill, 2002）。

結論として私は、野生動物の餌付けについては、予防的に一律禁止とするには市民のコンセンサスは得られないだろうと思っている。したがって、希少種に対する餌付けや、自然保護地区での餌付けは自然保護を優先させる必要があるので許可制にすべきだが、そのほかの餌付けに関しては、具体的な問題が生じる（あるいは生じるリスクが高まった）際に個々に規制すべきだと考える。そして「迷惑規制型」は現在見られるように市町村条例で対処してもよいが、野生動物に関しては、鳥獣管理を管轄する都道府県知事が必要に応じて餌付けを規制できるように「鳥獣法」を改正する必要もあるだろう。規制の内容も一律に禁止するのではなく、給餌内容、量、時期などを望ましい方向に誘導することで、便益とリスクのバランスがとれるような方向が望ましいと考える。

具体的方策としては、きめ細かな規制が必要となる。あくまでも想定だが、①シマフクロウやツルのような希少種の給餌は一般には禁止し、許可制とする（「種の保存法」改正）。②クマ、シカ、イノシシなどへの給餌は狩猟との関係を整理して規制を設ける（「鳥獣法」改正）。③養鶏場の周囲などでの野鳥の餌付けは禁止。④白鳥の給餌場のように大規模のものは行政（都道府県）への届出制とし、行政は給餌量、給餌内容や給餌時期を指導する。⑤鳥インフルエンザの発生時などには、行政は餌付けの禁止を含めた必要な指示ができるようにする、といったことが考えられる。③以下は「鳥獣法」だけではなく、「家畜伝染病予防法」の改正や条例の新設で対処することになるだろう。

いずれにしても、現在の日本では捕獲以外の鳥獣管理がほとんどなされていない状況であり、今後管理の精緻化が望まれる。

（注1）
「動物愛護法」第44条第2項は、「愛護動物に対し、みだりに、給餌もしくは給水をやめ」ることへの罰則規定を設けている。愛護動物には犬、猫、「いえばと」など野生化する動物も含まれているため、給餌をやめてはならないとの誤解もあるようだが、続きを読むと、給餌、給水をやめる「ことにより衰弱すること」を虐待の例として挙げているのである。通常では飼養していない動物への給餌を中止することは、虐待には該当しないし、「みだりに」にも該当しないと思われ、「動物愛護法」に抵触するものではない。

（注2）例えば
ニューヨーク州（NYDEC）Webサイト
http://www.dec.ny.gov/animals/74763.html
オレゴン州（ODFW）Webサイト
http://www.dfw.state.or.us/news/2010/april/042910c.asp

（注3）例えば
オレゴン州遊漁規則（2016年版）
http://www.eregulations.com/oregon/fishing/restrictions/
ウィスコンシン州遊漁規則（2016年版）
http://dnr.wi.gov/topic/fishing/documents/regulations/FishRegs1617Web.pdf

謝辞

本稿は三井物産環境基金と科研費（JSPS26285024）の助成による研究の一部である。

引用文献

Biel, A. W. (2006) Do (Not) Feed the Bears: The Fitful History of Wildlife and

Tourists in Yellowstone, 198pp, University Press of Kansas.
藤田宙靖（2015）残照の中に　第2回 安芸の宮島（厳島）．書斎の窓 **642**: 19-23.
Gill, R. B. (2002) Build an Experience and They Will Come: Managing the Biology of Wildlife Viewing for Benefits to People and Wildlife. *In* Wildlife Viewing: A Management Handbook (ed. Manfredo, M. J.), pp.43-69, Oregon State University Press.
北村喜宣（2011）『プレップ環境法（第2版）』弘文堂，pp.72-73.
Outdoor News Daily（2016年5月24日）
http://outdoornewsdaily.com/chumming-regulations-to-be-considered-this-june/
『週刊朝日』（2014）笑う、怒る、昭和天皇とっておきの一瞬．週刊朝日 2014年11月14日号（119巻50号）pp.23-27.
富山県ツキノワグマ管理計画
http://www.pref.toyama.jp/cms_pfile/00011612/00782543.pdf
（2016年7月20日確認）

第18章

野生動物と人間社会との軋轢の解決に向けて
——餌付け問題総括

小島　望

本書の各論の原稿からは、様々な餌付けのかたちがある分だけ、それぞれが特有の問題を抱え、あるいは複雑な経緯が背景としてあり、そして結果的に生じている弊害や今後起こり得るであろう懸念が、一般に考えられている以上に深刻であることがわかってきた。したがって、餌付けは放置されるべき性質のものではなく、軋轢（あつれき）の解決のためには、それぞれの地域、対象となる種、問題が生じるに至った経緯や背景を丁寧に分析・検証しつつ具体的な道筋を示すことが必要不可欠であると言える。

「餌付け」という視座を通して浮き彫りとなった課題にこそ、今後の対策に生かす手掛かりがあるとの考えから、餌付け問題の総括を行っていく。特に環境教育、観光、法規制に焦点を当て、事例を交えながら問題解決に向けて今後の展望や提案を論じたい。

18.1　環境教育から餌付けを考える

一概に餌付けといっても様々なかたちで行われており、すべてを一斉に止めさせようとするのは現実的ではない。個人の趣味や行政機関が関与していない団体、サービス業関連の業者によって行われている自らの利益に結びついた餌付けは即刻禁止してもよいと考える。しかし、止めたことによって新たな問題が生じるような場合は、時間をかけて収束させていくことも必要になってくるだろう。そういった方法論も含め、餌付けを止めて本来の生態系に戻すという意味での「自然再生」の調査・研究や、人と自然とのかかわり方の見直しや再構築が今後求められることは間違いない。

そのなかでも餌付けへの警告や反省、廃止へ向けた取り組みを促進させる普及啓発活動は、小中高等学校や大学などをはじめとする教育機関の授業に組み込んで行われることが理想的であり、とりわけ環境教育のなかで取り扱うことが適当であると考えられる。環境保全活動や教育現場への環境教育の導入は、文部科学省が作成する「環境教育指導資料（2007）」の「持続可能な社会の構築を目指してよりよい環境の創造活動に主体的に参加」するといった内容とも合致する（降旗・高橋；2009：小玉，2010）。

環境省中央審議会（1999）は、環境教育を、「人間と自然とのかかわりに関するものと、人間と人間とのかかわりに関するものに大別」して、特に後者を「将来世代の生活とのかかわり（世代間公正）や、公正な資源分配など国内外における他地域の人々とのかかわり（世代内公正）に関するものであり、また、環境負荷を生み出している現在の社会システムの構造的要因への理解や、持続可能な社会システムの在り方に関する洞察、さらには、社会づくりに必要なコミュニケーションの問題、多様な社会や文化、多様な価値観への理解などに関するものも含む」ものとしている。この点、餌付け問題は、人と自然とのかかわりだけでなく、人と人とのかかわりを重視しなければ解決できないことや、身近な問題で興味を持ちやすいという一方で、野生動物とのつきあい方をはじめ、観光や鳥獣害、自然破壊とのつながりなど多様な切り口を持つことから、環境教育の題材として非常に適している。

環境教育を問題解決の一助として介在させる理由には、情報の取捨選択（情報リテラシー）や利害関係の調整、NPOや専門家、行政などとの協働、調査・研究への参加、合意形成の場への参画などの社会的「訓練の場」と教育現場とを結びつけ、それらを主体者が実感できるという利点が挙げられる。その過程の重要性については、環境への理解が環境問題を克服しようとするなかで現実的になされ、それを踏まえつつ、地域の固有な自然循環や生活循環など「環境としての地域」へのより深い理解が生まれる（鈴木，1992）ということにつきる。

18.1.1 野猿公苑の今後の利用方法

現在の国内におけるサルへの意図的な餌付けは、野猿公苑などでの「組織的に管理された餌付け（例えば、杉山, 1997；Shimizu, 2005）」と、観光地一帯での一般道路沿いなどに現れる野生のサルに対しての「非組織的な餌付け（例えば、小金沢, 1991；揚妻, 1995；半谷, 1997）」に分けられる（第3章参照）。前者は、給餌量の縮小や観光客による餌やり制限、あるいは禁止によって餌付けが管理され、後者は、不特定多数の観光客が気分次第で、あるいは季節的な変動が生じつつ餌付けが無計画に行われることの違いがある。しかしながら、両者ともにサルの個体数の増加や群れの分裂、植生破壊や農作物被害、咬傷事故などにつながり、野生のサルの人馴れを招いた人災という点で共通している（川本, 1996）。一部の霊長類研究者の研究手段として始められたニホンザルに対して行った餌付けが、全国の野猿公苑や観光地へと広がったことで、さらにはサルに餌を与える手法が、観光地で体験あるいは見聞きするなどした一般市民を通じて広がったことによって、人馴れしたサルがかつて猿害（サルによる被害）のなかった人里に出没して咬傷や農作物被害を引き起こす結果に至った。現在拡大の一途をたどる猿害の発生は、研究者による餌付けと不可分の関係にあると言ってよい（杉山ほか, 1995）。以上の経緯を踏まえ、サルの餌付け問題を解決するためには、以下に挙げる研究・教育の両面の批判的視座を持った環境教育的アプローチが有効であると考える。

研究面において、餌付けが霊長類研究の発展に寄与したことは確かである。しかし、餌付けによって人馴れして増え過ぎたサルがより餌の入手しやすい人里へと移動し、人身事故を引き起こし、農林業に深刻な被害を及ぼしていること、さらにそれら猿害対策に大量の税金が投入され続けて解決の道筋すらついていないことなどを直視するならば、餌付けによる研究を行ってきた霊長類研究者は反省すべき点が少なくないのではないだろうか。また、研究者が始めたということから、餌付けは自然保護につながる行為である、あるいは教育的な行為として正当であるとの誤解を広めてしまった面も否定できない（注1）。そのように考えると、猿害の主原因である餌付けに関与した霊長類研究者の反省と協力が問題解決には不可欠であるように思う。さらに、猿害の被害防止と軽減こそが、今後彼らが総力を挙げて着手すべき研究課題であり、それが結実して初めて、被害を受けて苦しんでいる人たちへの贖罪につながるのだと考えるのは筆者だけではないだろう。

教育面においては、現在開園している野猿公苑や関連施設に関与する研究者が猿害についての説明責任を果たしているかどうかが鍵となる。三戸（1995）は野外・自然史博物館化を検討すべきとし、栗田ほか（2015）は環境教育実践の現場としての野猿公苑の活用例を提示するなど環境教育へ関与の姿勢を明確にしている。これらに加えて、さらに猿害に踏み込んだかたちで、餌付けへの反省を積極的に組み込むような学習プログラムの立案、導入を望みたい。例えば、現在も餌付けを行っている高崎山であれば、むしろ反面教師的な見方で、実施している餌付けの意味を来園者に説明すればよい。渡辺（1998）は、野猿公苑での環境教育について、周辺地域の猿害にまで教育的な配慮がなされていないとの苦言を呈したうえで、実際の猿害の現場を見せて被害実態を聞くほうが、具体的な理解が得られるのではと提案をしている。そのうえで、猿害の延長線上に野猿公苑をみることで、餌付けに依存した観光が自然との共存と言えるのかを問う「反面教師の場」としての役割を求めている。これには筆者も全く同感である。これからの野猿公苑は、過去の反省と今後の展望の両方を備えることで、初めて「環境教育の場」として認識されるのではないだろうか。

18.1.2　観光と餌付け

観光と結びついた餌付けはニホンジカでも行われてきた。奈良公園や広島県宮島、宮城県金華山（きんかさん）では神鹿（しんろく）と呼ばれて、長年にわたって餌付けが維持されている（ただし宮島では、2007年から鹿せんべいの販売は行われておらず、行政によって餌付け禁止が指導されている）。現在ではいずれもシカの個体数増加や周辺の植生破壊、農業被害、人身事故、交通事故などの多くの問題が発生している。このような、行政が容認あるいは放置したかたちで餌付けが公然と行われる場所がある一方で、観光客による自然発生的な餌付けが横行する場所も存在する。現在は沈静化したようであるが、宮崎県えびの高原ではシカへの餌付けが個体数増加や周辺の植生破壊を引き起こし、人身事故や交通事故などの発生が懸念される事態にまで陥っていたという（遠藤ほか，2006）（**図 18-1**）。

人の生命を脅かす事態にまで発展しかねないのが、クマに対する餌付けである。世界自然遺産に登録され、観光化が進む北海道の知床半島では、ヒグマを餌付けしようとする写真家さえ出現し、人馴れしたクマとクマ馴れした人との「危うい共存」関係への懸念が高まっている（金澤，2014；第 14 章参照）。

水鳥への餌付けは、サルやシカ、クマと比べると非難されることが少ないようにみえる。しかしそれは、人身事故などのさしあたっての危険性が低いことや、大部分の農林水産業被害がやや小規模に収まっているためであって、問題がないというわけではない。とりわけ、大量の餌をまいて水鳥をどれだけ多く集めることができるかといった競争をしている観光地については、非難される要素は多分に含まれている。これらの関係者は餌付けが一種の「やらせ」であるといった認識はなく、引き起こされる環境悪化や弊害に考慮することはほとんどない（第 8 章参照）。そこにいなかったものをい続けるように仕向けたり、本来飛来していたよりも大幅に上回

図 18-1　人馴れして車が来ると寄っていって餌をねだるシカ
写真提供：一般財団法人 自然公園財団えびの支部

る数を集めたりするのは、明らかに「やらせ」と言える。金澤（2014）は、野生生物を観光客を呼び寄せる資源としかみなさないような発想は、利己的な自己愛でしかないと喝破する。長期的にみた場合、水鳥を過密に集め、種構成が著しく偏った不自然さは、やがて偽物の自然として観光客に飽きられてしまうに違いない。多数の水鳥が飛来する兵庫県の昆陽池（こやいけ）では、水質汚濁が深刻化したことから水鳥への餌付けが禁止されたが、依然として止む気配がなく、水質の改善は見られないという（和田ほか，2008）。

人為的につくり出された異常なまでの過密状態が、餌が行き届かずにあぶれてしまった個体を生み出し、それが周辺での農作物被害の拡大へとつながっていく可能性を否定できない。さらに人間にとっても動物にとっても感染症への危惧を増大させているのは確かである。将来的に水鳥の飛来地を分散させる方向へと収束せざるを得なくなるのは必然と言える。

以上のように観光客誘引のために野生動物への餌付けが行われている場所において、深刻な問題の発生していない、あるいは問題が発生する可能性のないところはほとんどないと言ってよい。つまり、餌付けという人為的影響によって過度に自然へ負荷がかかり、結果的に自然からのしっぺ返しを受けているか、あるいは受けつつある。そして何よりも、自然に留意した観光とされるエコツーリズムの「見聞するだけでなく、参加者の環境問題への関心を高め、さらには、自然へのつきあいかたや暮らしのありようの現状を反省し、自然や文化の保護への貢献を考えるような、新しい出発を模索することが、その目的に含まれている（川那部，2008）」とした考え方や、「エコツーリズム推進法（環境省エコツーリズムWebサイト）」の条文で掲げられている「自然観光資源が持続的に保護されることがその発展の基盤である（第3条1項）」といった基本理念に、餌付けは明らかに逆行している。

当然のことながら、餌付けは「野生動物の行動や食性の変化につながる」として、適切でないエコツーリズムの悪影響の一つとして取り上げられている（敷田，2008）。野猿公苑の不自然なまでに人馴れしたサルや人に触られても平気な飼育動物のようなシカ、餌に殺到する異様な数と密度の水鳥……。このような人間の影響を強く受けた野生動物の歪な姿を見せたいのか、それとも本来の生態を維持したままの姿を見せたいのか、観光のあり方が今まさに問われている。持続可能な観光を目指すのであれば、後者しか選択肢はない。いずれにせよ、餌付けという手法が全国的に拡大するにつれて、画一的で単調な野生動物の見せ方と化し、本物志向の観光客からはすでに飽きられつつあるのが現状である。

長く霊長類研究にかかわってきた三戸（1995）は、かつての野猿公苑の魅力であった「野生」のサルが、餌付けによって「野生」を喪失させた結果から、野生の魅力の維持と餌付けは「両立しない矛盾である」と結論づけている。野生の魅力を損なわせる餌付けが、果たして観光客のニーズに合致するのかを考えるべき時がきている。これまで餌付けが観光の目玉であったり、当然のように行われてきたところであっても、廃止に向けた方向転換が求められるのは、もはや避けられないだろう。

18.1.3 観光客のニーズと餌付け報道のあり方

筆者が、マリンダイビングにおける餌付けの弊害（第1章参照）をテーマに掲げて開催した勉強会[注2]では、参加した事業者やダイバーから、①「餌付けをしない」という理由を事業者選びの判断材料にする観光客はほとんどいないが、反対に「したい」という希望もほとんどないため、餌付けをすることが直接利益に結びつかない、②自然を魅せるための様々な工夫を必要としない餌付けはスタッフの技術の向上を阻み、プログラムの質の低下を招くことにつながる、③餌付けを行う事業者は、餌付けが原因となって参加者がケガをした場合の補償等を全く考えておらず、無責任でリスク管理能力が欠落している、④頻繁に餌付けが行われる一帯では、餌にしていた加工品の包装紙やビニール袋が多く散乱している[注3]ことから、餌付けを行う業者や観光客は環境への配慮が乏しい、といった意見が挙げられ、参加者間の共通認識として情報共有を図ることができた。

事業者やツアー参加者双方の意見を総合すると、観光客は積極的に餌付けに参加したいわけではなく、現地で事業者の勧めるままに、あるいは周囲の観光客が与えているからその真似や雰囲気に同調して餌付けをしている状況がみえてきた。ややもすれば、観光客の多くが餌付けに対して本来受け身の立場でいることの説明がつく。この受け身の姿勢が自発的な行動へと変化する最も有力な理由としては、餌付けを微笑ましいことのように扱いがちなメディアの影響が挙げられる。例えば、屋久島を訪れる観光客の野生ザルに関する情報源はテレビであった（田中ほか, 1995）。しかも、これらの観光客の多くは猿害などの野生ザルを取り巻く社会問題について事前に知る一方で、「ペットを可愛がるような発想」で餌を与えていたという。王ら（1999）はテレビをはじめとするマスメディアに対して、誤った野生動物観を持たせるような、興味本位の見世物的な紹介をすることについて注意を促し、金澤（2014）は野生動物リテラシーを基本から取り上げるような教育的な番組の制作が求められるとしている。特に誤解を与える可能性が高い、悪影響を及ぼすおそれのあるテレビ番組に対しては、学術団体や関係する専門領域をもつNPOなどが注意や助言を行う必要があるのかもしれない。現在はインターネット上で流布される情報についても根拠のない無責任な情報が氾濫しているため、場合によっては、専門家として責任をもって見解を発表することも考慮しなければならないだろう。

そもそも観光客は餌付けを望んでいるのだろうか。「かわいいから」や「餌となるような食べ物を持っていたから」などのたわいもない理由（田中ほか, 1995）が多くを占めることは容易に予想がつく。単に自分たちが楽しみたいからその場限りで餌を与えているに過ぎず、後に何が起こるかを考えて餌を与えているわけではない。動物と接触できる選択肢の一つといった程度の認識と考えられる。また、餌付けによって動物の行動や生態を変えてしまうことで、ほかの観察者の純粋に自然を楽しみたいという目的や自然観を養う機会を不当に奪っていることにも本人は気づいていないだろう。

したがって、事業者が餌付けによって生じる影響について積極的に説明した場合に、それでも餌付けを望む観光客がどれほどいるのか疑問である。そして、この説明こそが環境教育の担うべき重要な役割の一つであると考える。事業者と野生動物の専門家とが連携しつつ、調査・研究成果を実際の現場に還元することで、餌付けによって野生動物を見世物小屋的に見せるエゴツーリズムから真のエコツーリズムへと変えていくことが望まれる。

18.1.4 求められる餌付けへの意識改革

餌を与えることで、野生動物が間近で見られて嬉しい気持ちになるのはよく理解できる。人は動物に餌を与えることに喜びを感じるものだとする意見（羽山，2001；瀬戸口，2013）には頷けるものがある。しかし動物は、餌の供給といった人間側が設定した条件に応じて行動しているに過ぎない。餌付けによる利点を挙げる者がいるが、あくまで人間の都合上の利点であって、動物側の利点ではないという点に注意したい。例えば、餌付けによって野生動物を見ることができた者が自然保護を考えるようになる（ナキウサギの鳴く里づくり協議会，2011）との好意的な意見をよく耳にするが、野生動物を見たいという個人的な欲求を、手軽な方法で満たそうとする者が、果たして野生動物の守護者になるだろうか。

加えて、餌付けは動物愛護精神の涵養とも深く関係しているという考えが環境教育界に根強く残っているが、食べ物がない野生動物に対して「かわいそう」と思うならば、無秩序な開発によって、食べ物はおろか、すみかをも奪われている現状について「かわいそう」とならないはずがない。このように子どもに教えることができないのは、大人の現状認識不足かつ想像力の欠如に他ならない。単純に「かわいそう」を連想させることのみが情操教育ではないはずだ。餌付け行為を安易に肯定することは、かえって野生動物の大部分が本来の生息地を失っているという現状への認識を阻み、野生動物保護の本質を理解できない人間を増やしかねない。手軽に自然とのふれあいを求めるよりも、動物たちの生息地や生息環境が悪化あるいは破壊されている現状にこそ目を向け、歯止めをかけるために手を差し伸べるのが自然保護のあるべき姿であり、環境教育の基本理念とするべきと考える。

餌付けは野生動物との触れ合いを求めるための正当な手段には成り得ないし、反対に自然への理解を浅くしてしまいかねない危うさが常にある。その点においては、一部の動物園で行われている来園者による動物園動物への餌付けが、野生動物への餌付けという行為そのものに対して一定の影響を及ぼしていることは無視できない。動物園動物は占有下にある動物であるため、法的には「動物の愛護および管理に関する法律（以降、「動愛法」

とする)」の対象となり、野生動物とは言えない。しかし、実際に野外で生存している野生動物と同種であり、さらに飼育されている動物のなかには野生捕獲の個体も含まれているため、来園者にとっては野生動物との線引きが難しい。それゆえに、動物園での餌付けが、野外での餌付けにつながっていることを否定できない面がある。動物園が自然保護への貢献や環境教育の場となることを掲げている（日本動物園水族館協会 Web サイト）以上、来園者に対して野生動物に餌付けを行わないような普及啓発に力を入れることを提案したい。より望ましいのは動物福祉に十分配慮したうえで、触れ合う対象としては一部の愛玩動物やウマやヤギなどの家畜に限定し，国内外を問わず野生動物として野外で生存する動物については、来園者の手による餌付けは止めたほうがよい（**図 18-2**)。

来園者が直接餌付けをできることで有名な九州のある動物園での事例は、餌付けを管理することの難しさを考えるうえで極めて示唆に富んでいる。その動物園では一昨年ほどから、野生のニホンザルが周辺部から侵入

図 18-2　来園者から餌（有料）をもらうカピバラ
おとなしく穏やかな性質であることで知られるカピバラだが、餌をねだって噛みつく（本気で強く噛みついているわけではないようだが）個体の出現は、たとえ動物園であっても、不特定多数による餌付けが予期せぬ結果を招いてしまうことを示唆している。

してくるようになったために、一部のエリアでは、餌付けを中止すると同時に、園内の動物が襲われないように、不本意ながら檻のなかに入れているという。このような事態となった主要因として、動物園側の管理しきれない、不特定多数の来園者による餌付けが野生動物を誘引した可能性が挙げられる。結果的に、檻に入れるという、動物がある程度自由に動き回ることのできた本来よりも後退した展示になってしまったのは皮肉と言える。

高橋（2010）は「野生動物、家畜、コンパニオンアニマルというそれぞれ人間との距離の取り方（間のとり方）が異なる動物たちが存在しており、それぞれの範疇にある動物と人間との関係を伝える場所が動物園である」とするが、現状においてはそれら三者と人間との距離を来園者に適切に伝えられているかは甚だ疑問である。実際に、かつてから根強くある、餌付けや触れ合いにおける来園者と動物園動物の関係性はペットとの関係と類似であるとの指摘（石田，2013）や、ペット飼育に見られる個体への愛情や同情心的感覚がそのまま「種」や「生態系」への保護思想の基盤にならない（並木，2006）といった意見に未だ対応できていない。動物園関係者には、ここで挙げた指摘を真摯に受け止め、餌付けという安易な触れ合いのあり方を再考するよう求めたい。

以上のことから、野生動物への餌付けは、教育的な観点からも自然保護につながる行為とは言えず、学校教育のなかで、特に環境教育的観点から普及啓発を行うことが、即効性はないにしても着実に効果が上がり、今後の餌付けによる被害を低減するための有力な方策になると考える。

18.2 餌付けの法的規制はなぜ必要か

前章における餌付けに関する包括的な法的見解とは異なり、ここでは特に法的規制の「実践性」に焦点を絞りたい。

餌付けが引き起こす問題の重大性について、国は全く把握していないわけではない。「鳥獣の保護及び管理並びに狩猟の適正化に関する法律」（「鳥獣法」）の第３条１項に基づいて定められた「鳥獣の保護を図るための事業を実施するための基本的な指針」には、国として餌付け防止に積極的に取り組むとの姿勢が明示されており、餌付けが、人馴れが進むことによる人身被害や農作物被害、感染症の伝搬の誘引となること、さらには不適切な生ごみ処理や未収穫の農作物の放置が農林水産業へ影響を及ぼすことが記されている。しかし、具体性を帯びた法的対処が示されないために、問題が生じた現場を持つ自治体は条例の制定によって独自での対応を試みるしかなく、現状では試行錯誤の段階と言える。

例えば、2008年12月17日に東京都荒川区が制定した「荒川区良好な生活環境の確保に関する条例」の本来の目的は、野生動物であるカラスに大量の餌を与えて、職員が注意を促しても一切耳を貸さなかった住民への対策であった（荒川区条例広報担当者，私信）。ところが、本条例ではノラネコも餌付け禁止の対象として含めてしまったために、地域猫への餌やりとの混乱が問題となった[注4]。このほかにも現在、野生動物に対して餌を与えることを禁じている条例は全国的に見られ、年々その数を増している（巻末資料参照）。これらからは、餌付けが社会問題化して、何かしらの対応をせざるを得ない状況になっていることがみて取れる。

野生動物への餌付け禁止条例の先駆けと言えるイノシシに餌を与えることを禁じた神戸市の「イノシシ条例」は、2016年現在で施行後約15年が経過しているが、普及啓発としてはともかく、違反者を取り締まるという意味では効果に疑問が持たれている。これまで違反者への措置効果の強化を軸に条例の改正を数回行いつつも、餌付け違反者に対しての勧告は未だ一度出されたのみに留まっているからである（2015年9月時点）。

確信犯的に餌付けを行う者にとっては、注意勧告や氏名公表などの措置は抑止効果として不十分と考えられるため、同市には路上禁煙地区での喫煙に過料[注5]を科す千代田区の「安全で快適な千代田区の生活環境の整備に関する条例（千代田区生活環境条例）」を参考にすることを提案したい。同区が定点観測している秋葉原地区の観測地点での1日のポイ捨てたばこ本数が、条例施行前の約1000本から施行直後200本程度に激減し、現在では十数～数本程度となった（千代田区，2015）ことは、多くの自治体が定めたポイ捨て条例の大部分が形骸化するなかで、制裁金徴収の効果が実証されたと言える（北村，2008）。過料まで科すのは行き過ぎという意見があるが（第17章参照）、実際に多くが餌付けに起因している鳥獣被害をはじめとして、その防除対策として有害鳥獣駆除や電気柵設置への補助金といった税金の支出、感染症の危険に曝されるといった間接的潜在的被害、さらに国民の共有財産と言える生物多様性への影響などに、畠山（ナキウサギの鳴く里づくり協議会，2009）の「生態系に損害を与えると損害責任を問うことができるよう変えていかなければならない」といった考えを加味すれば、検討の余地は十分過ぎるほどにある。

餌付けが原因となって税金が支出されるという事実は罰則を科す根拠をより強固にするに違いない。その象徴的な出来事として、2013年に福山市がシカによって負傷した被害者に賠償金を支払った事例が挙げられる。それは、無人島である宇治島（うじしま）に福山市が約30年前にシカを放し、その後民間団体に委託して餌付けを継続してきたことから、負傷者の発生に対して、市は自ら管理責任があると判断して賠償金を支払ったというものだ（中国新聞，2013）。シカを移住させ餌付けを行ったこと自体の是非はともかく、福山市の賠償金を支払った判断は妥当であり、たとえ訴訟となったとしても結果は同様であったと推測できる。そもそも生息していなかった場所に移住させて餌付けを続けてきたという経緯から、宇治島のシカは明らかに同市が占有・管理している動物と言えるので、餌を与えなければ動物福祉の観点から「動愛法」の「虐待」に該当する可能性がある。そのため、今後は不妊去勢を施す、あるいは島から移動させて飼育施設に入れて飼育するなどの選択肢が考えられる。いずれにせよ、結果的に被害者への賠償金は税金から支払われたわけであるから、餌付け禁止という規制を導入する理由としては十分に説得力のある根拠と言えよう。この福山市の事例が示唆するように、餌付けした野生動物を野生動物と考えるか、占有動物あるいは愛玩動物として考えるかといった法的解釈は、問題解決方法にも関わる重要な視点となることを指摘しておきたい。

以上のことから、餌付け行為が、法的にも規制の対象となり、管理責任が問われ、違反すれば罰則や制裁が科せられることがあるという認識を、今後私たちは持たなければならない。

18.3　野生動物管理から人間活動の管理へ

丸山（2008）は「野生」とは「人間と自然を明確に区分する世界観」に基づいた概念であるというが、果たしてそれだけなのだろうか。筆者には、野生動物に対する現代人の、人の干渉を受けずに自由に山野を駆け回っていてほしいという願いが、この「野生」に込められているように思えてならない。だからこそ「野生」を失わせる餌付けは原則的に行うべきではないと考えるのである。

瀬戸口（2013）は、「野生動物」という概念には、「人間」と「自然」を切り離す動物観が込められており、さらに、野生動物は人間から切り離されているようで、同時に監視され管理される存在という相反する視点が含まれているとしている。

この指摘は、現在の日本の鳥獣行政の姿勢とピタリと重なる。なかでもシンボリックな政策の一つである「特定鳥獣保護管理計画」は、「野生動物管理」という名の下、まさに野生動物を人間と切り離し、監視し管理する対象として押し進められてきた。野生動物の個体数増加の背景となっている豊富な餌資源の出現（非意図的餌付け）を放置する一方で、高い駆除圧をかけても個体数は思うように減少しないのは当然であろう（第2章参照）。個体数増加がそのまま鳥獣害拡大につながっていると考えるのは大きな誤りであり、鳥獣害は「駆除圧をかければ減るという単純なものではない（揚妻, 2013）」し、「個体数や密度の減少＝被害の減少の図式」は「あまりにも短絡的（三浦，2007）」と言えよう。単に数が増えたら駆除し、減れば駆除圧を緩めればよいというような、数値のみに着目した技術的手法による個体数管理は、再考する時期にきている。

駆除において捗々しい成果が出ないのは、狩猟圧による個体数管理に拘泥し、農地管理（非意図的餌付けになっている未収穫農作物や野積みの放置、耕作放棄地への対策など）や生息地管理（放置された人工林の整備や野生動物の生息に適した森林整備など）などの、土地管理に関する施策が大きく欠落しているからである。土地管理なき個体数管理は、例えるならば、底にあいた穴を防ぐことなく船内から水を掻き出すようなもので、原因を放置したままの対処であるため、効果のほどは期待できない。このような、これまでの野生動物保護管理政策を反省し改めない限り、餌付けに起因する鳥獣害は減ることがないという認識を、行政は持つべきである。

さらに、本書における「餌付け」の議論を通じて、浮き彫りとなった現在の鳥獣行政の問題点がある。それは行政に、多様化した野生動物の現状に対応できる体制が整備されていないことである。私たちが「野生動物」としてひとくくりに考えている動物は、実際には関係行政機関の所管上の都合で、いくつものカテゴリーに分けられる（羽山, 2001)。単純に考えたとしても、対象となる動物が野生動物であれば、「鳥獣法」での対応となり、窓口は環境省や現場自治体の担当部署である。ここに加えて、国有林で問題が発生すれば農林水産省が追加され、対象種が国指定の天然記念物であれば、「文化財保護法」での対応が絡んでくるため文部科学省や自治体の教育委員会などが対応窓口の一つとなるだろう。何者かに占有・管理されている（いた)、あるいはその可能性があれば、「動愛法」での対応が考えられるので、自治体の担当部署の窓口が変わるかもしれない。つまり、人の関与や場所次第で対象となる動物の取り扱いや所管省庁、担当部署も違ってくる。非効率であるうえ、問題が複数の省庁や行政区域、部署にまたがる場合には、可能な限り対応を避けようとする「縦割り行政」や、さらには窓口となる自治体担当部署への「丸投げ」が、現場での混乱に拍車をかけていると言える。このような実情を踏まえない行政都合による野生動物の分別が、餌付け問題の解決を阻む要因として作用してきたことは否めない。

これまでみてきたように、餌付けが引き起こす問題は、野生動物のみを管理することでは解決できない多くの要因を孕んでいる。鳥獣法を基にした現在の鳥獣管理計画は、フィードバックを基本とする順応的管理であるとは言いつつも、結局はいたちごっこを繰り返す対症療法でしかなく、とりわけ餌付け問題においては全く機能していない。基本的に「野生動物は管理できないと考えるべき」、これが野生動物に長年関わってきた筆者の答えである。なかでも餌付け問題は、動物ではなく人間を管理する方法を中心軸としなければ解決しない。サルやシカで行われてきたような、餌付けによって野生動物を管理しようとして失敗した歴史こそ、教訓とすべきである。

現在生じている野生動物の数の増減は、自然界の閉鎖的な世界で生じているものではなく、人間の何らかの関与に起因している。影響が及んでいる対象のみを操作して解決できることは、あまりにも少ない。人間の関与を断ち切るか限りなく薄めるのは現実的ではないことから、その関与のあり方を変えるほかはない。それゆえ、問題が生じている現場を含む地域単位で、地域づくりや地域再生の一環として餌付け禁止をどのように位置づけるかが課題となってくるだろう。その参考となる事例を次に提示する。

18.4　地域づくりの鍵となる環境教育

餌付け問題は、言ってしまえば単なる人間活動の結果でしかない。しかし､餌付けを止めさせるという一見単純で簡単とも思える介入であっても、実際には関係する複数の行政機関や入り組んだ利害関係者の存在、地域の文化や慣習、歴史的な背景を考慮しなければうまくいかないことが想定される。場合によっては、長期に及ぶ取り組みが必要となることもある。餌付け問題の解決には、利害関係者だけではなく、行政、研究者、地域住民、教育機関が「人と動物の共生のあり方」の将来構想を描き、協議していくことから始めるしかない。あるべき地域の自然の姿を具体化する作業のなかで、主体者自らが学び、考えを整理し、工程表などを作成して青写真を描くことが求められる。

このような構想の参考になるであろう、コウノトリの再導入と地域の活性化を目的とした「コウノトリ野生復帰推進計画」(以下同計画については、内藤ほか，2011；菊池，2006を参考）と、タンチョウの餌をつくる全体の過程を体験することで、タンチョウへの興味関心や村の基幹産業である酪農業への理解を深めることを目的とした「タンチョウのえさづくりプロジェクト」（以下同プロジェクトについては、二宮，2013を参考）を紹介したい。

前者においては、1965年から餌付けによる人工増殖事業が始められ、

2005年に放鳥が行われて、現在では野外での繁殖が確認できるまでになり、計画当初の目的である野外復帰はある程度達成できている（第13章参照）。それは、コウノトリを中心とした保全生態学的な研究に加え、野生絶滅の原因となった農林業の見直しや生息地の整備などの、田畑や河川の環境修復への取り組みに代表されるような、コウノトリの野生復帰を支えた地域ぐるみの協力体制が構築されたことなしには成し得なかったであろう。地域住民とコウノトリとの関係を歴史的に明らかにする研究や、地域の小中高生への学習支援など地域住民や教育機関を調査や活動に巻き込むことによって、さらに農林水産業従事者など様々なステークホルダーの参画や協働によって、地域の活性化へとつながり、今後の行方に注目が集まっている。観光面でのコウノトリの存在は、年間約10億円の経済波及効果を生んでいるとの試算がある（大沼・山本，2009）ほどで、同計画の地域経済へ寄与は計り知れないものがあるとされる。

後者の「タンチョウのえさづくりプロジェクト」は、1950年頃から地域住民によるタンチョウへの自発的な冬期の餌付けが始まり、今日では1300羽を超えるまで個体数を回復させている（正富・正富，2009）。一方で、鶴居村（つるいむら）での畜産農家の飼料や作物をタンチョウが食べる被害（食害）が頻発するようになり、保護増殖事業への反発が強まってきたことが背景としてあったようである。単にタンチョウの個体数が増えたためといった単純な理由ではなく、人か動物かといった価値観の対立でもなかった。反発は、主に酪農家が営為の傍らで行ってきたタンチョウとの共存の試みと、近年のタンチョウ保護策との間に生じた違和感からであったという。そのようななかで、地元小中学生を中心にした、機械を使わない手作業による餌となる作物の育成や食害対策の実践を行う「タンチョウのえさづくりプロジェクト」が発足して、人と自然との関係を再構築しようとする意識が地域住民の間に芽生えてきた。酪農家は科学的な保護対策よりも自分たちの苦労を知ろうとする子どもたちに共感と希望を見出し、結果的に地に足のついたタンチョウの保護につながっている。

両者ともに、餌付けが地域づくり、あるいは地域再生の一つに組み込まれていることから、望ましい状況とは言えない。餌付けはいったん始めてしまうと歯止めがかかりにくく、世話をしているような心情からか過干渉になりがちである。餌付けを段階的に廃止しつつ、対象となる野生動物の本来の姿を取り戻す試みへと転換していくことが求められる。しかしそれは簡単にみえて非常に難しいことであり、前者においては廃止の方向へ舵を切りつつも、行政や地域住民、研究者が、それぞれの思惑の違いから苦慮している様子がうかがえる(第13章参照)。野生復帰事業の最終目標は、コウノトリを日常生活のなかの「普通の鳥」にすることであったが、事業の成功事例として、あるいは経済効果をもたらした地域活性化のシンボルとされていることもあってか、餌付けが黙認されている状態にあるという(本田，2012)。後者は、開始当初からタンチョウへの餌付けのための作物づくりという、餌付けの是非を問える性質のものではなかったのが残念であるが、餌付けによる「被害」を助長･拡大させている最も大きな要因は、野生動物の「人馴れ」にあることは明らかであるので、その視点が今後深まればさらなる展開へと結びつくかもしれない。餌付けを行う代わりに(餌付けをしたい人たちには我慢させて)、対象種が独力で本来の餌を採餌できるような森林整備や河川環境の修復、田畑での無農薬使用へといった取り組みへ、対象種が鳥獣害を起こしているようであれば、その対策へと軸足を移すのが望ましい。

次に、両者が地域の子どもたちを巻き込み、「環境教育」として成立させていると同時に、絶滅危惧種保護につながる方向性をも持っている点に注目したい。特に前者では、2002年から始められた、地域の子どもたちが生物調査を行う「田んぼの学校」は10年以上の活動歴があり、活動当初のメンバーが社会人となった今では活動母体である「コウノトリ市民研究所」の活動に引き続きかかわっているという（上田，2014)。さらには、野生のコウノトリの記憶を探り、野生復帰の研究に活用するための「コウノトリ歴史資料収集整理等事業」の一環で、身近な高齢者の目撃談や記憶などを聞き取る「コウノトリ目撃調査」が地元小中学生によって行われている（菊地，2006)。これによって、かつての生息分布や行動の詳細といった生態学的に有意義な情報だけでなく、コウノトリと住民のかかわりが高齢者から直接語られ、世代間交流がなされたことは想像に難くない。一方、後者では国によるタンチョウの保護政策と住民感情とのズレを修正するかたちで始められたということもあり、取り組みの存在自体が住民不在の保護増殖事業ではうまくいかないことを示している。

いずれも環境教育を介在させつつ、地域の社会構造や住民の暮らしに重点を置いた地域づくりの視点が根底にある。これらは間接的にではあるが、従来の絶滅危惧種保護の取り組みのあり方を問い直す試みにつながっている。これまでの生態学的な視点からのみ押し進められてきた保護増殖事業の多くは、研究者や行政官などの関係者が中心となって全体像がみえず、それゆえ地元への理解が進みにくく、地域一体となった取り組みへと結びつかないことが少なくなかった。しかし、ここで取り上げた両者は、地元教育機関との参画・協働が、子どもたちを見守る大人たちのあたたかいまなざしを生み出し、地域の環境や生活、産業など地域社会のあり方への認識を変える契機となっていることで共通している。原子は、環境教育の三つの側面として、環境への専門性、感性の豊かさ、持続的社会をつくる自治能力を挙げており（小川, 2009)、教育機関と社会とを実践的な取り組みを通じてつなぐことのできる餌付け問題は、環境教育の題材として非常に適していると言えるだろう。

以上、取り上げた二つの取り組みは、対象種の生態や人とのかかわりについて調査し、その成果を地域の小中高校を中心とする教育現場で活用すること、またそれを可能にする体制づくりに力点を置いた環境教育こそが、地域振興や観光、自然保護などを含めた地域づくりを考える際の重要な鍵を握っていることを示唆している。

18.5　これからの餌付けをどうするか

もっと近くで野生動物を見たい触れたいと望む人がいる一方で、被害を受けている地域では遠ざけたいと願う人がいる。このような相反する思いと矛盾した状況が混在する奇妙な世界は、餌付けによってつくられたと言える。その結果、人が始めた餌付けのつけを、動物の命で贖うことが平気で許される異常な社会を生み出してしまった。

「環境教育等による環境保全の取組の促進に関する法律（環境教育促進法)」に基づく「環境保全活動、環境保全の意欲の増進及び環境教育並びに協働取組の推進に関する基本的な方針」では、「外来種や増えすぎた野生動物が本来あるべき生態系を乱し、様々な被害の原因となっているとき、これらの生物を駆除する活動が他の動物や植物のいのちを守りはぐくむために必要な場合もあることを、バランスよく学ぶことも重要である」としている。しかし、外来種も増え過ぎた野生動物も、その原因をつくったのは人間である。こうした状況に至った背景について何の説明もしないままで駆除を是とするような環境教育の方針をつくる行政の姿勢こそが、バランスを欠いていると言わざるを得ない。

筆者は、「奈良のシカ」のような、文化的歴史的な背景のある餌付けまで全否定するつもりはない。しかし、餌付けされている野生動物のなかには、野生動物として扱われる一方で、飼育動物としての扱いを受けるといったあいまいな存在とされ、行政都合で不明瞭な線引きがなされて事実上放置されていることが少なくない。それにもかかわらず、餌付けを観光や地域づくりに取り込み、さらに環境教育の一環として教育機関をも巻き込んでまで維持しようとするのであれば、関係者にはやがて訪れる結末への責任を負う覚悟と責任の所在をあらかじめ明確にしておいてもらいたい。研究者によって始められ、それが観光化へとつながり、人の価値観をも変え、現在の猿害をつくり出したと言えるサルへの意図的な餌付けについて特に厳しい見解を本稿で述べたのは、この餌付けによって、これまで失われる必要のなかった多くの命が犠牲となってきたこと、さらにこれからも多くの命が奪われるであろうことに対する憤りと反省を込めてのことである。「餌付け」は、果たして人が生きていくうえで本当に必要な行為なのかを考え、犠牲をさらに生み出すような愚を犯してはならない。

絶滅危惧種であっても原則的には餌付けを行うべきではないのは周知であるが、それは絶滅危惧種にとって餌不足の解消が絶滅危惧状態を脱するための決定打になり得ないからである。絶滅危惧種は、野生下での他種とのつながりが自然破壊によって切れてしまった、あるいは人の生活様式にうまく適応し依存することでつながっていた関係が、人の生活の変化によって切断されてしまったために絶滅に至ったのである。絶滅危惧種の野生復帰は、その切れてしまった「つながり」を取り戻さなければ絶滅状態からは決して脱することはできない。

野生下で他種とのつながりが切れた前者の代表例は、人の関与のほとんどなかった原生自然に依存するシマフクロウであろう。その個体数を減らした直接の原因は自然破壊であることは間違いなく、森林伐採による営巣木の減少や、河川改修やダム建設による餌環境の悪化などを通じて他種とのつながりが切断された状態となっている。したがって、生息地の破壊をこれ以上許さないことはもちろんだが、同時に生息環境を回復・再生する取り組みが不可欠となる。本種への野放図な餌付けが問題視されるなか、環境省は2016年3月に「シマフクロウ保護事業における給餌等について(環境省釧路事務所 Web サイト)」のなかで、保護増殖事業以外の餌やり行為は、「餌付け」であるとして、「シマフクロウへの餌付けを行う者に対しては、これを終了するよう指導する」とした方針を示した。これは、観光と称した利益目的の餌付けが生息地の回復・再生に悪影響を与えかねないと判断したからだと考えられる。

一方、人の生活様式の変化にともなってつながりの切れた後者の代表例として、かつては里山に広く生息していたコウノトリが挙げられる。絶滅危惧種対策の過程で行われる試行錯誤的手段の一つでしかない餌付けが、本種を絶滅から救ったのだと単純に考えてしまうと、事の本質を見誤る。本種のような象徴的な野生動物に注目し、興味を集めたことによって、当該種の行動や生態を注意深く見守る地域住民のまなざしを育んだことは間違いない。さらに、かつて地域に普通に生息していた生き物がなぜいなくなってしまったのかを顧み、自然とつながりを持つ暮らしや自然に配慮した産業への転換を実践する取り組みがなければ、絶滅危惧からの脱却は成し得なかったであろう。

絶滅危惧種の野生復帰のためには、つながりを維持していたシステムが何であったかを解明し理解しようとしなければ、あるいは人と自然との「つながり」を取り戻す方法を模索することがなければ、自然も地域も再生させることはできない。その意味では、餌付けに頼った自然再生や地域づくりは見当違いであり、「つながり」への本質的な理解にはたどり着けないということだ。それは環境教育でも同じである。比屋根（2009）は、環境教育において「問題の兆候と真の原因の発見を援助する」取り組みがとりわけ重要であるとするが、「餌付け」することでいったい何を発見できるというのだろう。

野生動物への餌付けについて様々な角度から検証することは、「自然（野生）とは何か」や「人と自然とのかかわり方はどうあるべきか」を再考するために必要不可欠な、また鳥獣害や人身事故などが頻発する現代社会において自然への人為的介入が何をもたらすのかを慎重に見極めるために、なくてはならない視点であることは間違いない。その点で、環境教育、観光（エコツーリズム）、地域づくりは「餌付け」をしないという姿勢で一貫すべきである。

18.6　まとめ—提言に代えて

餌付け問題には、全国の山々から水源涵養（水をたくわえ、川に流れ込む水の量を一定にして洪水を防ぐ）機能を奪う原因となった拡大造林や、エネルギー循環を切断し生息していた生物を激減させたダム建設や河川改修、もともとそこに生息しない場所に移動・定着させたことで生態系への影響や遺伝子の撹乱が懸念されている外来生物の持ち込みなどといった、様々な自然破壊と共通する点がある。それは、自然の本質を見失ったまま、人が自らの都合のよい自然へとつくり変えていることへの、あるいはそれらの行為に加担していることへの「無自覚さ」が、事態をより悪化させているという点である。このような視点を踏まえつつ、最後に以下の提言を述べて結びとしたい。

提言1　餌付けを個人の趣味やモラルの問題として扱わず、鳥獣保護管理の中に位置づけて、総合的に対処すること。特に種の保存法や自然公園法、鳥獣法、生物多様性基本法などの自然保護関連法の条文のなかで「餌付け行為の原則禁止」を明記すること。

観光客による餌付けが問題となっている地域については、餌付け禁止の普及啓発強化に加え、監視員の駐在や過料の徴収などの効果的な対策を講じる必要がある。

条例のなかで野生動物とペット由来であるネコを混同して規制している自治体については、なおも混乱している現場の状況把握に努め、地域猫活動の障害となっている不備を早急に改善するべきである。

提言2 野生動物への餌付けは、種の存続が危ういほど個体数を減らしている絶滅危惧種以外には行わないこと。餌を与えるのではなく、現存する生息地を開発行為から守ることこそが最上の自然保護であると認識すべきである。

提言3 大手旅行会社に働きかけて、餌付けを行う悪質な事業者とは契約しないような流れをつくること。大手旅行会社が餌付けの現状を正しく把握することが、観光地における組織的餌付けを中止させるための有効な手段の一つとなる。

提言4 野放図な餌付けを止めさせるには環境教育と連動させて対応すること。餌付けは自然保護につながるという偽りの自然保護思想を改善させるには、餌付けによって生じる問題について普及啓発を行うことが有効な方法となる。特に動物園はその普及啓発に協力すべきである。

提言5 自然保護を重視した、あるいは環境に配慮した地域づくりを行うにあたって、餌付けを肯定した取り組みをしないこと。そのためには、人工林の整備や適材適所を考慮した広葉樹を中心とした植林、流域のエネルギー循環を妨げるダムをはじめとする河川・海岸構築物の撤去、農林水産業全般へのデカップリング制度（自然保護に貢献するような取り組みを行う農林水産業家への所得補償）の積極的導入などを通して、人と野生動物の関係を歪めてしまった現行の農林水産業のあり方を再考していく必要がある。

（注 1）他方、シカにおいても樹皮剥ぎ防止の試みとして冬期の餌付けを行う研究（例えば、増子ほか, 2002）があるが、農作物被害を防ぐとの理由で始められたサルへの餌付けが猿害へとつながっていった事例があることから、研究目的であっても、より慎重さが求められる。

（注2）筆者が2015年2月16日に琉球大学で大島ゼミと共同で行った勉強会「サウンドスケープ研究会～ダイビングおよびシュノーケルにおける餌づけの影響について～」〈文科省科研費課題番号24530980〉。

（注3）観光客が集中する人気シュノーケル・ダイビングスポットとして知られる沖縄県恩納村の真栄田岬では、夕方になって観光客が帰った後、海岸に餌付け用の餌の包装用紙などのゴミが散乱しているのがよく見られた。

（注4）「荒川区良好な生活環境の確保に関する条例」がつくられた当時、メディアによって、ノラネコへの餌付けが禁止になるといったセンセーショナルな触れ込みが先行したために、ノラネコに餌を与える人を違反者だとするトラブルが頻発した。荒川区では、本条例作成前からTNRを施したノラネコ（＝地域猫）の支援活動をする登録団体に対して不妊去勢手術への助成を行っていたことから、条例施行前に地域猫の扱いとの整合性について、なぜ十分な説明をしなかったのか疑問を感じる。実際に、荒川区に問い合わせても、当時の資料は破棄されていて詳細がわからない、当時の担当者が別の部署に移ったためにコメントできないなど、不審な点が多い。荒川区保健所によると、現在、地域猫の支援活動をする登録団体のスタッフは、名札や腕章などをつけて区の認可を得ていることがわかるように工夫をしているとのことである。条例が施行されて約7年が経過するが、依然として本条例のネコへの餌付けトラブルはなくなっていないようだ。

（注5）特に懲戒罰としての「過料」は、規律維持や義務違反に対しての制裁金の意味合いが強い。刑事罰ではないため前科にはならない。

引用文献

揚妻直樹（1995）屋久島・安房林道において餌付いたサルの社会構成と繁殖状態，野生動物保護に必要な観光客に対する指導と道路管理．霊長類研究 **11**：1-7.
揚妻直樹（2013）シカの異常増加を考える．生物科学 **65**（2）：108-116.
千代田区地域振興部安全生活課安全生活係 Webサイト（2015）秋葉原地区のポイ捨て吸い殻定点観測状況.
https://www.city.chiyoda.lg.jp/koho/machizukuri/sekatsu/jore/poisute.html
中国新聞（2013）なぜ無人島にシカ？　宇治島で男性蹴られ福山市賠償．2013年7月17日朝刊福山版22面.
遠藤　晃・松隈聖子・井上　渚・土肥昭夫（2006）霧島山，えびの高原における観光客によるニホンジカへの餌付けの現状．哺乳類科学 **46**（1）：21-28.
降旗信一・高橋正弘（2009）現代環境教育の見取り図．（阿部　治・朝岡幸彦 監修　降旗信一・高橋正弘 編）『持続可能な社会のための環境教育シリーズ 8［1］現代環

境教育入門』pp.9-22，筑波書房，東京，221pp.
半谷吾郎・山田浩之・荒金辰浩（1997）観光客による餌付けと農作物への依存が比叡山の野生ニホンザルの個体群動態に与える影響．霊長類研究 **13**：187-202.
羽山伸一（2001）『野生動物問題』．地人書館，東京，250pp.
比屋根　哲（2009）森林環境教育と自然保護教育．環境教育 **19**（1）：79-80.
本田裕子（2012）地域への便益還元を伴う野生復帰事業の抱える課題：兵庫県豊岡市のコウノトリ野生復帰事業を事例に．環境社会学研究 **18**：167-175.
石田　戢（2013）展示動物．（石田　戢・濱野佐代子・花園　誠・瀬戸口明久）『日本の動物観：人と動物の関係史』pp.187-248，東京大学出版会，東京，274pp.
北山喜宣（2008）条例の義務履行確保手段としての過料．『行政法の実効性確保』pp.27-34，有斐閣，東京，338pp.
金澤裕司（2014）知床ヒグマ学習―幼小中高一貫学習―．（大森　享 編著）『野生動物保全教育実践の展望―知床ヒグマ学習，イリオモテヤマネコ保護活動，東京ヤゴ救出作戦―』pp.57-100，創風社，東京，274pp.
環境省中央環境審議会（1999）『これからの環境教育・環境学習―持続可能な社会をめざして―（中央環境審議会答申）』．40pp.
環境省釧路事務所 Web サイト（エコツーリズム）
http://www.env.go.jp/nature/ecotourism/try-ecotourism/index.html
川本　芳（1996）サル．畜産の研究 **50**（1）：165-175.
川那部浩哉（2008）エコツーリズム．（野生生物保全論研究会 編）『野生生物保護事典―野生生物保全の基礎理論と項目』pp.149-152，緑風出版，東京，172pp.
菊地直樹（2006）『蘇るコウノトリ』，東京大学出版会，東京，263pp.
小玉敏也（2010）子ども・学校・社会をつなぐ環境教育．（阿部　治・朝岡幸彦 監修 小玉敏也・福井智紀 編）『持続可能な社会のための環境教育シリーズ【3】学校環境教育論』pp.9-22，筑波書房，東京，215pp.
小金沢正昭（1991）ニホンザルの分布と保護の現状およびその問題点―日光を中心に．（NACS-J 保護委員会・野生動物小委員会 編）『野生動物保護― 21 世紀への提言（第 1 部）』pp.124-156，日本自然保護協会，東京，320pp.
栗田博之・一木高志・軸丸勇士（2013）野猿公園における環境教育実践―大分市高崎山自然動物園での事例から―．環境教育 **23**（1）：74-82.
丸山康司（2008）「野生動物」との共存を考える．環境社会学研究 **14**：5-20.
正富宏之・正富欣之（2009）タンチョウと共存するためにこれから何をすべきか．保全生態学研究 **14**（2）：223-242.
三戸幸久（1995）野猿公苑の消長と将来．野生生物保護 **1**（3）：111-126.
三浦慎悟（1999）『野生動物の生態と農林業被害：共存の理論を求めて』，全国林業改良普及協会，東京，174pp.
三浦慎悟（2007）シカ保護管理計画制度の評価によせて．哺乳類科学 **47**（1）：81-83.
三浦慎悟・堀野眞一（1996）シカの農林業被害と個体群管理．植物防疫 特別増刊号 **(3)**：

171-181.
内藤和明・菊地直樹・池田　啓（2011）コウノトリの再導入―IUCNガイドラインに基づく放鳥の準備と環境修復．保全生態学研究 **16**（2）：181-193.
ナキウサギの鳴く里づくり協議会（2009）（ナキウサギの鳴く里づくり協議会 編）『「人と自然との関わりを考える～生物多様性を重視したまちづくり～」報告集』
http://www.nakiusagi.org/modules/news/index.php?start=5
ナキウサギの鳴く里づくり協議会（2011）（ナキウサギの鳴く里づくり協議会 編）『2010.11.23 シンポジュウム「野生動物への餌づけを考える」報告集』.
http://www.nakiusagi.org/modules/report/details.php?bid=12
並木美砂子（2006）動物園における保全教育のこれまでとこれから．（NPO法人 野生生物保全論研究会 監修）『野生生物保全教育入門』pp.135-149，少年写真新聞社，東京，247pp.
日本動物園水族館協会 Webサイト
http://www.jaza.jp/about.html
二宮咲子（2013）希少種保護をめぐる人と人，人と自然の関係性の再構築．（宮内泰介 編）『なぜ環境保全はうまくいかないのか』pp.78-100，新泉社，東京，331pp.
小川　潔（2009）自然保護教育の展開から派生する環境教育の視点．環境教育 **19**（1）：68-76.
大沼あゆみ・山本雅資（2009）兵庫県豊岡市におけるコウノトリ野生復帰をめぐる経済分析―コウノトリ育む農法の経済的背景とコウノトリ野生復帰がもたらす地域経済への効果―．三田学会雑誌 **102**（2）：3-22.
瀬戸口明久（2013）野生動物．（石田　戢・濱野佐代子・花園　誠・瀬戸口明久）『日本の動物観：人と動物の関係史』pp.145-186，東京大学出版会，東京，274pp.
敷田麻美（2008）エコツアーの影響．（敷田麻美 編　森重昌之・高木晴光・宮本英樹 著）『地域からのエコツーリズム：観光・交流による持続可能な地域づくり』pp.64-74，学芸出版会，京都，205pp.
Shimizu, K.（2005）The Appliation of Reproductive Physiology to Fertility Control in Japanese Macaques. *Japanese Society of Zoo and Wildlife Medicine* **10**（1）：13-17.
杉山幸丸（1997）餌づけザルの個体数調整と避妊措置．霊長類研究 **13**：91-94.
杉山幸丸・岩本俊孝・小野勇一（1995）ニホンザルの個体数調整．霊長類研究 **11**：197-207.
杉山幸丸・渡邊邦夫・栗田博之・中道正之（2013）霊長類学の発展に餌付けが果たした役割．霊長類研究 **29**：63-81.
鈴木敏正（1992）環境としての地域と調査学習．『自己教育の理論―主体形成の時代に』pp.240-247，筑波書房，東京，287pp.
高橋宏之（2010）子どもと動物とのコミュニケーション―動物園が取り組んでいる教育活動を中心に―．（阿部　治・朝岡幸彦 監修　小玉敏也・福井智紀 編）『持続可能な社会のための環境教育シリーズ【3】学校環境教育論』pp.155-171，筑波書房，東京，215pp.
高槻成紀（2001）シカと牧草：保全生態学的な意味について．保全生態学研究 **6**（1）：45-54.
田中俊明・揚妻直樹・杉浦秀樹・鈴木　滋（1995）野生ニホンザルを取り巻く社会問題と餌付けに関する意識調査．霊長類研究 **11**：123-132.
上田尚志（2014）環境教育を通じた地域資源の理解と活用．野生復帰 **3**：21-23.
和田安彦・平家靖大・和田有朗（2008）昆陽池公園利用者の水環境保全意識構造に関する研究．環境教育 **18**（1）：3-16.
王　立鴻・小金澤正昭・丸山直樹（1999）日光国立公園いろは坂におけるニホンザルと観光客の餌付けを巡る行動．ワイルドライフ・フォーラム **4**（3）：89-97.
渡辺隆一（1998）環境教育から見た野猿公苑の有効性．ワイルドライフ・フォーラム **3**（4）：171-173.

巻末資料　餌付けを規制する条例一覧（髙橋満彦・田村麻里子）

A．生態系保全・野生動物との共生型

自治体名	条例名	制定年	規制関連動物	規制内容	違反者に対する措置	備考
群馬県 みなかみ町	猿の餌付け禁止条例	2005	所有者又は管理者のいない野生の日本猿	餌を与えてはならない	過料１万円以下、悪質な場合はさらに氏名公表	人間とサルの生活領域の分断を目的
福島県 福島市	サル餌付け禁止条例	2006	所有者又は管理者のいないニホンザル	餌を与えてはならない	悪質な場合氏名公表	適正な関係の実現を目的
栃木県 日光市	サル餌付け禁止条例	2006	所有者又は管理者のないニホンザル	サル餌付け禁止	悪質な場合氏名公表	適正な関係の実現を目的
大阪府 箕面市	サル餌やり禁止条例	2009	野生のニホンザル	餌を与えてはならない	指導⇒勧告⇒命令⇒過料１万円以下	野生動物本来の生態を取り戻すことと共生を目標
沖縄県 国頭村	ネコの愛護及び管理に関する条例	2004	自ら飼養していないネコ	みだりに餌や水などを与えてはならない	指導及び勧告⇒氏名公表	環境衛生の保持も目的
沖縄県 竹富町	ねこ飼養条例	2008	自ら飼養又は保管していないねこ	みだりにえさ又は水を与えてはならない	指導、勧告⇒命令⇒過料５万円以下	生活環境保全も目的
長崎県 対馬市	ネコ適正飼養条例	2010	自ら飼養又は保管していないネコ	みだりにえさ又は水を与えてはならない	指導又は勧告	生活環境保全も目的
鹿児島県 奄美市	飼い猫の適正な飼養及び管理に関する条例	2011	飼い猫以外のねこ	みだりに餌や水などを与えてはならない	指導⇒命令	生活環境保全も目的
北海道 羽幌町	天売島ネコ飼養条例	2012	自ら飼養していないネコ	みだりにえさ又は水を与えてはならない	指導又は勧告⇒命令⇒過料２万円以下	生活環境保全も目的

香川県 東かがわ市	動物の愛護及び管理に関する条例 （第10条第2項）	2004	野生化している外来種動物	これ以上の繁殖を増長させないため餌付けをしてはならない	特になし（自粛）	生態系破壊をもたらさないよう適正飼育および管理も規定
福島県	猪苗代湖及び裏磐梯湖沼群の水環境の保全に関する条例 （第30条）	2012	白鳥、カモその他の渡り鳥	適正な量の餌（えさ）を与える等その適切な給餌（じ）に努めなければならない	特になし（自粛） 努力義務	
北海道	生物の多様性の保全等に関する条例 （第26条、27条）	2013	知事が指定した鳥獣	知事が定めた区域で指定した内容の餌付け行為（指定餌付け行為）の禁止	勧告⇒氏名公表	ヒグマの餌付けを指定餌付け行為に指定。区域は全道（2014）

（注1）神戸市イノシシ条例は、「人の生命、身体及び財産に危害を加えることを防止することを目的とする」ため、生活環境保全・迷惑行為防止型に分類した。
（注2）東かがわ市動物愛護条例は、生活環境保全・迷惑行為防止型にも掲載した。
（注3）本表は、名古屋大学大学院法学研究科附属法情報研究センター提供のeLen条例データベース（2013年8月更新）および各自治体のオンライン例規集などを参照したが、全自治体を網羅した公式のデータベースが存在しないため、掲載されていない条例や、把握していない改正もありうる。
（注4）表記は条例の原文に準拠した。

巻末資料　餌付けを規制する条例一覧（髙橋満彦・田村麻里子）

B．生活環境保全・迷惑行為防止型

市町村名	条例名	制定年	規制関連動物	規制内容	違反者に対する措置
奈良県 斑鳩町	狂犬病の予防及び飼い犬等の管理に関する条例（第9条）	2000	飼育意志のない飼い犬等	みだりに餌を与えてはならない	指導
大阪府 門真市	美しいまちづくり条例（第31条）	2001	鳩、犬、猫その他の動物で飼い主のいないもの又は飼い主の不明なもの	むやみに給餌を行うことにより、ふん害を発生させる等良好な生活環境を損なってはならない	勧告
兵庫県 神戸市	いのししからの危害の防止に関する条例	2002 （2014改正）	いのしし（野生のものに限る）	規制区域内において、餌付け行為等をしてはならない	指導⇒勧告⇒氏名公表
北海道 音更町	住みよい生活環境づくり条例（第13条第3項）	2003	野犬、野良猫、野生動物等	給餌によって、他人の生命、身体若しくは財産を侵害し、又は周辺の生活環境を害するおそれがある場合は自粛	特になし（自粛）
香川県 東かがわ市	動物の愛護及び管理に関する条例 （第10条第2項）	2004	野生化している外来種動物	これ以上の繁殖を増長させないため餌付けをしてはならない	特になし（自粛）
北海道 浦幌町	住みよい生活環境づくり条例（第9条第2項）	2005	自ら飼養しない動物（犬、猫、その他のペット、家畜等）	給餌等をしてはならない	指導、勧告⇒指示
北海道 せたな町	クリーンな環境づくりに関する条例	2006	飼育者が適正な飼養管理を放棄した猫等	餌付けをしてはならない	指導、勧告⇒命令⇒代執行
東京都 荒川区	良好な生活環境の確保に関する条例（第5条）	2008	自ら所有せず、かつ、占有しない動物	給餌による不良状態を生じさせてはならない	勧告⇒命令⇒氏名公表／代執行／罰金5万円以下

北海道 北斗市	環境美化条例 （第8条第2項）	2008	野犬、野良猫、野生動物等	みだりに給餌等をしてはならない	特になし（自粛）
大阪府 茨木市	生活環境の保全に関する条例（第39条）	2008	犬、猫その他の動物で飼養者の不明な動物	むやみに給餌を行うことにより、ふん害を発生させる等良好な生活環境を損なってはならない	指導⇒勧告⇒氏名公表
大阪府 四条畷市	生活環境の保全等に関する条例（第26条）	2008	犬、猫その他の動物で飼い主のないもの又は飼い主の不明なもの	むやみに給餌を行うことにより、良好な生活環境を損なってはならない	特になし（自粛）
埼玉県 飯能市	環境保全条例 （第56条）	（1996） 2009 （改正で追加）	野犬、野良猫、その他の野生動物	給餌により、他人に迷惑を及ぼし、又は周辺の良好な環境を損なうおそれがある場合は自粛	特になし（自粛）
山口県 岩国市	良好な生活環境確保のための迷惑行為の防止に関する条例 （第9条第2項）	2009	自ら所有せず、かつ、占有しない動物（犬、猫その他の一般に人が飼養管理可能な動物）	動物にむやみにえさを与え、鳴き声、ふん等により周辺の生活環境に被害を生じさせてはならない	特になし（自粛）
石川県 穴水町	環境美化条例 （第5条第3項）	2009	野犬、野良猫等、野生動物等	みだりに給餌をしてはならない	指導又は勧告⇒命令⇒氏名公表／罰金5万円
北海道 新得町	住みよい環境づくり条例（第15条第3項）	2009	野犬、野良猫、野生動物等	給餌によって、他人の生命、身体若しくは財産を侵害し、又は周辺の生活環境を害するおそれがある場合は自粛	特になし（自粛）
大分県 中津市	環境美化に関する条例 （第11条）	2009	飼い主がいない犬等及び野生の動物	餌付けするなどみだりに給餌行為をしてはならない	指導及び勧告⇒氏名公表
愛媛県 上島町	良好な生活環境の確保に関する条例（第5条）	2010	自ら所有せず、かつ、占有しない動物	給餌による不良状態を生じさせてはならない	勧告⇒命令⇒罰金5万円以下

（B．生活環境保全・迷惑行為防止型 の続き）

市町村名	条例名	制定年	規制関連動物	規制内容	違反者に対する措置
大阪府箕面市	カラスによる被害の防止及び生活環境を守る条例	2010	カラス	給餌によりカラス被害を生じさせてはならない	勧告⇒命令⇒氏名公表／罰金10万円以下。餌の回収義務も
熊本県玉名市	環境美化に関する条例（第11条）	2012	飼い主がいない犬等及び野生の動物	餌付けするなどみだりに給餌行為をしてはならない	指導又は助言⇒勧告⇒氏名公表
佐賀県鳥栖市	ねこの愛護及び管理に関する条例（第7条）	2013	自ら飼養していないねこ	みだりにえさ又は水を与えてはならない	指導⇒勧告⇒命令
奈良県奈良市	カラスによる被害の防止及び良好な生活環境を守る条例	2013	カラス	給餌によりカラス被害を生じさせてはならない	勧告⇒命令⇒氏名公表／罰金5万円以下。餌の回収義務も
京都府京都市	動物との共生に向けたマナー等に関する条例	2015	所有者等のない動物	給餌は適切な方法で行い、生活環境に悪影響を及ぼすように行ってはならない。遵守基準制定も	勧告⇒命令⇒過料5万円以下
和歌山県	動物の愛護及び管理に関する条例（第14条、15条）	1999（2016改正）	自己の所有する猫以外の猫	継続反復して給餌を行う場合には、時間を決める、飼料や排せつ物の管理等の遵守事項を守り、住民への説明を行う。このほか、地域猫計画の認定制度	勧告⇒命令⇒過料5万円以下

（注1）東かがわ市動物愛護条例は、生態系保全・野生動物との共生型にも掲載した。
（注2）本表は、名古屋大学大学院法学研究科附属法情報研究センター提供のeLen条例データベース（2013年8月更新）および各自治体のオンライン例規集などを参照したが、全自治体を網羅した公式のデータベースが存在しないため、掲載されていない条例や、把握していない改正もありうる。
（注3）表記は条例の原文に準拠した。

おわりに

——野生動物の餌付け雑感——

野生動物の餌付けを考えるという個性的な本を世に問うこととなった。読者の感想はいかがだっただろうか。「はじめに」で述べられているように、従来は見過されてきた問題だと言える。外来種問題のように大問題に発展するかはまだわからないが、餌付けが何らかの形で自然界に影響を与えているのは事実であろう。したがって、すべての著者が餌付けに何らかの問題点を見出している。

ただ、全編を読了すると、著者の危機意識には濃淡があることも事実である。どうやら哺乳類の研究者と鳥類の研究者を比較すると、後者のほうが餌付けに寛大であると言えよう。確かに小鳥の餌付けなどは、一般人には悪影響を想像しづらいものがある。

私の手元には、著名な鳥学者で愛鳥思想を普及させた山階芳麿が、50年ほど前に、欧米先進国の自然保護を紹介した著書がある。96枚の写真のうち鳥や動物のものは約半分だが、そのうち24件が餌付けに関連するものである（山階，1967）。先人にとって「野鳥に餌をやろう」が自然保護の先端だったのだ。同時代人で、日本野鳥の会の創始者でもある中西悟堂は、「野の鳥は野に」の言葉のもとに飼い鳥を否定したので有名だが、彼も「新案・猫よけ給餌給水器」なるものを開発している（中西，1970）。もっとも、行き過ぎた餌付けへの懸念も出始めたのもこの時期である。

それから半世紀ほど経った今、餌付けに対する明確な結論を本書は提示できたかというと、やや心もとない。餌付けの負の影響を科学的に証明することは、なかなか難しいのである。しかし、現在の環境法政策では予防的措置という考え方が広がっており、本書が示した多くのリスクに照らせば、法令や教育を通じて、餌付けの弊害を除去する対策が講じられなければならない。

では、どこまでの対策（規制）が行われるべきであろうか。これについては、編者どうしでも意見の隔たりがあった。小島さんは主に哺乳類を研究対象とする保全生態学者で、私はバーダーで法学者という違いのせいもあるかもしれない。私も小島さんも、人間の行動面にこだわりを持って餌付けを論じたつもりだが、各所に温度差があり、編者間でも議論が続いた。

巻頭言に述べられているように、人と動物の「距離が溶解」していることが、様々な問題を起こしている。しかし、愛鳥家などの自然愛好家にはこの距離を縮めるために腐心してきた歴史がある。特に子どもに野鳥を見せようと思えば、餌付けは大変便利である。結局、野生動物問題というのは、人との関係があってこそ発生するのだが、動物との如何なる関係を理想とするのかによって、問題認識が左右される。理想とする関係は、社会的心理的な条件が大きくかかわっているのだ。

例えば、白鳥の餌付けに関しては、第８章にもあるような問題を孕んでいるものの、個々の給餌関係者からは鳥のみならず地域のあり方に対してまで、真摯な、時には感情過多な思い入れが語られる。そうしたなかで、富山市東部の「白鳥の里」では世話人の高齢化とともに給餌を止め、現在は「白鳥の里跡地」の碑が立てられている。給餌廃止までは種々議論があったようである。しかし、給餌のない現在でも白鳥は減ったものの、いっそう野趣あふれる姿を見せてくれている。

餌付けを通じて我々は野生動物との距離を縮めたことは事実である。しかし、両者の適切な距離と関係性はどうあるべきか、行き過ぎはないか、本書においてその議論がいくらかでも発展したなら本望である。貴重な研究を披歴してくださった著者諸君や、写真など得難い材料を提供してくださった皆さんに感謝と敬意を表して結びとする。

2016年７月

高橋満彦

引用文献

中西悟堂（1970）新案「猫よけ給餌給水器」．野鳥 **35**（12）: 41-45.
山階芳麿（1967）『鳥の減る国ふえる国—欧米鳥行脚』日本鳥類保護連盟，228pp.

索　　引

【き】

【く】

【け】

【こ】

【さ】

【し】

【と】

【な】

【に】

【ぬ】

【ね】

【の】

【は】

【ひ】

【ふ】

【ろ】

【欧文】

執筆者一覧（五十音順、所属は2017年10月現在）

■監修者

畠山　武道（はたけやま・たけみち）　北海道大学名誉教授：巻頭言

■編著者

小島　　望（こじま・のぞむ）　川口短期大学ビジネス実務学科：企画編集／はじめに／第1章／第2章／第18章

髙橋　満彦（たかはし・みつひこ）　富山大学人間発達科学部：企画編集／第17章／巻末資料／おわりに

■著　者

浅川　満彦（あさかわ・みつひこ）　酪農学園大学獣医学群：第10章／第11章

菊地　直樹（きくち・なおき）　金沢大学人間社会研究域附属地域政策研究センター：第13章

小泉　伸夫（こいずみ・のぶお）　農業・食品産業技術総合研究機構：第8章

小寺　祐二（こでら・ゆうじ）　宇都宮大学雑草と里山の科学教育研究センター：第4章

齋藤　和範（さいとう・かずのり）　北海道教育大学旭川校／フリーランスキュレーター：第6章

嶋田　哲郎（しまだ・てつお）　（公財）宮城県伊豆沼・内沼環境保全財団：第15章

白井　　啓（しらい・けい）　㈱野生動物保護管理事務所：第3章

塚田　英晴（つかだ・ひではる）　麻布大学獣医学部：第7章

中川　　元（なかがわ・はじめ）　（公財）知床自然大学院大学設立財団：第14章

中村　雅子（なかむら・まさこ）　包み屋（くるみや）／元国立環境研究所：第5章

早矢仕有子（はやし・ゆうこ）　北海学園大学工学部：第12章

葉山　政治（はやま・せいじ）　（公財）日本野鳥の会：第9章

福井　大祐（ふくい・だいすけ）　岩手大学農学部：第10章

本田　博利（ほんだ・ひろかず）　元愛媛大学法文学部：第16章

吉野　智生（よしの・ともお）　釧路市動物園：第11章

野生動物の餌付け問題
善意が引き起こす？ 生態系撹乱・鳥獣害・感染症・生活被害

2016年 8 月20日　　初版第1刷
2017年10月 1 日　　初版第2刷

監修者　畠山武道
編著者　小島　望・髙橋満彦
発行者　上條　宰
印刷所　モリモト印刷
製本所　イマキ製本

発行所　株式会社　**地人書館**
〒162-0835　東京都新宿区中町15
電話　03-3235-4422
FAX　03-3235-8984
郵便振替　00160-6-1532
e-mail　chijinshokan@nifty.com
URL　http://www.chijinshokan.co.jp/

ISBN978-4-8052-0900-4 C3045